教育部职业教育与成人教育司推荐教材

中等职业学校计算机应用与软件技术专业教学用书

汉字录入与编辑技术

韩立凡　郝俊华　主编

人民邮电出版社

北京

图书在版编目（CIP）数据

汉字录入与编辑技术 / 韩立凡，郝俊华主编．—北京：人民邮电出版社，2006.10（2020.9 重印）
中等职业学校计算机应用与软件技术专业教学用书
ISBN 978-7-115-14500-0

Ⅰ．汉… Ⅱ．①韩…②郝… Ⅲ．汉字信息处理—专业学校—教材 Ⅳ．TP391.12

中国版本图书馆 CIP 数据核字（2006）第 071292 号

内 容 提 要

本书是中等职业学校学生计算机入门的一门必修课程教材。全书共包含常见输入法、五笔字型输入法、写字板和记事本4个项目。主要内容包括英文键盘输入指法、智能ABC输入法、五笔字型输入法以及Windows操作环境下写字板和记事本等方面的知识。

本书采用“项目实训”模式编写，体现了理论的适度性、实践的指导性、应用的完整性；以知识性与技能性相结合的方式，边讲解边举例，图文并茂，操作步骤详细；实训内容新颖、典型，实用性、指导性较强，能激发学生的学习兴趣和动手欲望。本书的附录中还提供了五笔字型单字和词组编码。

本书是专门为中等职业学校编写的，并经五笔字型发明人王永民教授授权出版。本书适合作为“汉字录入与编辑技术”课程的教材，也可以作为计算机爱好者的自学参考用书。

教育部职业教育与成人教育司推荐教材
中等职业学校计算机应用与软件技术专业教学用书

汉字录入与编辑技术

◆ 主　　编　韩立凡　郝俊华
　责任编辑　张孟玮

◆ 人民邮电出版社出版发行　　北京市丰台区成寿寺路 11 号
　邮编　100164　　电子邮件　315@ptpress.com.cn
　网址　http://www.ptpress.com.cn
　大厂回族自治县聚鑫印刷有限责任公司印刷

◆ 开本：787×1092　1/16
　印张：12　　　　　　2006 年 10 月第 1 版
　字数：284 千字　　　2020 年9 月河北第 25 次印刷

ISBN 978-7-115-14500-0/TP

定价：17.00 元

读者服务热线：(010)81055256　印装质量热线：(010)81055316
反盗版热线：(010)81055315

本书编委会

从书前言

实施信息化的关键在人才，在我国各行各业都需要大批的各个层次的计算机应用专业人才。在未来几年内，我国经济和社会发展对计算机应用与软件技术专业初级人才具有很大的需求，而这些人才的培养主要由中等职业教育来承担。要培养具备综合职业能力和全面素质，在生产、服务、技术和管理等第一线工作的技能型人才，必须在课程开发上，从职业岗位技能分析入手，以教材建设推动中等职业教育教学改革，从而提高中等职业教育质量。

人民邮电出版社根据《教育部等七部门关于进一步加强职业教育工作的若干意见》的指示精神，在深入调查研究的基础上，会同企业技术专家、中等职业学校教师、职业教育教研人员按照专业的“培养目标与规格”教学要求进行整体规划设计了本套教材。本套教材以教育部办公厅、信息产业部办公厅联合颁布的“中等职业学校计算机应用与软件技术专业领域技能型紧缺人才培养培训指导方案”为依据，遵循“以全面素质为基础，以职业能力为本位；以企业需求为基本依据，以就业为导向；适应行业技术发展，体现教学内容的先进性和前瞻性；以学生为主体，体现教学组织的科学性和灵活性”等技能型紧缺人才培养培训的基本原则。

本套教材适用于中等职业学校计算机及相关专业，按计算机软件、多媒体应用技术、计算机网络技术及应用等 3 个专业组织编写。在教学内容的编排上，力求着重提高受教育者的职业能力，具备如下特点。

（1）在具备一定的知识系统性和知识完整性的情况下，突出中等职业教育的特点，在写作的过程中把握好“必须”和“足够”这两个“度”。

（2）任务驱动，项目教学。让学生零距离接触所学知识，拓展学生的职业技能。

（3）按照中等职业教育的教学规律和学生认知特点讲解各个知识点，选择大量与知识点紧密结合的案例。

（4）由浅及深，由易到难，循序渐进，通俗易懂，理论与案例制作相结合，实用与技巧相结合。

（5）注重培养学生的学习兴趣、独立思考能力、创造性和再学习能力。

（6）适量介绍有关业内的专业知识和案例，使学生学习后可以尽快胜任岗位工作。

为了方便教师教学，我们提供辅助教师教学的“电子教案、习题答案以及模拟考试试卷”，其中部分教材配备为老师教学而提供的多媒体素材库，并发布在人民邮电出版社网站（www.ptpress.com.cn）的下载区中。

随着中等职业教育的深入改革，编写中等职业教育教材始终是一个新课题；我们衷心希望，全国从事中等职业教育的教师与企业技术专家与我们联系，帮助我们加强中等职业教育教材建设，进一步提高教材质量。对于教材中存在的不当之处，恳请广大读者在使用过程中给我们多提宝贵意见。联系方式：zhangmengwei@ptpress.com.cn。

编 者 的 话

随着计算机的普及，以及办公自动化程度的提高，文字处理类软件的应用已经被越来越多的人熟练掌握。而快速、准确地输入文字，是提高工作效率的必要手段之一，也是许多专业打字人员的职责所需和必备技能。因此，在许多中等职业学校中，文字录入已成为计算机入门的一门必修课程。

本书依据教育部职业教育与成人教育司组织制订的《中等职业学校计算机及应用专业教学指导方案》的要求编写，结合中职教育的特点和实际教学需求，对教材体系结构进行大胆创意设计，根据学生的认知特点，由浅入深，循序渐进，选取一些贴近学生生活的典型实例来编排教学内容，详细介绍了英文键盘输入指法、智能 ABC 输入法、王永民教授发明的五笔字型输入法以及 Windows 操作环境下写字板和记事本应用程序的使用方法，每个项目叙述简明，实训项目经典恰当，使教师教起来方便，学生学起来实用。

本书的最大特点是采用项目教学理念，打破了传统教材的模式，以“项目”为中心，开拓出一种全新的教材模式和学习方法，让学生通过教材中一个个实训项目的学习和实践，将课本知识和生活实际有机结合起来。从学生的实际能力水平出发，采用友情提示等形式进行教学内容的拓展，实训项目通俗易懂，理论与项目实践紧密结合，图文并茂，趣味性强，能够提高学生的学习兴趣，培养学生的综合实践能力。

本书共包含常见输入法、五笔字型输入法、写字板和记事本 4 个项目。每个项目主要由以下几个部分组成。

- 学习目标：列出本项目的主要教学内容，教师可用它作为简单的备课提纲，学生可通过这个学习目标对本项目的内容有一个大体的了解。
- 知识解析：列出本项目的知识点，教师在授课时可将它们作为重点知识进行讲解，学生也可以通过它们了解到本项目所要掌握的知识内容。
- 项目实训：在每个项目中提供了大量的贴近学生生活的典型实例作为实训项目，并且提供详细的操作步骤，有利于教师和学生系统地掌握相关知识点和操作技能。
- 项目拓展：在每个项目中提供了比较综合的实训项目，循序渐进，由简单到复杂，是本项目知识点的综合练习，具有一定的启发性和扩展性，有利于提高学生的学习兴趣，有利于培养学生的综合能力和创新精神。
- 思考与练习：在每个项目的最后都准备一组练习题，包括填空题、选择题和简答题，用以检验学生知识内容的掌握效果。

本书的教学参考学时为 36 课时。建议一个学期每周 2 课时安排教学任务。

本书是专门为中等职业学校编写的，适合作为“汉字录入与编辑技术”课程的教材，也可以作为计算机爱好者的自学参考用书。

参加本书编写工作的主要人员有韩立凡、郝俊华、钮文慧老师等。各项目素材的选择和收集由孙平、于海慧、桂双凤、李晓楠老师协助完成。此外还要感谢刘秋影老师的积极合作。

由于作者水平有限，时间仓促，书中难免有疏漏和不妥之处，敬请广大读者提出宝贵意见。

编 者

2006年4月

目　　录

项目一　常用输入法

计算机使用者要将汉字输入到计算机，就要用汉字输入法。目前，汉字输入法可分为两大类：键盘输入法和非键盘输入法。最常见的是键盘输入法，顾名思义就是利用普通英文键盘，根据一定的编码规则来输入汉字的一种方法。

学习目标

- 了解键盘的布局
- 掌握键盘常用键的功能
- 掌握键盘的基本键位和指法分工
- 掌握正确的打字姿势
- 熟练掌握常用汉字输入法的使用

知识解析

1．键盘的布局

常用的键盘为 101 键和 104 键。为了便于记忆，按照功能的不同，将键盘的布局划分 4 个区域，即主键盘区、功能键区、编辑键区和数字键区，如图 1-1 所示。

主键盘区也称打字键区，是键盘操作的主要区域，主要是进行各种字母、数字、符号以及汉字的输入操作。功能键区主要用来完成各个功能。编辑键区的各键主要用于整个屏幕范围内的光标移动和有关编辑操作。数字键区的主要作用是提高纯数字的录入速度。

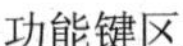

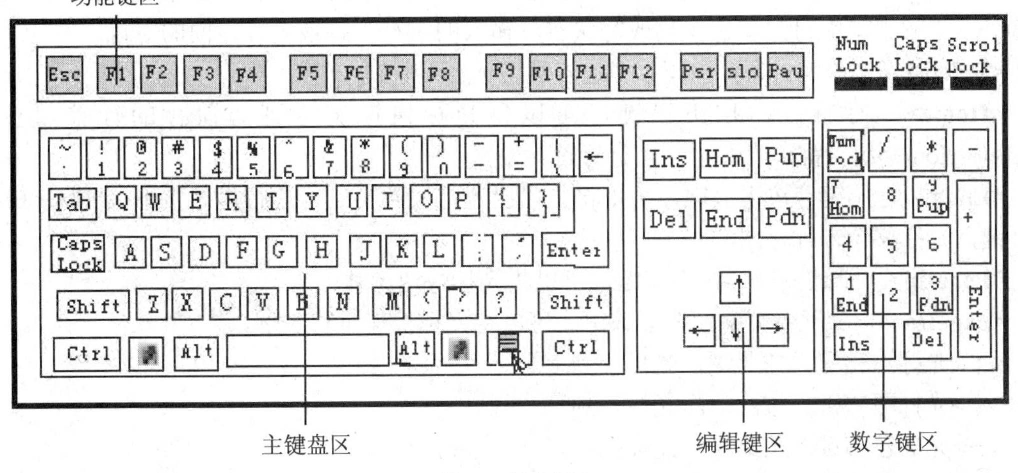

图 1-1　键盘布局

2．常用键的功能

<Esc>　撤消键。位于键盘的左上角，按此键可取消前面操作。

<F1> 帮助键。虽然在不同的软件中，<F1>~<F12>键的功能有所不同，但一般情况下总是将<F1>键设为帮助键。

<Tab> 制表定位键。每按一次该键，光标向右移动 8 个字符。

<Caps Lock> 大小写切换键。当按下该键，键盘右上角的<Caps Lock>灯亮时，表示处于大写状态，按下键盘上的字母，将输入大写字符；再次按下该键，<Caps Lock>灯不亮时，表示当前是小写状态。

<Shift> 换挡键。用于输入大写字母或键面上边的符号。

当键盘处于小写状态，按住<Shift>键再按字母键，可以输入大写字母，反之，输入小写字母。

主键盘区的数字（符号）键，键面上标有上下两种字符，叫做双字符键，如果直接按下双字符键，屏幕上显示的是下面的那个字符；如果想显示上面的那个字符，按住<Shift>键的同时，再按所需的双字符键，屏幕上就会显示出该键上面的符号。

<Ctrl> 控制键。该键不能单独使用，需要与其他键组合使用，能完成一些特定的控制功能。

<Alt> 转换键。<Alt>键与<Ctrl>键一样，也不能单独使用，需要与其他键组合使用，能完成一些特定的控制功能。

<—> 空格键。键盘上最长的键，按下此键，光标向右移动一个空格。

<Backspace> 退格键。位于主键盘区右上角，按下该键可使光标左移一个位置，同时删除当前光标位置上的字符。

<Enter> 回车键。按此键表示开始执行所输入的命令，在文字录入时，按此键光标下移一行。

<PrintScreen> 打印屏幕键。用于把屏幕当前显示的内容全部打印出来。

<Scroll Lock> 屏幕锁定键。按下此键，屏幕停止滚动，直到再次按下此键为止。

<Pause Break> 暂停键。按下<Ctrl>+<Pause Break>组合键，可强行中止程序的运行。

<Insert> 插入/改写切换键。默认为插入状态，在该状态下，输入的字符将插入在光标位置处；当按下该键时，将切换到改写状态，输入的字符将替换光标后面的字符。

<Delete> 删除键。每次按下该键时可删除光标后面的一个字符。

<Home> 行首键。按下该键，可以将光标快速定位到当前行的行首。按下<Ctrl>+<Home>组合键，光标移至首行行首。

<End> 行尾键。按下该键，可以将光标快速定位到当前行的行尾。按下<Ctrl>+<End>组合键，光标移至末行行尾。

<PageUp> 上翻页键。按下该键，可以将光标快速上移一屏。

<PageDown> 下翻页键。按下该键，可以将光标快速下移一屏。

<↑>光标上移键。按此键，光标移到上一行。

<↓>光标下移键。按此键，光标移到下一行。

<←>光标左移键。按此键，光标向左移一个字符位。

<→>光标右移键。按此键，光标向右移一个字符位。

<Num Lock> 数字锁定键。当<Num Lock>指示灯亮时，表示数字键区的上位字符数字输入有效，可以直接输入数字；再按下<Num Lock>键，指示灯灭，其下位字符编辑键有效，用于控制光标的移动。

3. 键盘指法

（1）基准键位

在打字键区的正中央有 8 个键位，即左边的<A>、<S>、<D>、<F>键和右边的<J>、<K>、<L>、<；>键，其中，<F>、<J>两个键上都有一个凸起的小棱杠，以便于盲打时手指能通过触觉定位，这 8 个键被称做基准键。当打字时，左手的小指、无名指、中指和食指应分别虚放在<A>、<S>、<D>、<F>键上，右手的食指、中指、无名指、小拇指应分别虚放在<J>、<K>、<L>、<；>键上，两个拇指则虚放在空格键上，如图 1-2 所示。

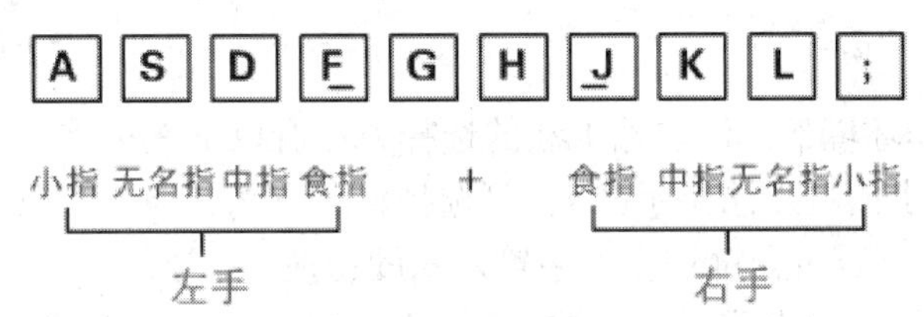

图 1-2　基准键位

（2）键位的指法分工

在基准键位的基础上，对于其他字母、数字及符号键都采用与 8 个基准键的键位相对应的位置来记忆，键盘的指法分区如图 1-3 所示。

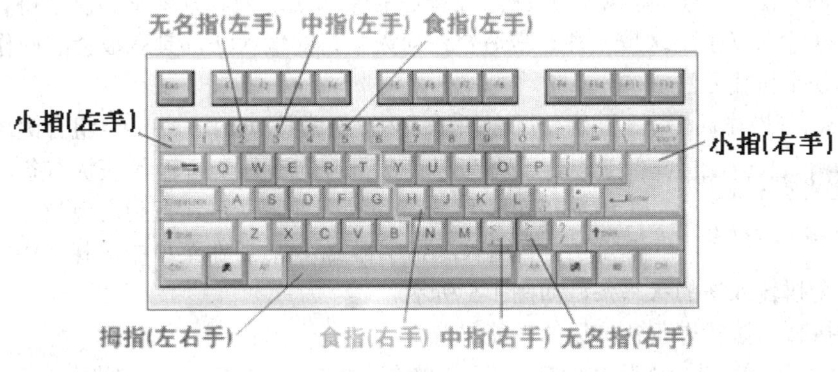

图 1-3　键盘指法分工

4. 正确的姿势

使用键盘输入时，必须注意击键的姿势。如果坐姿不正确，不但会影响打字速度，还很容易疲劳、出错。

正确的打字姿势要求如下：

两脚平放，腰部挺直，两臂自然下垂，两肘贴于腋边；身体可略倾斜，离键盘的距离约为 20cm~30cm；打字教材或文稿放在键盘的左边，或用专用夹，夹在显示器旁边，打字时眼观文稿，身体不要跟着倾斜，如图 1-4 所示。

5. 汉字输入法的分类

目前基本的汉字输入法可分为以下 4 大类。

（1）音码输入法。根据汉字拼音进行编码的输入方法。常见的有全拼、双拼、智能拼音。

（2）形码输入法。根据汉字的字型笔画顺序进行编码的输入方法。常见的有五笔字型输入法。

（3）音形结合码输入法。根据汉字的读音并结合汉字的笔画结构进行编码的输入方法。常见的有自然码输入法。

（4）数字码输入法。采用国标 GB2312-80 编码方案对汉字和符号进行编码的输入方法。常见的有区位码输入法。

图 1-4　正确的打字姿势

6. 选择输入法

在 Windows 操作环境下，汉字输入法的选择方法有以下 3 种。

（1）单击任务栏上的输入法指示器 En 可选择输入方法。

（2）按<Ctrl>+<Shift>组合键进行汉字输入法的切换。

（3）单击“开始”→“设置”→“控制面板”菜单命令，打开“控制面板”窗口，双击“输入法”图标，在“输入法属性”对话框中单击“热键”标签，在其选项卡中选择一种输入法即可。

7. 全拼输入法

在中文输入法中，全拼输入法是应用较普遍的输入法之一。只要掌握汉字拼音，就能使用全拼输入法输入汉字。这是一种非常适合任何人学习的输入法，具有很强的操作性。

（1）启动全拼输入法

在 Windows 操作环境下，要想使用全拼输入法，通常按<Ctrl>+<Shift>组合键激活中文输入法，若出现在屏幕左下方的不是全拼输入法状态条，再连续按<Ctrl>+<Shift>组合键切换当前输入法，直到出现为止。或者单击任务栏上的输入法指示器 En，然后在菜单中选择“中文—全拼”命令，调出全拼输入法的状态条，如图 1-5 所示。

全拼

图 1-5　全拼输入法状态条

（2）全拼输入法状态条各按钮的功能与意义

左起第 1 个 为“中/英文切换”按钮。单击此按钮或按<Ctrl>+<空格>组合键，可实现中/英文切换。

左起第 2 个 全拼 为“输入方法切换”按钮。单击此按钮或按<Ctrl>+<Shift>组合键，可实现输入方法的切换。

左起第 3 个 为“全/半角切换”按钮。单击此按钮或按<Shift>+<空格>组合键，可实现全/半角的切换。

左起第 4 个 为“中/英文标点切换”按钮。单击此按钮或按<Ctrl>+<·>组合键，可实现中/英文标点的切换。

左起第 5 个 为“软键盘切换”按钮。单击此按钮弹出软键盘。汉字输入法提供了 13 种软键盘布局，在软键盘处单击鼠标右键，弹出 13 种软键盘菜单，如图 1-6 所示。

PC键盘	标点符号
希腊字母	数字序号
俄文字母	数学符号
注音符号	单位符号
拼　音	制表符
日文平假名	特殊符号
日文片假名	

图 1-6　软键盘菜单

选择一种软键盘后，相应的软键盘就会显示在屏幕上。例如，选择“特殊符号”将出现如图 1-7 所示的软键盘布局。用户单击软键盘上的任意一个按钮，即可输入该符号。要隐藏软键盘只需再次单击“软键盘切换”按钮即可。

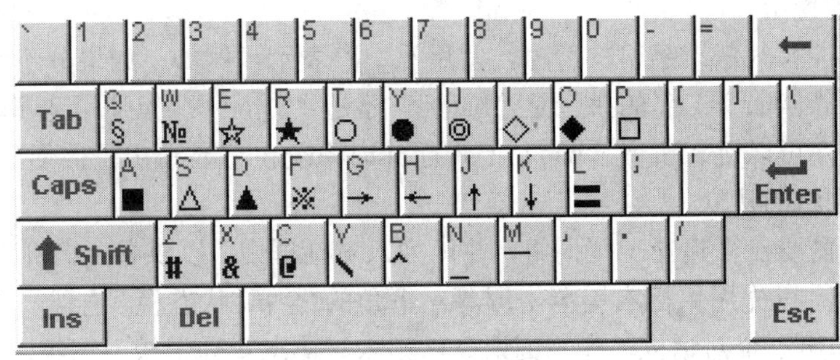

图 1-7 “特殊符号”软键盘

（3）全拼输入法操作

- 输入单个汉字

要输入单字，就需要输入该字拼音的全部字母，此时屏幕上会出现一个对话框，用户可从框中各同音字中选择需要的那个字，并选择其所标识的编号数，此字即可出现在屏幕上。如：“中职院校”4 个字，“中”字的拼音为“zhong”，在出现的对话框中编号为“1”，按 1 键或按空格键即可。“职”字的拼音为“zhi”，在其后出现的对话框中没有，按<+>键翻页，其在第二页中编号为“0”，按 0 键即可，如图 1-8 所示。“院”字拼音为“yuan”，在对话框中编号为“1”，按 1 键或空格键即可。“校”字拼音为“xiao”，其在第二页的对话框中的编号为“8”，则按 8 键即可。

在全拼输入法中出现的同音字很多，可按<+>键进行向后翻页，按一下翻出下一个对话框，再从中选择所需汉字的编号数，如仍未出现，则继续按<+>键往下翻页，直至有该字出现为止。按<->键是往上翻页。

- 输入词组

输入两个字或两个字以上的词组，可先打出第一个字的拼音后，第二个字只需打出其声母即可，这时就可从出现的对话框中选择其编号并输入。如，输入“信息”两字的拼音：“xin”和“x”，则出现的对话框内有“信息、欣喜、心细、新鲜、心弦、信箱、心想、新鲜感、新鲜空气、新鲜事”等 10 个词组，用户可按需要选择其编号键入即可，如图 1-9 所示。

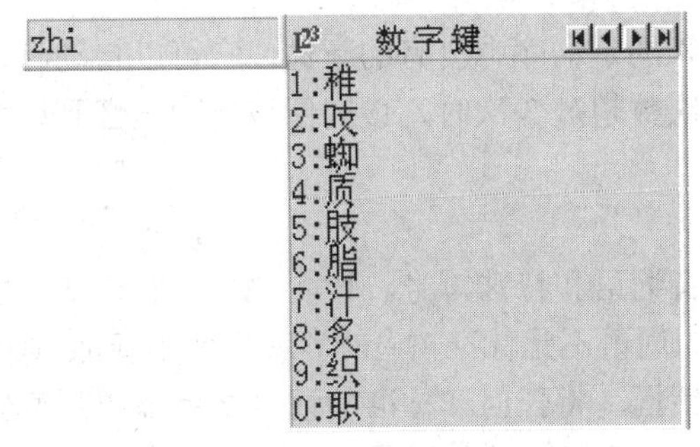

图 1-8　单字输入

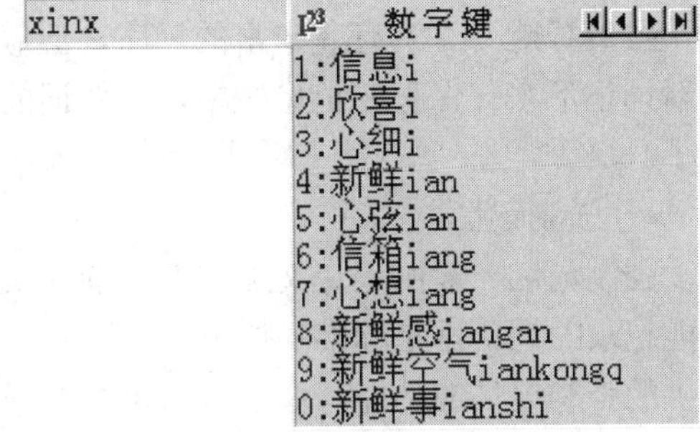

图 1-9　输入词组

（4）全拼输入法的特殊功能

- 偏旁的输入

有时需要输入汉字的偏旁部首。方法是：选择“全拼输入法”，然后键入拼音“pianpang”，此时系统将提供 41 个常用的偏旁部首供选择。

- 通配符的使用

通配符是指能替代任一字符的符号，常用“？”表示。例如：如果分不清“l”音和“n”音，就搞不清楚“伴侣”二字的拼音是“banlv”还是“bannv”。但使用全拼输入法却可以轻松地解决该问题，可以键入拼音“ban？v”，而此时系统也将显示出“伴侣”这个词组。

- 自定义词组的建立

用户可根据需要自行建立一些词组，并可列入对话框中，以供备用。例如：自行建立“信息管理学校”词组，可先用鼠标右键单击屏幕左下角的“全拼”状态栏，出现一个菜单，单击“手工造词”选项，弹出一个对话框，在“词语”后键入“信息管理学校”词组，在“外码”后将键入的拼音精减为“xxgl”4 个字母，则以后用户输入这 4 个字母时，其对话框中就自行出现“信息管理学校”6 个字，此时按其编码即可。这样大大节省了时间，提高了输入的效率。

8. 智能 ABC 输入法

智能 ABC 输入法（又称标准输入法）是一种新型音码输入法，是中文 Windows 操作环境下自带的一种汉字输入方法，由北京大学的朱守涛教授发明。

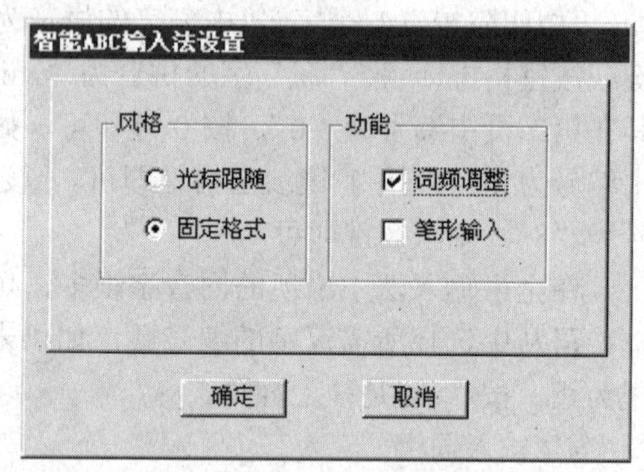

图 1-10　智能 ABC 输入法设置

（1）智能 ABC 输入法的特点

- 词频调整

词频调整功能指将用户使用频率较高的重码词语调整到靠前的位置上，甚至是第一位，这样下次输入这个词语的时候就不必翻页了。默认情况下智能 ABC 的词频调整功能并未被设置，因为这一功能非常有用，所以建议一定将其选中，在智能 ABC 输入状态栏上单击鼠标右键，选择“属性设置”，在打开的“智能 ABC 输入法设置”窗口中将“词频调整”复选项选中，单击“确定”完成，如图 1-10 所示。

- 自动记忆

虽然智能 ABC 有着丰富的词库，但假如输入的是词库中没有的新词，它可以自动将这个新词记下来，保存在记忆栈中，当新词的输入次数超过 3 次时，该词便被自动记忆到词库中了。

- 强制记忆

强制记忆一般用来定义那些非标准的汉语拼音词语和特殊符号。智能 ABC 的自动记忆功能记录的词语都是标准的拼音词，但如果输入的词语不是标准拼音词，就需使用智能 ABC 提供的强制记忆的功能，通过一个定义新词的对话框，将任何非标准的词语直接添加到智能 ABC 的词库中。允许定义的非标准词最大长度为 15 个字；输入码最大长度为 9 个字符；最大词条容量为 400 条。在打开着的词条上，单击鼠标右键，这时弹出菜单，选择菜单中的“定义新词”一项，然后填写弹出的“定义新词”对话框，如图 1-11 所示。

例如在写一篇论文时，需要经常使用特殊符号，如表示序号的符号“№”，而每次键入这一符号时，都必须使用特殊符号的输入工具，十分繁琐。这时可以采用强制记忆的方法，将“№”定义成“n”，即在“新词”文本框中填入“№”，在“外码”文本框中填入“n”，按下“添加”按钮，即完成了强制记忆。

用强制记忆功能定义的词条，输入时应当以“u”字母打头。例如键入“un”，按空格键，即可得到刚刚定义的“№”符号，这中间不需要任何切换的过程；如果定义了“第Ⅳ期工程”一词，外码为“d”，那么只要键入“ud”就可以了。

- 朦胧回忆

智能 ABC 在输入的过程当中会自动记忆用户输入的历史情况，对于刚刚用过不久的词条，可使用最简单的办法依据不完整的信息进行回忆，从而方便地输入用过的词语。若要重复刚刚输入过的词条，可以连续按两次<Ctrl>+<—>组合键，朦胧回忆在输入内容比较单一，输入内容频繁重复的情况下使用起来非常有效。

前些天输入过以下这些词汇：电子计算机、彩色电视机、全自动洗衣机。

如果想再次输入“彩色电视机”，先键入“彩”字的声母“c”；再按<Ctrl>+<—>组合键，就可以看到不久前曾输入的词汇，选择相应的条目即可。

- 允许输入长词或短句

智能 ABC 允许输入 40 个字符以内的字符串，如图 1-12 所示。在输入过程中，能输入很长的词语，甚至是短句，还可以使用光标移动键进行插入、删除、取消等操作。

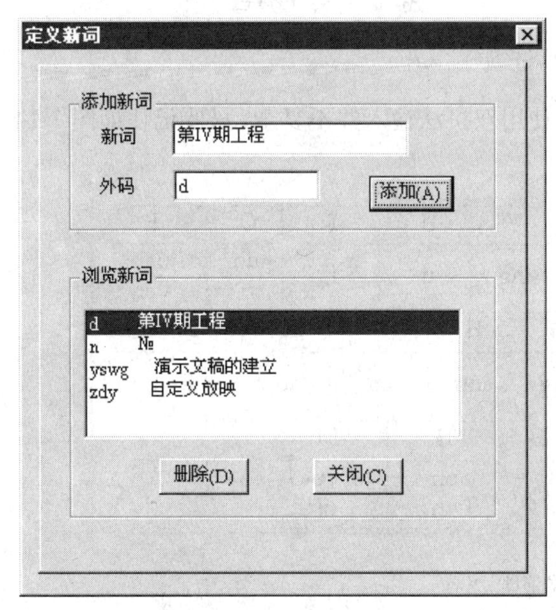

图 1-11　“定义新词”对话框

图 1-12　输入长词

- 丰富的词库

智能 ABC 的词库以《现代汉语词典》为蓝本，同时增加了一些新的词汇，共收集了大约六万词条。其中单音节词和词素占 13%；双音节占着很大的比重，约有 66%；三音节占 11%；四音节占 9%；五~九音节占 1%。词库不仅具有一般的词汇，也收入了一些常见的方言词语和专门术语，此外还有一些常用的口语、数词和序数词。熟悉词库的结构和内容，有助于选择效率较高的输入方式。

（2）智能 ABC 的各种输入方法

智能 ABC 输入法不仅支持全拼方法，还支持简拼、混拼、双拼、笔形等输入方法。

- 输入全拼的方法

输入的方法是直接输入词组的汉字拼音，再按空格键即可。例如：输入“教程”，需要输入字母“jiaocheng”，再按空格键，“教程”就会出现在屏幕上。

- 输入简拼的方法

简拼的编码规则是取各个音节的第一个字母，对于复合声母的章节（zh、ch、sh）也可以取前两个字母组成。例如：输入“政治”，只需要输入“zz”，再按空格键即可输入该词组。

- 输入混拼的方法

混拼的编码规则是对于两个音节以上的词语，一部分用全拼，一部分用简拼。例如：输入“输入法”时，只需要输入“shurf”，再按空格键即可输入该词组。

- 输入双拼的方法

智能 ABC 为专业录入人员提供了一种快速的双拼输入。在双拼方式下输入一个汉字，只需要击键两次：奇次为声母，偶次为韵母。下面列出了双拼输入的复合声母和零声母的定义表，如图 1-13 所示。

键位	E	V	A	O(’)
声母	ch	sh	zh	O声母

图 1-13　复合声母和零声母的定义表

使用双拼能减少击键次数，提高输入速度。使用双拼法输入并不复杂，只要记住如图 1-14 所示的声母和韵母定义表即可。

键位	Q	W	E	R	T	Y	U	I	O	P
声母	ei	ian	e	iu er	uang iang	ing	u	i	uo o	uan üan

键位	A	S	D	F	G	H	J	K	L
声母	a	ong iong	ua ia	en	eng	ang	an	ao	ai

键位	Z	X	C	V(ü)	B	N	M
声母	iao	ie	in uai		ou	un (ün)	üe(ue) ui

图 1-14　声母和韵母定义表

在双拼方式中，由于字母“v”替代声母“sh（诗）”，所以不能使用“v＋区号”的方式来输入 1~9 区的字符，也不能使用“v＋ASCII 码字串”输入西文。

- 输入笔形的方法

智能 ABC 虽然是以汉语拼音作为编码方案，但如果不会汉语拼音或者不知道某字的读音时，可以使用笔形输入法来输入汉字。智能 ABC 按照汉字笔画的基本形状，将笔画分为 8 类，如图 1-15 所示。

笔形输入在取码时按照笔顺，最多取 6 笔，用数字来表示。含有笔形“+”和“□”的结构，按笔形代码 7 或 8 取码，而不将其分割成简单笔形代码。例如：汉字“簪”笔形描述为“314163”，汉字“果”笔形描述为“87134”。

笔形代码	笔形	笔形名称	实例	注解
1	一（㇀）	横（提）	二、要、厂、政	“提”也算作横
2	丨	竖	少、同、师、党	
3	丿	撇	但、箱、斤、月	
4	丶（㇏）	点（捺）	冗、忙、定、间	
5	㇕（㇆）	折（竖弯勾）	对、队、刀、弹	“捺”也算作点
6	㇗	弯	匕、妈、线、以	逆时针方向弯曲，多折笔画，以尾折为准，如“乙”
7	十（乂）	叉	黄、希、档、地	交叉笔画只限于正叉
8	口	方	困、跃、是、吃	四边整齐的方框

图 1-15　笔形代码

笔形输入并不方便，除非万不得已，一般情况下并不单独使用，而是采用音形混合输入的方法。音形混合输入可以极大地减少重码率。

其规则为：（拼音＋[笔形描述]）＋（拼音＋[笔形描述]）＋……＋（拼音＋[笔形描述]）其中，“拼音”可以是全拼、简拼或混拼。对于多音节词的输入，“拼音”一项是不可少的，“[笔形描述]”项则可有可无。

下面举几个音形混合输入的例子，如图 1-16 所示。采用音形混合输入可以减少重码率，从而极大地提高了输入的速度。

汉字	输入	笔形描述注释
的	d	简拼，不加笔形
对	d5	简拼，加 1 笔：折
刀	d53	简拼，加 2 笔：折、撇
纛	dao7	全拼，加 1 笔：叉
形式	xs	简拼，不加笔形
迅速	xs7	简拼，第二字加 1 笔：叉
现实	xs44	简拼，第二字加 2 笔：点
显示	x8s	简拼，第一字加 1 笔：口
蟋蟀	x8s8	简拼，每个字加 1 笔：口

图 1-16　音形混合实例

（3）智能 ABC 输入法的使用技巧

- 以词定字

无论是标准库中的词，还是用户自定义的词，都可以用来定字。用以词定字法输入单字，可以减少重码。方法是用“[”取第一个字，用“]”取最后一个字。

例如：键入“fudao”，即“辅导”的全拼输入码，若按空格键得到“辅导”，若按“[”则得到“辅”，按“] ”则得到“导”。

- 数量词简化输入

汉语拼音中三个韵母“i”、“v”、“u”不可以作为单字拼音，智能 ABC 充分利用这个特性，使用这三个韵母输入一些特殊的字符。智能 ABC 提供阿拉伯数字和中文大小写数字的转换功能，对一些常用量词也可简化输入。“ i ”为输入小写中文数字的前导字符。“ I ”为输入大写中文数字的前导字符。

例如：输入“i3”，则键入“三”；　输入“I3”，则键入“叁”。

如果输入“i”或“I”后直接按中文标点符号键，则转换为“一”+该标点或“壹”+该标点。

例如：输入“i3\”，则键入“三、”； 输入“I3\”，则键入“叁、”。

- 中英文混合输入

在中文输入法状态下输入英文，通常是按下<Ctrl>+<空格>组合键，切换到英文输入法状态再输入英文字符，再次输入中文时可再按<Ctrl>+<空格>组合键切换。在智能 ABC 中使用“v”键可直接输入英文字符，如要输入英文单词“Happy”，只需键入“vHappy”即可。

- 输入特殊符号

输入 GB-2312 字符集 1~9 区各种符号的简便方法为：在标准状态下，按字母<v>+<数字>（1~9）组合键，即可获得该区的符号。例如：要输入“‰”，可以键入“v1”，再按若干下“+”键，就可以找到这个符号。

9. 微软拼音输入法

微软拼音输入法是微软公司和哈尔滨工业大学联合开发的智能化拼音输入法，是一种以语句输入为特征的第三代输入法，简单易学，深受用户的欢迎。

（1）安装与设置

微软拼音输入法 2.0 采用了安装向导，使安装过程更加方便，并在向导中增加了卸载功能。微软拼音输入法 2.0 安装后的状态条如图 1-17 所示。

图 1-17 微软拼音输入法状态条

单击微软拼音输入法状态条上的“功能设置” 按钮，在快捷菜单中选择“属性”命令，打开“微软拼音输入法属性”对话框，如图 1-18 所示。

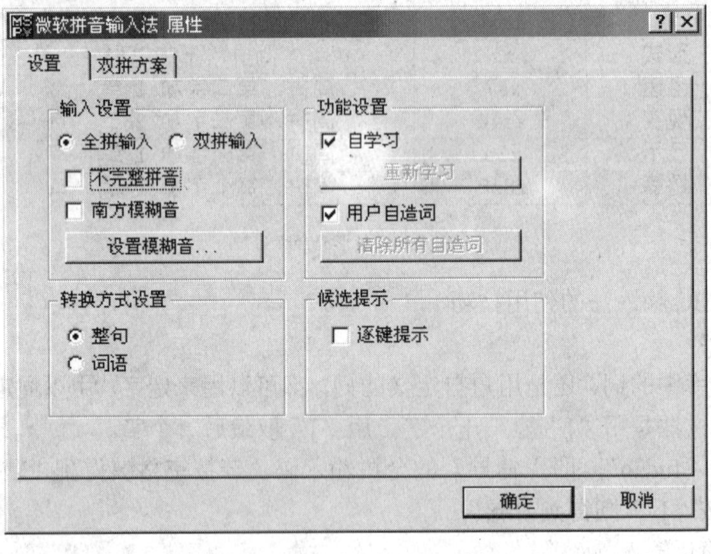

图 1-18 微软拼音输入法属性对话框

习惯以“智能 ABC”方式输入词组的用户可将“不完整拼音”选项选中，南方口音较重的人可将“南方模糊音”项选中。2.0 版增加了用户自行设置“南方模糊音”的功能，只需单击“设置模糊音”按钮，即可打开“模糊音设置”对话框，按自己的读音习惯对模糊音进行设置。

微软拼音输入法 2.0 的一个重大改进是提供了一个可定制的双拼方案，即用户可定制韵母表。除系统提供的“微软拼音”双拼方案以外，用户还可以建立自己的双拼方案。

（2）输入界面

进入微软拼音输入法后，屏幕左下角会出现一个输入法状态条，主要按钮功能介绍如下。

- 中文/英文切换按钮：中 表示中文输入 英 表示英文输入。
- 全角/半角切换按钮：表示全角符号 表示半角符号。
- 中/英文标点切换按钮：表示中文标点 表示英文标点。
- 软键盘开/关切换按钮：打开或关闭软键盘。
- 简/繁体字输入切换：简 输入简体字 繁 输入繁体字。
- 功能设置：打开功能选择菜单。
- 激活或关闭手写输入板：按钮。
- 帮助开关：激活帮助。

（3）中文输入

微软拼音输入法 2.0 支持全拼或双拼输入方式。这两种输入方式都支持带音调、不带音调或二者的混合输入。输入法分别以数字键 1、2、3、4 代表拼音的四声，5 代表轻声。输入的各汉字拼音之间无需用空格隔开，输入法能够自动分隔相邻汉字的拼音。如“这是”带音调输入为 zhe4shi4，不带音调输入为 zheshi。带音调拼音输入的字词准确率将高于不带音调的拼音输入。

微软拼音输入法 2.0 的输入结果为整句或词语。用微软拼音输入法输入一个词句时，可连续输入语句中各字的拼音，一个字的拼音输入结束时不用敲空格键或回车键，待下一个字的第一个拼音输入，会自动将前一字的拼音转化为汉字。输入结果下面有一条虚线，如图 1-19 所示表示当前句子还未经过确认，处于组字窗口的句内编辑状态。此时若发现句子内有错字，应按左右方向键将光标移至错字前（候选窗口会自动弹出），按减号键或加号键（或单击候选窗口右端的翻页按钮）翻页，出现合适的字词后按数字键，即将输入错误或音字转换错误的字词替换掉。其中，候选窗口中蓝色（由输入法智能匹配）的字词可按空格键直接替换。整句输入、修改结束后需按回车键加以确认。

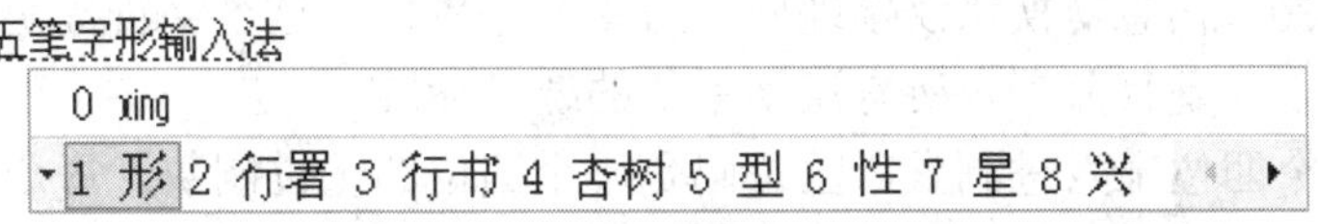

图 1-19　微软拼音输入法界面

（4）符号和字母的输入

微软拼音输入法 2.0 提供了丰富的字母和符号输入方法。系统提供了 12 个不同的软键盘，如图 1-20 所示，用鼠标单击“功能设置”按钮，再从弹出的快捷菜单“选软键盘”里的下级菜单中选择需要的软键盘，即可用软键盘输入符号和特殊字母。

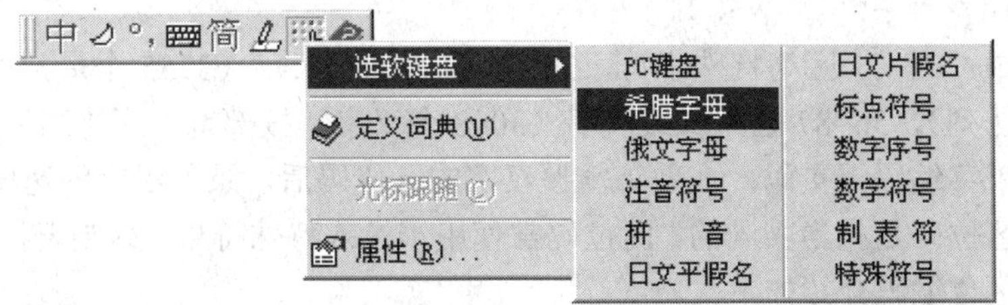

图 1-20　微软拼音输入法软键盘

（5）手写输入

微软拼音的手写识别引擎与市面上销售的各种输入手写笔不相上下。用微软输入法可以使用鼠标直接在屏幕上书写，只要不是缺很多笔画，它都能识别出来，而且识别速度非常快。

单击状态条上的手写板图标即可出现如图 1-21 所示的手写板窗口。单击“清除”按钮清除手写区的内容。按住鼠标左键并拖动出笔画轨迹，松开左键就写完了一笔。例如写一个“微”字，写好后在右侧候选字窗口内的第一个候选字就是“微”字。单击这个字即可将此字直接书写在屏幕上，此时手写区自动清空，等待下一个字的输入。

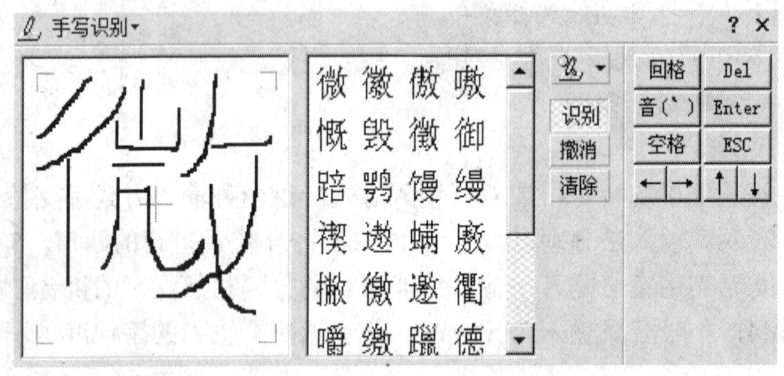

图 1-21　手写输入

另外还有一种更方便的方法，可以省去选字这个步骤。方法是单击候选字窗口右侧的图标按钮，弹出一个菜单，从中选择“手写输入”选项，此时手写板的候选字窗口变成另外一个手写区，就可以交替地在这两个手写区里写字，而系统会自动连续识别，如果使用手写笔，汉字输入非常快捷。

10. 区位输入法

1980 年，为了使每一个汉字都有一个全国统一的代码，我国颁布了第一个汉字编码的国家标准 GB2312-80《信息交换用汉字编码字符集》基本集，这个字符集是我国中文信息处理技术的发展基础，也是目前国内所有汉字系统的统一标准。

国标码是一个四位十六进制数，区位码是一个四位的十进制数，每个国标码或区位码都对应着一个唯一的汉字或符号，但因为十六进制数很少用到，所以常用的是区位码，它的前两位叫做区码，后两位叫做位码。区位码将汉字和符号放在一个 94×94 的方阵中，每个汉字对应一个唯一的行号和列号。“行”就是区，编码从 01~94，“列”就是位，编码也是从 01~94。

通常在 Windows 中常用<Ctrl>+<Shift>组合键调出区位码。如“2901”代表“健”字，“4582”代表“万”字，“8150”代表“楮”字，这些都是汉字，用区位码还可以很轻松地输入特殊符号，比如，“0189”代表“※”（符号），“0528”代表“ゼ”（日本语），“0711”代表“Й”（俄文），“0949”代表“┬”（制表符）。

在区位码中，01~09 区为特殊字符，10~55 区为一级汉字（3755 个最常用的汉字，按拼音字母的次序排列），56~87 区为二级汉字（3008 个汉字，按部首次序排列），在区位码汉字输入方法中，汉字编码无重码，在熟练掌握汉字的区位码后，录入汉字的速度是很快的，但若想记住全部区位码是相当困难的，区位码常使用于录入特殊符号，如制表符、希腊字母等。

部分国际区位编码介绍如下。

（1）区号：01 【各类符号】

	0	1	2	3	4	5	6	7	8	9	10	11	12	13	14	15	16	17	18	19
0100			、	。	·	ˉ	ˇ	¨	〃	々	—	～	‖	…	‘	’	“	”	〔	〕
0120	〈	〉	《	》	「	」	『	』	〖	〗	【	】	±	×	÷	∶	∧	∨	∑	∏
0140	∪	∩	∈	∷	√	⊥	∥	∠	⌒	⊙	∫	∮	≡	≌	≈	∽	∝	≠	≮	≯
0160	≤	≥	∞	∵	∴	♂	♀	°	′	″	℃	＄	¤	￠	￡	‰	§	№	☆	★
0180	○	●	◎	◇	◆	□	■	△	▲	※	→	←	↑	↓	〓					

（2）区号：02 【各类数字】

	0	1	2	3	4	5	6	7	8	9	10	11	12	13	14	15	16	17	18	19
0200		i	ii	iii	iv	v	vi	vii	viii	ix	x							1.	2.	3.
0220	4.	5.	6.	7.	8.	9.	10.	11.	12.	13.	14.	15.	16.	17.	18.	19.	20.	(1)	(2)	(3)
0240	(4)	(5)	(6)	(7)	(8)	(9)	(10)	(11)	(12)	(13)	(14)	(15)	(16)	(17)	(18)	(19)	(20)	①	②	③
0260	④	⑤	⑥	⑦	⑧	⑨	⑩	㈠	㈡	㈢	㈣	㈤	㈥	㈦	㈧	㈨	㈩			
0280	Ⅰ	Ⅱ	Ⅲ	Ⅳ	Ⅴ	Ⅵ	Ⅶ	Ⅷ	Ⅸ	Ⅹ	Ⅺ	Ⅻ								

（3）区号：03 【符号、字母】

	0	1	2	3	4	5	6	7	8	9	10	11	12	13	14	15	16	17	18	19
0300		！	＂	＃	￥	％	＆	＇	（	）	＊	＋	，	－	．	／	０	１	２	３
0320	４	５	６	７	８	９	：	；	＜	＝	＞	？	＠	Ａ	Ｂ	Ｃ	Ｄ	Ｅ	Ｆ	Ｇ
0340	Ｈ	Ｉ	Ｊ	Ｋ	Ｌ	Ｍ	Ｎ	Ｏ	Ｐ	Ｑ	Ｒ	Ｓ	Ｔ	Ｕ	Ｖ	Ｗ	Ｘ	Ｙ	Ｚ	［
0360	＼	］	＾	＿	｀	ａ	ｂ	ｃ	ｄ	ｅ	ｆ	ｇ	ｈ	ｉ	ｊ	ｋ	ｌ	ｍ	ｎ	ｏ
0380	ｐ	ｑ	ｒ	ｓ	ｔ	ｕ	ｖ	ｗ	ｘ	ｙ	ｚ	｛	｜	｝	￣					

（4）区号：06 【罗马字母】

	0	1	2	3	4	5	6	7	8	9	10	11	12	13	14	15	16	17	18	19
0600		Α	Β	Γ	Δ	Ε	Ζ	Η	Θ	Ι	Κ	Λ	Μ	Ν	Ξ	Ο	Π	Ρ	Σ	Τ
0620	Υ	Φ	Χ	Ψ	Ω									α	β	γ	δ	ε	ζ	η
0640	θ	ι	κ	λ	μ	ν	ξ	ο	π	ρ	σ	τ	υ	φ	χ	ψ	ω			
0660 0680																				

（5）区号：08 【汉语拼音】

	0	1	2	3	4	5	6	7	8	9	10	11	12	13	14	15	16	17	18	19
0800		ā	á	ǎ	à	ē	é	ě	è	ī	í	ǐ	ì	ō	ó	ǒ	ò	ū	ú	ǔ
0820	ù	ǖ	ǘ	ǚ	ǜ	ü	ê	ㄅ	ㄆ	ㄇ										
0840	ㄈ	ㄉ	ㄊ	ㄋ	ㄌ	ㄍ	ㄎ	ㄏ	ㄐ	ㄑ	ㄒ	ㄓ	ㄔ	ㄕ	ㄖ	ㄗ	ㄘ	ㄙ	ㄚ	ㄛ
0860	ㄜ	ㄝ	ㄞ	ㄟ	ㄠ	ㄡ	ㄢ	ㄣ	ㄤ	ㄥ	ㄦ	ㄧ	ㄨ	ㄩ						
0880																				

（6）区号：09 【制表字符】

	0	1	2	3	4	5	6	7	8	9	10	11	12	13	14	15	16	17	18	19
0900					─	━	│	┃	┄	┅	┆	┈	┉	┉	┊	┋	┌	┍	┎	┏
0920	┐	┑	┒	┓	└	┕	┖	┗	┘	┙	┚	┛	├	┝	┞	┟	┠	┡	┢	┣
0940	┤	┥	┦	┧	┨	┩	┪	┫	┬	┭	┮	┯	┰	┱	┲	┳	┴	┵	┶	┷
0960	┸	┹	┺	┻	┼	┽	┾	┿	╀	╁	╂	╃	╄	╅	╆	╇	╈	╉	╊	╋
0980																				

项目实训

【实训 1】 指法训练

【实训要求】 掌握打字的正确姿势和指法，能够找准 8 个基准键位。

操作步骤

（1）先开显示器后开主机，开机后进入 Windows 操作环境下的记事本或写字板。

（2）保持正确的坐势。平坐在椅子上，腰背挺直，身体微向前倾，双腿自然平放在地上。桌椅高度要适当，人体与计算机键盘的距离在两拳左右（15cm~30cm 左右）。手臂、肘、腕、两肩放松，肘与腰部距离 5cm~10cm 左右。小臂与手腕略向上倾斜，但是手腕不要拱起，手腕与键盘下边框保持一定的的距离（1cm 左右），不要放在键盘上，也没必要悬太高。

（3）手指的摆放位置。打字时将左手小指、无名指、中指、食指分别置于<A>、<S>、<D>、<F>键上，右手食指、中指、无名指、小指分别置于<J>、<K>、<L>、<；>键上，左右拇指轻置于空格键上，可按规定把手指分布在基准键上。左右 8 个手指与基本键的各个键相对应，固定好手指位置后，不得随意离开，千万不能把手指的位置放错，一般来说现在的键盘<F>和<J>键上均有一个凸起的小棱杠，这两个键就是左右手食指的位置。打字过程中，离开基本键位置去打其他键，击键完成后，手指应立即返回到对应的基本键上。

（4）手指姿势。手腕略向上倾斜，从手腕到指尖形成一个弧形，手指指端的第一关节要同键盘垂直。进行键盘练习时，必须掌握好手形，一个正确的手形也有助于录入速度的迅速提高。

（5）有规律地练习每个手指的指法和敏感度。例如，从左手小指至右手小指，每个指头连击三次指下的键，拇指击一次空格键。直到把 8 个字符都击一遍，屏幕上应显示相应的 8 组字符：AAA SSS DDD FFF JJJ KKK LLL ；；；。击键时手指从基本键位置上稍微抬起，快速击打要打的键，然后迅速将手指回到开始时的准备姿势。

（6）击完一遍后，将屏幕上每组字符对着 8 个手指默念数遍，然后按照屏幕上的字符用相应的手指去击键。击键时，手下盲打，眼看屏幕，字字校对，直到 8 个字符都能正确输入为止。

（7）经过反复练习，要求击键次数每分钟达到 60 次以上，并且要保证准确率 100%。

（8）单击“文件”菜单中的“保存”命令，弹出“另存为”对话框，输入文件名“LX1-1”，单击“保存”按钮。

友情提示

- 一定把手指按照分工放在正确的键位上。
- 有意识地慢慢记忆键盘各个字符的位置，体会不同键位上的字键被敲击时手指的感觉，逐步养成不看键盘输入的习惯。
- 进行打字练习时必须集中精力，做到手、脑、眼协调一致，尽量避免边看原稿边看键盘，这样容易分散记忆力。
- 初级阶段的练习即使速度慢，也一定要保证输入的准确性。

【实训 2】 基准键位练习

【实训要求】掌握正确的指法，能够快速准确地输入 8 个基准键位。

操作步骤

（1）先开显示器后开主机，开机后进入 Windows 操作环境下的记事本或写字板。

（2）保持正确的姿势，可按规定把手指分布在基准键上。

（3）在进行练习时，注意指法是否规范，并记录下每次打字所用的时间，在记事本或写字板中连续输入下列字符 6 遍。

FFFF JJJJ DDDD KKKK SSSS LLLL AAAA ;;;; FFFF JJJJ
ASDF ASDF ASDF ASDF ASDF ASDF ASDF ASDF ASDF ASDF
JKL; JKL; JKL; JKL; JKL; JKL; JKL; JKL; JKL; JKL;
FDSA FDSA FDSA FDSA FDSA FDSA FDSA FDSA FDSA FDSA
LASS LASS FALL FALL LAD; LAD; JKL; SAD; DSD; ASDF
ALSK ALSK SDLK SLDD DKHG KDHG DKWD DKGL LHHF DFJF
FDKS ALGG DSLF SDFS DFJL DSKF SFHS HHSL FSKF SA; F
FSAJ FSAA FGGS SLJF LJFS LKJH K; JH FSKF SKFH FSJF
LSFF SLFJ JHLS FSFS JHFJ FSFS KJLL HFSK SLFJ JLJL LJLJ
LASS LASS FALL FALL LAD; LAD; JKL; SAD; DSD; ASDF
FDSA FDSA FDSA FDSA FDSA FDSA FDSA FDSA FDSA FDSA
ALSK ALSK SDLK SLDD DKHG KDHG DKWD DKGL LHHF DFJF

---

aksj aksj aksj aksj aksj aksj aksj aksj aksj aksj aksj aksj aksj aksj
dlf; dlf; dlf; dlf; dlf; dlf; dlf; dlf; dlf; dlf; dlf; dlf; dlf; dlf; dlf;
adjl adjl adjl adjl adjl adjl adjl adjl adjl adjl adjl adjl adjl adjl
sfk; sfk; sfk; sfk; sfk; sfk; sfk; sfk; sfk; sfk; sfk; sfk; sfk; sfk;
dalj dalj dalj dalj dalj dalj dalj dalj dalj dalj dalj dalj dalj dalj
fs;k fs;k fs;k fs;k fs;k fs;k fs;k fs;k fs;k fs;k fs;k fs;k fs;k fs;k
afj; afj; afj; afj; afj; afj; afj; afj; afj; afj; afj; afj; afj; afj; afj; afj;
dslk dslk dslk dslk dslk dslk dslk dslk dslk dslk dslk dslk
alfk alfk alfk alfk alfk alfk alfk alfk alfk alfk alfk alfk alfk alfk

---

ask dad ask dad ask dad ask dad ask dad ask dad ask dad
sad lad sad lad sad lad sad lad sad lad sad lad sad lad sad
all fad all fad all fad all fad all fad all fad all fad all fad
lass fall lass fall lass fall lass fall lass fall lass fall lass fall
salad flask salad flask salad flask salad flask salad flask salad
a lad; a lad; a lad; a lad; a lad; a lad; a lad; a lad; a lad;
a lass; a lass; a lass; a lass; a lass; a lass; a lass; a lass;
dad asks lad; dad asks lad; dad asks lad; dad asks lad;

lass adds a salad; lass adds a salad; lass adds a salad;

a flask falls as all falls; a flask falls as all falls;

（4）对于基准键的练习，应该达到每分钟60次以上，并且要保证准确率100%。

（5）单击“文件”菜单中的“保存”命令，弹出“另存为”对话框，输入文件名“LX1-2”，单击“保存”按钮。

友情提示

- <Enter>键用于换行。
- <Backspace>键用于删除光标左边的字符。
- <Delete>键用于删除光标右边的字符。
- 保存文件的方法有两种：单击“文件”→“保存”命令，或是单击常用工具栏上的按钮。

【实训3】 中排键练习

【实训要求】掌握正确的指法，能够快速准确地输入中排键，逐步提高打字速度。

操作步骤

（1）进入Windows操作环境下的记事本或写字板。

（2）<G>键和<H>键与基准键在同一排，<G>键由左手食指负责，<H>键由右手食指负责。输入这两个字母时，食指从基本键离开后，迅速轻击<G>键或<H>键，击键后食指应立即返回到基本键上。

（3）在进行<G>键和<H>键的单独练习后，配合8个基本键一起练习。在进行练习时，注意指法的规范性，并记录下每次打字所用的时间。将下列字符在记事本或写字板中连续输入6遍。

HGHG GHGH GHHH GHHH GGHH GGHH HHGG HHGG HHGG
SDSD SDSD SDFG SDFG ASDF ASFG ASFG ASDF ASDF
JKL; JKL; HJKL HJKL JKL; JKL; HJL; HJL; HJL;
FDSA FDSA GFDS GFDS FDSA FDSA GFSA GFSA GFSA
FAIL FAIL JHJH FGFG GLAD GLAD HIGH HIGH HIGH
HAD HAD GLASS GLASS HIGH HIGH GLAD GLAD GLAD

---

haga shsg haga shsg haga shsg haga shsg haga shsg haga shsg
shsg dhdg shsg dhdg shsg dhdg shsg dhdg shsg dhdg shsg dhdg
hfgf gjhj hfgf gjhj hfgf gjhj hfgf gjhj hfgf gjhj hfgf gjhj hfgf
gkhk lghg gkhk lghg gkhk lghg gkhk lghg gkhk lghg gkhk lghg
gah; ahgl gah; ahgl gah; ahgl gah; ahgl gah; ahgl gah; ahgl gah;
shkl dhgj fhg; shkl dhgj fhg; shkl dhgj fhg; shkl dhgj fhg;
gas had gas had gas had gas had gas had gas had gas had gas
gala saga gala saga gala saga gala saga gala saga gala saga gala
hall gall hall gall hall gall hall gall hall gall hall gall hall gall

half lakh half lakh half lakh half lakh half lakh half lakh half
lakh half lakh half lakh half lakh half lakh half lakh half

（4）单击“文件”菜单中的“保存”命令，弹出“另存为”对话框，输入文件名“LX1-3”，单击“保存”按钮。

【实训 4】　上排键练习

【实训要求】掌握正确的指法，能够快速准确地输入上排键，逐步提高打字速度。

操作步骤

（1）进入 Windows 操作环境下的记事本或写字板。

（2）上排键包括<Q>、<W>、<E>、<R>、<T>、<Y>、<U>、<I>、<O>、<P>10 个键。

（3）按照规定的指法击键，左手负责<Q>、<W>、<E>、<R>、<T>5 个键，右手负责<Y>、<U>、<I>、<O>、<P>5 个键，其中左、右手食指负责<T>、<Y>两个键。打字时手指从基本键的位置向斜上方运动到要击打的键上，快速轻击后立即回到基本键原先的位置上。

（4）在进行练习时，注意正确的指法，在记事本或写字板中连续输入下列字符 6 遍，并记录下每次所用的时间。

QWRT QWRT QWRT QWRT WERT WERT WERT WERT
YUOP YUOP YUOP YUOP UIOP UIOP UIOP UIOP
TRWQ TRWQ TRWQ TRWQ REWQ REWQ REWQ REWQ
POUY POUY POUY POUY OIUY OIUY OIUY OIUY
YUOP QWRT YUOP QWRT UIOP WERT YUOP WQRT
POUY TRWQ POUY TRWQ OIUY REWQ POUY TRWQ

（5）在进行上排键的单独练习后，配合中排键一起练习。在进行练习时，注意指法的规范性，并记录下每次打字所用的时间。将下列字符在记事本或写字板中连续输入 6 遍。

AQQA AQQA AQQA AQQA SWWS SWWS SWWS SWWS
DEED DEED DEED DEED FRRF FRRF FRRF FRRF
GTTG GTTG GTTG GTTG HYYH HYYH HYYH HYYH
JUUJ JUUJ JUUJ JUUJ KIIK KIIK KIIK KIIK
LOOL LOOL LOOL LOOL ；PP; ；PP; ；PP; ；PP;
HJL; HJL; HJL; HJL; ；LJH ；LJH ；LJH ；LJH
DUSK DUSK SHUT SHUT SALT SALT SHUT SHUT
DRUG DRUG DUTY DUTY FULL FULL FLAG FLAG
DUSK DUSK JURY JURY FLAT FLAT DUSK DUSK

---

aydug hukt; aydug hukt; aydug hukt; aydug hukt; aydug hukt;
rjtlr ysufy rjtlr ysufy rjtlr ysufy rjtlr ysufy rjtlr ysufy rjtlr ysufy
art yak art yak art yak art yak art yak art yak art yak art yak
tar rug tar rug tar rug tar rug tar rug tar rug tar rug tar rug
rat fur rat fur rat fur rat fur rat fur rat fur rat fur rat fur rat
dust yard dust yard dust yard dust yard dust yard dust yard dust y

drug hard drug hard drug hard drug hard drug hard drug hard
rust taut rust taut rust taut rust taut rust taut rust taut rust taut

---

he wiped his pipe; he wiped his pipe; he wiped his pipe; he wiped his pipe;
his eyes were popped out; his eyes were popped out; his eyes were popped out;
the worker was operated here; the worker was operated here; the worker was operated here;
they withdrew to the opposite side; they withdrew to the opposite side;
he talked loudly; he talked loudly; he talked loudly; he talked loudly; he talked loudly;
that is the stuff; that is the stuff; that is the stuff; that is the stuff; that is the stuff;
life is so short; life is so short; life is so short; life is so short; life is so short;
they put their tool here; they put their tool here; they put their tool here;
he talked loudly; that is the stuff; life is so short; they put their tool here;

（6）单击“文件”菜单中的“保存”命令，弹出“另存为”对话框，输入文件名“LX1-4”，单击“保存”按钮。

【实训5】 下排键练习

【实训要求】掌握正确的指法，能够快速准确地输入下排键，逐步提高打字速度。

操作步骤

（1）进入Windows操作环境下的记事本或写字板。

（2）下排键包括<Z>、<X>、<C>、<V>、<B>、<N>、<M>、<，>、<。>、</>10个键。

（3）按照规定的指法击键，左手负责<Z>、<X>、<C>、<V>、<B>5个键，右手负责<N>、<M>、<，>、<。>、</>5个键，其中左手食指负责<V>、<B>两个键，右手食指负责<N>、<M>两个键。击键时，手指从基本键向下运动，轻击要打的键后立即返回到基本键上。

（4）在进行练习时，注意正确的指法，在记事本或写字板中连续输入下列字符6遍，并记录下每次所用的时间。

ZXVB ZXVB ZXVB ZXVB ZXCV ZXCV ZXCV ZXCV ZXCV
NM/。 NM/。 NM，。 NM，。 NM。/ NM。/ M。/M M。/M M。/M
BVXZ BVXZ BVCX BVCX BVXZ BVXZ VCXZ VCXZ VCXZ
/。NM /。NM /。，M /。，M ，MN。 ，MN。 。MN/ 。MN/ 。MN/
NM。/ /。MN /。，M /。，M ZXVB ZXVB NM。/ NM。/ NM。/
BVNM BVNM MNCX MNCX ZXMN ZXMN CVBC CVBC CVBC
BANK BANK LAND LAND MARK MARK BOND BOND BOND
MAIL MAIL COLD COLSD ZEAL ZEAL ZERO ZERO ZERO
WIDE WIDE EXIT EXIT SIDE SIDE OBJECT OBJECT OBJECT

---

milk silk milk silk milk silk milk silk milk silk milk silk milk silk
drum slum drum slum drum slum drum slum drum slum drum slum
verb bird verb bird verb bird verb bird verb bird verb bird verb
brave bribe brave bribe brave bribe brave bribe brave bribe brave

nruse　brust　nruse　brust　nruse　brust　nruse　brust　nruse　brust　nruse　brust
banner　manner　banner　manner　banner　manner　banner　manner　banner
broken　moment　broken　moment　broken　moment　broken　moment　broken
bubble　marble　bubble　marble　bubble　marble　bubble　marble　bubble marble
fetch,　circle.　fetch,　circle.　fetch,　circle.　fetch,　circle.　fetch,　circle,　Fetch.
chemical,　zoology.　chemical,　zoology.　chemical,　zoology.　chemical,　zoology.

（5）单击“文件”菜单中的“保存”命令，弹出“另存为”对话框，输入文件名“LX1-5”，单击“保存”按钮。

友情提示

- 在英文打字中，句号与中文有所不同，它不是一个圈，而是一个点。逗号和句号在英文打字中常见，要熟练掌握。
- 在记键位时，眼不看键盘，手指边动边感受手指运动的距离和方向。

【实训6】　全字母键练习

【实训要求】掌握正确的指法，快速准确地输入26个字母，反复练习逐步提高打字速度。

操作步骤

（1）进入Windows操作环境下的记事本或写字板。

（2）熟记26个字母键在键盘上的排列位置，有利于快速输入并实现盲打。

（3）在进行输入练习时，击键后手指要马上放回到基本键上。

（4）由于字母键是最常用的键，要反复练习，直到非常熟练为止。

（5）输入练习时注意指法，并记录下每次打字所用的时间。将下列字符在记事本或写字板中连续输入6遍。

THE NEXT CAR;　A DOZEN COPIES;　MUCH TOO COLD APUZA ；P;　?
SWSXSLOL。;　DEDCD　KIK,　FRFVF　JUJMJ　SERVE　RESERVE
PRESERVE;　OBJECT　SUBJECT；　PUOTE　PUOTATION　YOUNG
WRONG　STRONG;　WIDE　SIDE　SIZE ；MIX FOX SIX;　CHECK CHALK
ABC　SYS　DIR　ROM　EXE　TXT　CPU　TGB　ROM　RAM　CLS
UJM　EDC　RFV　MPV　BAT　DBF　BAK　COM　BAT　VGA　BAS

---

catching the bus;　catching the bus;　catching the bus;　catching the bus;
six in a circle;　six in a circle;　six in a circle;　six in a circle;　six in a circle;
she likes zoology;　she likes zoology;　she likes zoology;　she likes zoology;
oxygen, a chemical element;　oxygen, a chemical element;　oxygen, a chemical
a concrete building in the universisy;　a concrete building in the universisy;
catching the bus;　six in a circle;　she likes zoology;　oxygen, a chemical element;
concrete building in the universisy;

（6）单击“文件”菜单中的“保存”命令，弹出“另存为”对话框，输入文件名“LX1-6”，单击“保存”按钮。

【实训 7】 大写键练习

【实训要求】掌握正确的指法，快速准确地输入 26 个字母，反复练习逐步提高打字速度。

操作步骤

（1）进入 Windows 操作环境下的记事本或写字板。

（2）学习使用大写键的方法：<Caps Lock> 键叫做大小写切换键，按下<Caps Lock> 键，同时大小写指示灯亮，此时输入的字母均为大写。再按下<Caps Lock> 键，此时输入的字母均为小写。在打字过程中，一般是在输入的英文文章连续是大写或小写字符时，才使用<Caps Lock> 键。

（3）在英文字符中大小写字母混用时，一般使用上档<Shift>键，又叫做大写键，在键盘上左侧<Z>键的左边和右侧</>键的右边各一个。

打左手一边的大写字母时，先用右手的小指按下右边的大写键，当左手打完大写字母，右手小指立即离开大写键，并迅速退回到<;>键上。

打右手一边的大写字母时，先用左手的小指按下左边的大写键，当右手打完大写字母，左手小指立即离开大写键，并迅速退回到<A>键上。

（4）由于大写键是最常用的键，要反复练习，直到非常熟练为止。

（5）输入练习时注意指法，并记录下每次打字所用的时间。将下列字符在记事本或写字板中连续输入 6 遍。

Aj Bu Cn Ep Fi Go Hq Is Jw Ke Lv Md Nw Oz Px Qn Rk Sm
Ty Ut Vi Wo Xl Yo Zi Aj Bu Cn Ep Fi Go Hq Is Jw Ke Lv
Md Nw Oz Px Qn Rk Sm Ty Ut Vi Wo Xl Yo Zi
jAj kSk lDl ;T; hGh aJa sKs dLd f;f qYq wUw eIe rOr tPt qUq
yQy uWu iEi oRo pTp nZn mXm ,C, /B/ .V. b,b
jAj kSk lDl ;T; hGh aJa sKs dLd f;f qYq wUw eIe rOr tPt qUq
yQy uWu iEi oRo pTp nZn mXm ,C, /B/ .V. b,b

Paris Tokyo France London Washington Britain Shanghai Beijing, China;
Tianjing. The United States. Paris Tokyo France London Washington Britain
Shanghai Beijing, China; Tianjing. The United States.
Sunday, Monday, Tuesday, Wednesday, Thursday. Friday. Saturday. China
Television Service; Xinhua News Agency; Shanghai Mansions.

（6）单击“文件”菜单中的“保存”命令，弹出“另存为”对话框，输入文件名“LX1-7”，单击“保存”按钮。

友情提示

- 在左右手分别按大写字母及小写字母时，一定是按上挡键在先，按字母键在后。
- 连续是大写或小写字母的英文文章时，建议使用<Caps Lock> 键。
- 输入的英文文章是大小写混合字母时，建议使用<Shift> 键。

【实训 8】　数字键练习

【实训要求】掌握正确的指法，快速准确地输入数字键，反复练习逐步提高打字速度。

操作步骤

（1）进入 Windows 操作环境下的记事本或写字板。

（2）数字键的指法与上排键类似，左手负责<1>、<2>、<3>、<4>、<5>5 个键，右手负责<6>、<7>、<8>、<9>、<10>5 个键。其中左手食指负责<4>、<5>两个键，右手食指负责<6>、<7>两个键。由于数字键离基本键较远，因此稍微难一些，应当多练习才能熟练，练习时要特别注意击键后应当立即返回到基本键上。

（3）在进行练习时，注意指法的规范性，并记录下每次打字所用的时间。将下列字符在记事本或写字板中连续输入 6 遍。

1245　1235　1245　1235　6790　6890　6790　6890　6790　6890
5421　5431　4321　5431　0976　0876　0987　0876　0976　0876
1379　1359　1379　1235　2480　1579　2480　1579　1359　2480
2480　1359　2590　1267　1359　2467　1379　2468　1579　2468
2204　3309　4416　5505　6636　7049　8806　6982　8723　8809

（4）单击“文件”菜单中的“保存”命令，弹出“另存为”对话框，输入文件名“LX1-8”，单击“保存”按钮。

【实训 9】　符号键及上挡键练习

【实训要求】能快速准确地输入符号键及上挡键。

操作步骤

（1）进入 Windows 操作环境下的记事本或写字板。

（2）符号键多数在上挡键上，在练习上挡键时，要用小拇指按住一侧换挡键，另一只手指击打上挡键。

（3）当键盘处于小写字母状态时，如果想要输入一个大写字母，也要用小拇指按住换挡键不放，再用另一只手击打相应的字母键。

（4）在进行符号键及上挡键练习时，注意指法的规范性，并记录下每次打字所用的时间。将下列字符在记事本或写字板中连续输入 6 遍。

!! 1!　@@2;　@@#3　#$$4　$%%5　%^^6　^&&7　&**8　(&7)　50%
!@#$　++=+　^&%$　>>_&　<#:>　{ %*}　[+-]　(< >)　$%#@　??/?
RRrR　SSsS　TTtT　UuuU　VVvV　WWwW　YyyY　MMmM　NNnN
January:　“February”　March?　April_3　(August)　[October]　{December?}
January:　“February”　March?　April:　“May”　June?　July:　“August”　September?
October:　“November”　December?
that with:　then were,　they have done;　“what some when”　must will his?　shall other
there;　yours their shere:　“could shich would”　while under doing?　ought going since.
be well up in,　get on with.

（5）单击“文件”菜单中的“保存”命令，弹出“另存为”对话框，输入文件名“LX1-9”，单击“保存”按钮。

友情提示

- 在英文打字中，无上引号和下引号之分，两个键是一样的。

【实训 10】 英文打字综合练习

【实训要求】反复练习全键盘字符的输入，帮助用户了解键位的分布，熟练指法的应用，保证准确率 100%时击键的速度不低于 60 次/分钟。

操作步骤

（1）进入 Windows 操作环境下的记事本或写字板。

（2）按照正确的指法和打法注意事项，进行全键盘的反复练习。

（3）将下列字符在记事本或写字板中连续输入 6 遍并记录下每次打字所用的时间。

Computer have been used to compose music and ballet. In ballet, for example, each movement can be denoted on paper by a symbol, and so we tell the computer the various symbols, representing each by a number perhaps. Each symbol has associated with it a list of possible movements to follow it . The computer chooses a symbol, consults the appropriate list to see what choice is offered for the next movement, and then picks one. It now finds the list for this symbol and chooses again. This is continued until a complete score is written,. The results are usually very mechanical and can be made attractive only if modified by a composer.

As our city streets have to cope with an everincreasing number of vehicles, costly delays occur more and more frequently. To obtain the best possible flow of traffic, computers are being used to control traffic signals in city centers. A sensory device at every crossing sends details of vehicle numbers to a central computer. It does not just operate the lights at each crossing to effect the minimum delay there. It takes into account the state of the traffic at all junctions and from experiments carried out earlier the computer knows how to deal with the problem to the best overall effect. The position changes continually and the computer follows these variations, choosing at each instant a solution to fit the conditions.

There was a certain widow who had an only sheep, and, wishing to make the most of his wool, she sheared him so closely that she cut his skin as well as his fleece. The sheep, smarting under this treatment, cried out: “Why do you torture me this? What will my blood add to the weight of the wool? If you want my flesh, Dame, send for the butcher, who will put me out of my misery at once; but if you want m fleece, send for the shearer, who will clip my wool without drawing my blood.”

I’ve missed you very much. I’ve been lonely this week because I haven’t seen you for a month. I’ve learnt a lot of French this week…I’ve worked hard. I haven’t been out too much. Last night I had to do a lot of homework, and I’m tired today. Paris is smaller than London, but it’s more interesting. I think it’s the best city I’ve ever been to. There’s too much traffic and there aren’t enough restaurants with English food, but like it . All of my teachers are very nice, and more of them speak English to me, so I have to speak French. Anyway, I must finish now.

I'll write again soon…I promise.

（4）教师可根据学生的掌握情况，适当增加一些练习文章，以提高学生的录入速度。

（5）单击“文件”菜单中的“保存”命令，弹出“另存为”对话框，输入文件名“LX1-10”，单击“保存”按钮。

【实训 11】　单字和词组的输入

【实训要求】选择全拼输入法，掌握单字、词组的输入。

操作步骤

（1）进入写字板编辑状态。在 Windows 操作环境下，在桌面上单击“开始”→“程序”→“附件”→“写字板”菜单命令，打开写字板窗口。

（2）选择全拼输入法。启动 Windows 操作环境下的写字板，按<Ctrl>+<Shift>组合键转换到全拼输入法状态或者单击任务栏上的输入法指示器 En，选择全拼输入法即可。

（3）用全拼输入法输入下列单字。

同 一 片 蓝 天 ，同 一 个 梦 想。

只 要 功 夫 深，铁 杵 磨 成 针。

有 志 者 事 竟 成。

（4）用全拼输入法输入下列词组。

爱国　安静　报道　彩色　代表　必须　不要　从此　措施　地方　大学　地区　长江

单位　妇女　负责　发现　服从　科学　核算　长期　管理　联合　目的　每次　历史

取消　软件　气温　中国　南方　设置　人员　现实　应得　态度　自动　协议　原则

老年　天气　上海　北京　铁路　飞机　汽车　大风　精神　体育　运动　计时　美丽

魅力　肩负　真诚　邮件　电子　宗派　主义　晴朗　火车站　计算机　科学化　子公司

出版社　奥运会　电视剧　一般性　调度室　锦标赛　本世纪　进一步　教研组　组织部

打印机　图书馆　四川省　上海市　飞机场　汽车站　全球性　现实性　发展史　公证处

新时代　奥运会　冠军赛　马拉松　客流量　乒乓球　挑毛病　同甘共苦　与此同时

越来越多　除此而外　新华书店　总而言之　由此可见　四分五裂　近几年来　众所周知

银行账号　澳大利亚　联系实际　颇费周折　土崩瓦解　轰轰烈烈　哄堂大笑　新生力量

应接不暇　可乘之机　大大小小　了如指掌　大专院校　中华人民共和国

中国人民政治协商会议　联合国安理会　全世界人民团结一致

（5）单击“文件”菜单中的“保存”命令，弹出“另存为”对话框，输入文件名“LX1-11”，单击“保存”按钮。

【实训 12】　全拼输入法的特殊功能

【实训要求】使用全拼输入法，掌握偏旁的输入并且会手工造词。

操作步骤

（1）进入写字板编辑状态。在 Windows 操作环境下，在桌面上单击“开始”→“程序”→“附件”→“写字板”菜单命令，打开写字板窗口。

（2）选择全拼输入法。启动 Windows 操作环境下的写字板，按<Ctrl>+<Shift>组合键转换到全拼输入法状态或者单击任务栏上的输入法指示器 En，选择全拼输入法即可。

（3）用全拼输入法的特殊功能完成以下偏旁的输入。

忄 冖 钅 讠 阝 匚 纟 艹 廾 冂 灬 扌 尢 刂 宀 攵 礻 夂 肀

辶 廴 屮 勹 尸 衤 丬 凵 彐 冫 讠 丶 囗 彡 亻 疒 饣 冫 犭

在全拼输入法状态下，输入拼音“pianpang”，通过<+>键或<->键翻页查找并选择相应的序号，即可输入指定的偏旁。

（4）利用全拼输入法的手工造词功能完成下列词组的输入。

北京市信息管理学校　计算机操作系统　人民邮电出版社　紧缺人才培养规划

英文打字范本　五笔字型输入法　智能 ABC 输入法　中等技术职业学校

计算机系列教材　多媒体动漫专业　多媒体视影制作专业

（5）单击“文件”菜单中的“保存”命令，弹出“另存为”对话框，输入文件名“LX1-12”，单击“保存”按钮。

【实训 13】 汉字和词组的输入

【实训要求】 熟练掌握智能 ABC 输入法的全拼方式、简拼方式、双拼方式等多种输入方法，能够用词组方式、以词定字等方式输入汉字和词组。

操作步骤

（1）汉字输入状态的切换。启动 Windows 操作环境下的记事本，按<Ctrl>+<空格>组合键，在汉字和英文输入状态之间切换，按<Ctrl>+<Shift>组合键转换到智能 ABC 汉字输入法。

（2）半角/全角字的输入。单击智能 ABC 汉字输入状态栏上的全角/半角转换按钮，或按<Shift>+<空格>组合键，切换全角和半角输入状态。在记事本输入窗口分别输入全角字符和半角字符，比较各自的效果。

（3）用智能 ABC 输入方法输入汉字。

- 输入下列汉字。选择智能 ABC 输入法的“标准”方式，以全拼方式或简拼方式逐个输入下列汉字：“2008 奥运将带给北京新的契机和深远的影响，带来中华文化与各国文化交流。北京这座充满魅力的古城，将在奥运的旗帜下加快迈向现代化的脚步。”
- 以双拼方式输入以下词组。

名胜　天真　朋友　同学　教师　校长　主任　班长　书记　团员

公园　城市　森林　场馆　体育　展览　生活　汉字　需要　包括

交通　基础　条件　商业　配套　设施　规划　娱乐　休闲　购物

空间　环境　优美　市民　能够　提供　情报　服务　宽敞　功能

- 用词组方式输入汉字。

分别用全拼和简拼输入下面的词组，并体会这两种方式的优缺点。

北京　天津　积极　学校　数字　承诺　政务　信息　电视　网络　光纤

联合国　北京市　奥运会　百分比　标准化　必然性　办公厅　博物院

出勤率　毕业生　笔记本　长方体　成品率　地下室　电子表　出租车

电冰箱　电视机　读后感　调节器　大理石　代表团　董事会　动物园

狐假虎威　一步登天　丰富多彩　管理体制　横向联合　奋发图强　公共场所

家用电器　画龙点睛　脚踏实地　海市蜃楼　取长补短　简明扼要　聚精会神

百尺竿头更进一步 打破沙锅问到底 一切从实际出发 百闻不如一见

可望而不可及 五笔字型计算机汉字输入技术 理论联系实际

- 用以词定字方式输入汉字。

国 电 家 键 中 报 告 脑 发 车 资 融 策 览 费 懈

- 使用智能 ABC 输入法输入下列词组。

中日友好医院 保利大厦 健身中心 中央人民广播电台

五笔字型计算机汉字输入技术 北京市信息管理学校

（4）单击“文件”菜单中的“保存”命令，弹出“另存为”对话框，输入文件名“LX1-13”，单击“保存”按钮。

【实训 14】 连续文章及特殊符号的练习

【实训要求】熟练掌握智能 ABC 输入法的各种输入方式，能够输入特殊符号。

操作步骤

（1）汉字输入状态的切换。启动 Windows 操作环境下的记事本，按<Ctrl>+<空格>组合键，在汉字和英文输入状态之间切换，按<Ctrl>+<Shift>组合键转换到智能 ABC 汉字输入法。

（2）半角/全角字的输入。单击智能 ABC 汉字输入状态栏上的全角/半角转换按钮，或按<Shift>+<空格>组合键，切换全角和半角输入状态。在记事本输入窗口分别输入全角字符和半角字符，比较各自的效果。

（3）用智能 ABC 输入方法输入下列短文。

在当今信息社会，掌握计算机操作已成为许多人择业的必备条件。而作为最基本的一种应用技能——打字，更是不可或缺的。对于计算机初学者来说，打字是他们学习计算机的第一步。对于专业打字人员来说，快速、准确地录入文字已成为他们的职责所有和必备技能。而在许多中职中专学校中，文字录入已经成为计算机专业和文秘等非计算机专业的必修课程。

随着计算机信息高新技术的普及和推广，越来越多的行业及部门已将计算机操作作为一种必备的基本工作技能，相应的培训及技能鉴定成为一种广泛的社会需求。

实施信息化的关键在人才，在我国各行各业都需要大批的各个层次的计算机应用专业人才。在未来几年内，我国经济和社会发展对计算机应用与软件专业初级人才具有很大的需求，而这些人才的培养主要应由中等职业教育来承担。要培养具备综合职业能力和全面素质，直接在生产、服务、技术和管理等第一线工作的技能型人才，必须在课程开发上，从职业岗位技能分析入手，以教材建设推动中等职业教育教学改革，从而提高中等职业教育质量。

（4）输入特殊符号。

利用智能 ABC 输入法中的软键盘输入下列符号。

→ ← ↑ ↓ ÷ × ㈠ ㈢ 【 】 ∧ ＜ ＞ ± ⑶ ⑼ ｛ ｝

『 』 № ◎ ■ ￥ $ Ⅶ Ⅺ ⒑ ℃ £ ※ § ☆ ├ ┐

（5）单击“文件”菜单中的“保存”命令，弹出“另存为”对话框，输入文件名“LX1-14”，单击“保存”按钮。

【实训 15】 选择微软拼音输入法进行连续文章的练习

【实训要求】熟练掌握微软拼音输入法，进行连续文章的输入。

操作步骤

（1）汉字输入状态的切换。启动 Windows 操作环境下的记事本，按<Ctrl>+<空格>组合键，在汉字和英文输入状态之间切换，按<Ctrl>+<Shift>组合键转换到微软拼音输入法。

（2）用微软拼音输入方法输入下列文章。

圆明园遗址——原清代举世无双的“万园之园”

圆明园，原是清代京城中最宏伟、最秀丽的一座皇家御苑，居“三山五园“之首。

这里自古以来泉水遍布，河湖纵横，风景极佳。早在辽、金、元各朝，便在此兴建行宫、寺院。明代武清侯李伟于此建起清华园。清王朝定都北京后，继续沿用明朝完整的皇城及有关宫苑，并把建设重点放在对西郊御苑的开发上。康熙皇帝六次南巡，将江南美景和特色建筑引进北京，在此大建畅春园与圆明园。雍正当政后，将圆明园进一步扩大，建为“外朝”和“内廷”两大部分。乾隆继位后亦六次下江南，多方搜集天下风景名胜，并“移天缩地”尽量仿建于园中。后来乾隆皇帝又在圆明园东部和南部，相继建起长春园与万春园（为后妃们的住处）两座辅园。三园以园门相通，平面布局呈一个侧卧的“品”字，直至咸丰年间仍修建不止。

圆明园是圆日、万春和长春三园的总称。全园以福海为中心，海中筑有“蓬岛瑶台”等三个小岛，以象征道家“一池三仙山”之说。清代从 1709~1860 年经过 150 多年的不断营建，占地 346 公顷，拥有景点 160 多处，成为举世罕见的“万园之园”。这里有上朝议政的正大光明殿，举行盛宴的九洲清宴，祭祀用的安佑宫，藏书的文渊阁，以及仿《桃花源记》的武陵春色西湖三潭印月等。同时还有独具西洋特色的海宴堂、远瀛观等欧式建筑。整个御苑山湖竞秀，花木簇拥，殿阁争辉，不是天堂胜似天堂。园内收藏有历代无数的奇珍异宝、古玩字画等。但这座世界之冠的皇家大花园，却于 1860 年 10 月 6 日英法联军入侵园内，在进行疯狂抢掠后，而于 17~19 日被纵火焚烧了三天三夜。人类文明惨遭如此劫难，令人痛惜！

新中国成立后，经过一再修整，现已辟建为圆明园遗址公园。可供游览的主要景观有：西洋楼、大水法、远瀛观、香妃楼、展览室、迷宫、方壶胜境和福海等遗迹。

（3）单击“文件”菜单中的“保存”命令，弹出“另存为”对话框，输入文件名“LX1-15”，单击“保存”按钮。

【实训 16】 区位输入法练习

【实训要求】掌握区位输入的方法。

操作步骤

（1）进入写字板编辑状态。在 Windows 操作环境下，在桌面上单击“开始”→“程序”→“附件”→“写字板”菜单命令，打开写字板窗口。

（2）选择区位输入法。启动 Windows 操作环境下的写字板，按<Ctrl>+<Shift>组合键转换到全拼输入法状态或者单击任务栏上的输入法指示器 En，选择区位输入法即可。

（3）用区位输入法输入下列字符。

‖ ∈ ① XI β 㞢 ┫ ∈ ∷ √ ⊥ ∥ ∠ ⌒ ⊙ ∫ ∮ ≡ ≌ ≮ ≯ ≤ ≥ ∞ ∵

♀ ℃ $ ¤ v 1. 2. 3. (1) ℃ $ { | } ¤ ₵ £ ‰ § № ☆ ★ ≌ ≈ ∽ ∝

○ ● ◎ ◇ ◆ □ → ← ↑ ↓ 〓 ① ㈠ Ⅳ ¥ % & / @ [δ ε φ Ψ ω

～　…　’’〃〃■　△　▲　※〔　〕⑿　⑥ 6.　7.　8.　±　×　÷ Σ　Π √　⊥　∥ ♂　♀ ≤　≥ ≮

≯ vii viii XI XII　㈡ ㈢ ㈣　￥　%　& 0240 ⑷　⑸　⑹　⑺　⑻　⑼　⑽　⑾　⒀　⒁　⒂　⒃

⒇ ①　②　③ α　β　γ　δ ㄋ　ㄌ　ㄍ Π　Ρ　Σ　Τ ω Φ　Χ　Ψ　Ω┅　┆　┄ ┅

（4）单击“文件”菜单中的“保存”命令，弹出“另存为”对话框，输入文件名“LX1-16”，单击“保存”按钮。

项目拓展

【项目拓展 1】　英文文章的输入练习

【项目目的】

（1）了解键盘布局，熟记键盘字母键位。

（2）掌握正确的指法。

（3）掌握英文和标点符号的输入方法。

【项目要求】使用正确的指法录入英文文章。

操作步骤

（1）开机启动 Windows 操作系统。

（2）在桌面上单击“开始”→“程序”→“附件”→“写字板”菜单命令，打开写字板窗口。

（3）在“写字板”编辑状态下，输入以下英文文章。

CHRISTMAS DAY

On Christmas Eve—the night before Christmas Day—children all over Britain put a stocking at the end of their beds before they go to sleep. Their parents usually tell them that Father Christmas will come during the night.

Father Christmas is very king-hearted.He lands on top of each house and climbs down the chimney into the fireplace.He fills each of the stockings with Christmas presents.

Of course,Father Christmas isn’t real. In Jim and Kate’s house, “Father Christmas”is really Mr Green.Mr Green doesn’t climb down the chimney.He waits until the children are asleep. Then he quittly goes into thrir bed-rooms,and fills their stockings with small presents. When they were very young,Mr Green sometimes cressed up in a red coat.But he doesn’t do that now. The children are no longer young,and they know who “Father Christmas”really is. But they still put their stockings at the end of their beds.

（4）单击“文件”菜单中的“保存”命令，弹出“另存为”对话框，输入文件名“LX1-17”，单击“保存”按钮。

【项目拓展 2】　常用汉字输入法的练习

【项目目的】

（1）掌握汉字输入法的选择。

（2）熟练掌握一种常用的汉字输入方法。

【项目要求】任选一种汉字输入方法，熟练完成下列文章的录入。

操作步骤

（1）开机启动 Windows 操作系统。

（2）在桌面上单击“开始”→“程序”→“附件”→“写字板”菜单命令，打开写字板窗口。

（3）单击输入法状态条上的半角形和圆形按钮，可实现全/半角的切换。

（4）单击输入法状态条上的标点符号按钮，可实现中/英文标点符号的转换。

（5）按<Ctrl>+<Shift>组合键，可切换选择需要的输入法。

（6）按<Ctrl>+<空格>组合键，可使输入法在英文与所选择的中文之间转换。

（7）在输入法状态条的软键盘按钮上单击鼠标右键，选择“特殊符号”选项，打开符号键盘，双击所需符号即可输入。

（8）在“写字板”编辑状态下，输入以下文字。

元　宵　节

农历正月十五日，是中国的传统节日元宵节。正月为元月，古人称夜为“宵”，而十五日又是一年中第一个月圆之夜，所以称正月十五日为元宵节，又称为“上元节”。按中国民间的传统，在一元复始，大地回春的节日夜晚，天上明月高悬，地上彩灯万盏，人们观灯、猜灯谜、吃元宵，合家团聚，其乐融融。

元宵节起源于汉朝，据说是汉文帝时为纪念“平吕”而设。汉惠帝刘盈死后，吕后篡权，吕氏宗族把持朝政。周勃、陈平等人在吕后死后，平除吕后势力，拥刘恒为汉文帝。因为平息诸吕的日子是正月十五日，此后每年正月十五日之夜，汉文帝都微服出宫，与民同乐以示纪念，并把正月十五日定为元宵节。汉武帝时，“太一神”的祭祀活动在正月十五日。司马迁在“太初历”中就把元宵节列为重大节日。

我国民间有元宵节吃元宵的习俗。民间相传，元宵起源于春秋时期的楚昭王。某个正月十五日，楚昭王经过长江，见江面有漂浮物，为一种外白内红的甜美食物。楚昭王请教孔子，孔子说“此浮萍果也，得之主复兴之兆”。元宵和春节的年糕，端午节的粽子一样，都是节日食品。吃元宵象征家庭像月圆一样团圆，寄托了人们对未来生活的美好愿望。元宵在南方称“汤圆”、“圆子”、“浮圆子”、“水圆”，由糯米制成，或实心，或带馅。馅有豆沙、白糖、山楂等等，煮、煎、蒸、炸皆可。

元宵节燃灯的习俗起源于道教的“三元说”：正月十五日为上元节，七月十五日为中元节，十月十五日为下元节。主管上、中、下三元的分别为“天”、“地”、“人”三官，天官喜乐，故上元节要燃灯。元宵节燃灯放火，自汉朝时已有此风俗，唐时，对元宵节倍加重视；在元宵节燃灯更成为一种习俗。唐朝大诗人卢照邻曾在《十五夜观灯》中这样描述元宵节燃灯的盛况“接汉疑星落，依楼似月悬”元宵节燃灯的习俗，经过历朝历代的传承，节日的灯式越来越多，灯的名目内容也越来越多，有镜灯、凤灯、琉璃灯等。元宵节除燃灯之外，还放烟花助兴。

“猜灯谜”又叫“打灯谜”，是元宵节后增的一项活动，出现在宋朝。南宋时，首都临安每逢元宵节时制迷，猜谜的人众多。开始时是好事者把谜语写在纸条上，贴在五光十色的彩灯上供人猜。因为谜语能启迪智慧又饶有兴趣，所以流传过程中深受社会各阶层的欢迎。

元宵节除了庆祝活动外，还有信仰性的活动。那就是“走百病”又称“烤百病”、“散百病”，参与者多为妇女，他们结伴而行或走墙边，或过桥，或走郊外，目的是驱病除灾。

随着时间的推移，元宵节的活动越来越多，不少地方节庆时增加了耍龙灯、耍狮子、踩高跷、划旱船、扭秧歌、打太平鼓等活动。

（9）单击“文件”菜单中的“保存”命令，弹出“另存为”对话框，输入文件名“LX1-18”，单击“保存”按钮。

【项目拓展 3】　中英文综合练习

【项目目的】

（1）掌握任意一种汉字输入方法。

（2）熟练掌握中英文输入方式的切换。

【项目要求】任选一种汉字输入方法，熟练完成下列文章的录入。

操作提示

（1）开机启动 Windows 操作系统。

（2）在桌面上单击“开始”→“程序”→“附件”→“写字板”菜单命令，打开写字板窗口。

（3）按<Ctrl>+<Shift>组合键，选择一种常用汉字输入方法。

（4）在“写字板”编辑状态下，输入以下文字。

北京（Beijing）拥有四通八达的现代化立体交通网络（Network）。全市道路总长度约 5 500 公里，2003 年完成新改扩道路长度 110 公里。轨道交通运营里程达到 114 公里。北京（Beijing）有 6 条呈放射状通往全国各地的高速公路（Superhighway），公路密度每百平方公里 85.4 公里。2002 年全市有机动车 176.5 万辆，其中私人小轿车已达 45.8 万辆。全市有发达城市公共交通体系，公交线路 776 条，年客运量 47 亿人次。北京（Beijing）是全国最大的铁路枢纽之一，北京（Beijing）与全国大多数大中城市之间均开通有直达列车，经过几次提速，加之采取夕发朝至、电脑联网售票等一系列改革措施，铁路吸引了大批客流，2003 年旅客运输量 31 237.4 万人次。北京（Beijing）是全国航空线的交汇中心，2003 年民用航空运送 1 245.5 万人，首都机场（Capital Airport）已开通 200 条国际国内航线，通往世界主要国家及地区和国内大部分城市。首都国际机场新航站楼启用后，已进入亚洲最繁忙机场的行列。

（5）单击“文件”菜单中的“保存”命令，弹出“另存为”对话框，输入文件名“LX1-19”，单击“保存”按钮。

一、选择题

1．将字母键在大写和小写间进行切换时，需使用______键。

（A）<Ctrl>键　　（B）<Caps Lock>键

（C）<Shift>键　　（D）<Alt>键

2．在输入上档字符或大写字母时，需要按下______键。

（A）<Ctrl>键　　（B）<Caps Lock>键

（C）<Shift>键　　（D）<Alt>键

3．“名胜”一词的双打编码是_____。

（A）mingsheng　（B）msh　（C）mingsh　（D）myvg

4．输入“(”时应该按_____键。

（A）<Shift>+<9>组合键　（B）<Alt>+<9>组合键

（C）<Ctrl>+<9>组合键　（D）<Tab>+<9>组合键

5．PageUp 键的作用是_____。

（A）将光标移动现行首　（B）将光标移动到页首

（C）将光标移到下一页　（D）将光标移动到上一页

6．使用数字键区时，按_____键可以切换输入状态。

（A）<Num Lock>键　（B）<Alt>+<U>组合键

（C）<Ctrl>+<U>组合键　（D）<Tab>+<U>组合键

7．键盘上最长的键是_____。

（A）空格键　（B）回车键　（C）换行键　（D）翻页键

8．<Caps Lock>灯亮后可以直接输入_____。

（A）小写字母　（B）大写字母

（C）上排字母　（D）A、B、C 项都不正确

9．智能 ABC 输入是_____输入法的一种。

（A）英文输入法　（B）语音输入法　（C）音形输入法　（D）手写输入法

10．键盘上的字母排列是按_____顺序排列的。

（A）字母　（B）笔画

（C）大小写　（D）A、B、C 项都不正确

二、填空题

1．_____键是强行退出键，它的功能是退出当前环境，返回原状态。

2．智能 ABC 输入法中包括_______、______、_______、_______、_______5 种输入方式。

3．使用智能 ABC 输入法进行中文数量词简化输入时，字符_____是输入小写中文数字的前导字符。字符______是输入大写中文数字的前导字符。

4．输入字符_________作为标志符，后面跟随要输入的英文，按空格键即可。

5．在智能 ABC 输入法中，全角/半角的切换可以通过按__________键来实现。

三、简答题

1．如何添加和删除输入法？

2．如何恢复丢失的输入法提示条和输入法图标？

3．如何输入汉字的偏旁部首？

4．智能 ABC 输入法有哪些特点？

项目二　五笔字型输入法

“五笔字型”输入法是采用了字根拼形输入的方案，即根据汉字的组成特点，把一个汉字拆成字根，用字根输入，然后由计算机拼成汉字的一种方法。“五笔字型”输入法由130个字根组成，具有重码率低、录入速度快、便于盲打等优点，已成为目前社会上使用最广泛的汉字输入方法。

学习目标

- 掌握汉字的5种笔画、3种字型结构、4种字根的结构关系
- 掌握130个字根及其在键盘上的分布规律
- 掌握汉字的拆字原则
- 熟练掌握键面字、单字、简码、词组的输入方法

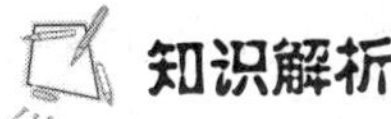

知识解析

1. 汉字的5种笔画

五笔字型输入法是按照汉字的笔形将汉字划分为笔画、字根和汉字3个层次。5种基本笔画可以组合成130个字根，字根拼合组成汉字。所以说，笔画是构成汉字的基础，字根是汉字形成的基本单元。

所有汉字都是由笔画构成的，在书写汉字时，一次写成的一个连续不断的线段叫做汉字的笔画，笔画是构成汉字的最小元素，它包括两层含义：① 笔画是一条线段，② 笔画必须是不间断地一次写成，不能主观地把一个连贯的笔画分解成几段来处理。汉字的笔画按某个笔画书写时的运笔方向作为分类的依据，五笔字型将众多的笔画分为5类，分别是：横、竖、撇、捺、折，依次用1、2、3、4、5编码，见表2-1所示。

表2-1　　汉字的5种笔画

编　码	笔　画	笔画走向	笔　画	说　明	例　字
1	横	左→右	一　㇀	提笔均为横	现、瑜、班、玩、政
2	竖	上→下	丨 亅	左竖钩为竖	竖、归、到、利
3	撇	右上→左下	丿		用、番、禾、种
4	捺	左上→右下	丶 ㇏	点均为捺	入、宝、术、点
5	折	带转折	乙→㇈	带折均为折	飞、发、买、专

其中，把笔画“点”作为“捺”处理，把笔画“提”作为“横”处理，把笔画“左竖勾”作为“竖”处理，把带折的笔画均作为“折”处理，带折的笔画类型很多，只要记清“一笔下来且带拐弯均视为折”（左竖钩除外），例如带折笔画的汉字见表2-2所示。

表 2-2 笔画带折的汉字举例

汉 字	里	飞	专	场	九	匕	刁	买	也	卫	了	亡	发	与	戈	东
折笔画	㇕	㇈	㇋	㇌	㇈	㇟	㇆	㇇	㇆	㇆	㇇	㇗	㇜	㇉	㇂	㇜

2. 汉字的基本字根

分析了汉字的基本笔画，一个汉字一般又可以拆成几部分，这每一个部分称之为字根。字根是由若干笔画单独或者经过交叉连接而成的，在组成汉字时它是相对不变的结构。汉字有很多字根，将那些组字能力强，而且在日常汉语中出现次数多的笔画结构选作基本字根。

五笔字型选定 130 个字根作为基本字根。五笔字型输入法将 130 个基本字根按起笔的笔画分为五大区，即横区、竖区、撇区、捺区、折区，同时又把每个区分成 5 个位，从 1 到 5 进行编号，这样位号和区号共同组成了 25 个区位号。每个区位号由两位数字组成，其中个位数是位号，十位数是区号，而且每个区的位号都是从打字键区的中间向两端排序，如图 2-1 所示。

3 区（撇起笔字根）				←	→				4 区（点起笔字根）
金 35Q	人 34W	月 33E	白 32R	禾 31T	言 41Y	立 42U	水 43I	火 44O	之 45P
1 区（横起笔字根）				←	→				2 区（竖起笔字根）
工 15A	木 14S	大 13D	土 12F	王 11G	目 21H	日 22J	口 23K	田 24J	: ;
5 区（折起笔字根）					←				
Z	纟 55X	又 54C	女 53V	子 52B	已 51N	山 25M	< ,	> .	? /

图 2-1 区位号分布图

五笔字型的字根键盘的键位代码，既可以用区位号（11~55）来表示，也可以用对应的英文字母来表示。键盘上 25 个字母键，每个键对应着一个唯一的区位号。第 1 区的区位号为 11~15，第 2 区的区位号为 21~25，第 3 区的区位号为 31~35，第 4 区的区位号为 41~45，第 5 区的区位号为 51~55。

为键盘分好区，又为每个字母键编好了位之后，再将字根按照起笔笔画类型放置到键盘的 5 个区中。横起笔类的字根放置在 1 区，竖起笔类的字根放置在 2 区，撇起笔类的字根放置在 3 区，捺起笔类的字根放置在 4 区，折起笔类的字根放置在 5 区。例如某字根的区位号为“13”，表示该字根在 1 区 3 位，也就是字母键<D>上。

经过了科学地归类之后，25 个字母键每个键上都分配有字根，多的十几个，少的也有 3 至 4 个，就构成了一张完整的五笔字型 86 版字根分布图，如图 2-2 所示。

从五笔字型的字根分布图可见，26 个英文字母键只用了 A~Y 共 25 个键，Z 键用于辅助学习。当对汉字的拆分一时难以确定用哪一个字根时，不管它是第几个字根都可以用 Z 键来代替。为了记忆这些基本字根，五笔字型提供了相应的助记词。每句助记词的第一个字是该键的键名字。

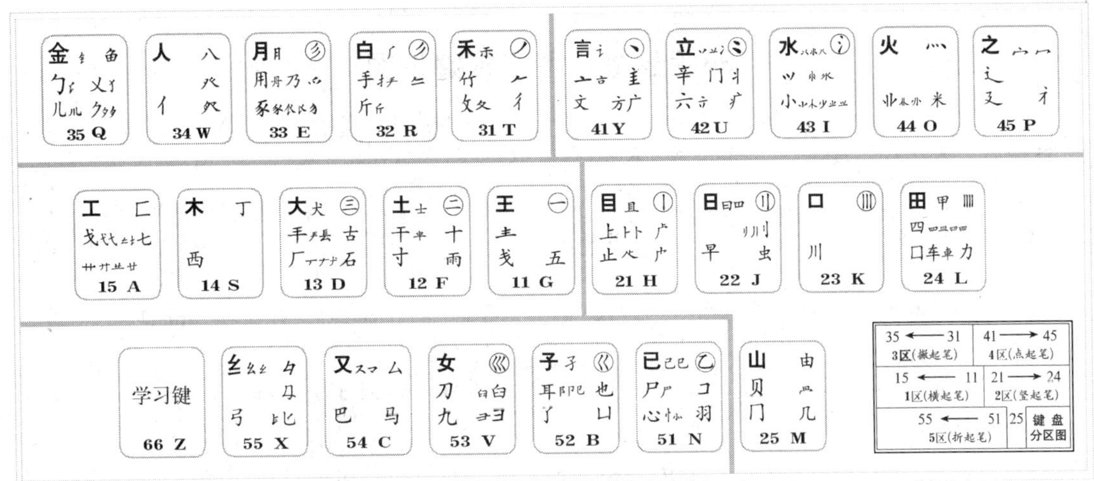

图 2-2 五笔字型 86 版字根分布图

标准五笔字型字根助记词如图 2-3 所示。

第3区			第4区		
31	T	禾竹反文双人立	41	Y	言文方广在四一
32	R	白斤气头手边提	42	U	立辛两点病门里
33	E	月乃用舟家衣下	43	I	水族三点兴头小
34	W	人八登祭把头取	44	O	火里业头四点米
35	Q	金夕乂儿包头鱼	45	P	之字宝盖补礻衤
第1区			**第2区**		
11	G	王旁青头戋五一	21	H	目止具头卜虎皮
12	F	土士二干十寸雨	22	J	日早两竖与虫依
13	D	大犬三羊古石厂	23	K	口中一川三个竖
14	S	木丁西在一四里	24	L	田甲方框四车力
15	A	工戈草头右框七	25	M	山由贝骨下框几
第5区					
51	N	已类左框心尸羽			
52	B	子耳了也框上举			
53	V	女刀九巛臼山倒			
54	C	又巴劲头私马依			
55	X	绞丝互腰弓和匕			

注:
11.戈读兼 45.衤读衣
13.羊指丰 53.巛读川
25.骨指冎 53.臼读旧
35.乂读叉 54.私指厶
45.礻读示 55.互腰指彑

图 2-3 标准五笔字型字根助记词

五笔字型共有两个版本，即最早的 86 版和更新后的 98 版。98 版在 86 版的基础上，对字根进行了调整，编码方案更合理，但 86 版五笔的通用性更强，因此本书主要以介绍 86 版五笔为主，同时也给出 98 版五笔的字根分布图，如图 2-3 所示。

助记词只是用来帮助记忆基本字根的一种方法，并没有包含全部的字根（如某些字根的变形），五笔字型的基本字根必须按照图 2-2、图 2-4 字根分布图的内容、键位进行熟练记忆。

图 2-4　五笔字型 98 版字根分布图

3．汉字的结构

在使用五笔字型输入汉字时，能够正确地判断汉字的结构并将其拆分是输入汉字的前提，在五笔字型中，汉字的构成主要有 3 种情况：①笔画、字根和整字同一体，如“乙”等。②字根本身也是汉字，这类字根称做键面字，包括键名字和成字字根，如“王、雨”等。③每个汉字可拆分成几个字根，称为合体字，如“根、型、曲”等。

（1）汉字的 3 种字型结构

汉字的字型，是指构成汉字的各个字根在整字中所处的位置关系。在五笔字型中，将汉字的字型分为 3 种。

- 左右型

左右型的汉字由左右两部分或左中右三部分构成。左右型，包括两种情况，一种是双合字，一个字可以明显地分成左右两个部分，如“肚、胡、理、拍”等；还有一种是三合字，由三个部分组成的，这三个部分可以由左向右排列，如“侧、浙、搬、鸿”等，或者分成左右两部分，其间有一定距离，而其中的左侧或右侧又可以分为上下两部分，每一部分由一个或几个基本字根组成，如“别、部、港、抢”等。

- 上下型

上下型的汉字由上下两部分或自上往下几部分构成。上下型，也包括两种情况，一种是双合字，一个字可以明显地分成上下两个部分，并且这两部分间有一定的距离，如“节、旦、看、定”等；还有一种是三合字，字可以明显地分为三部分，分为上、中、下三层，或者分为上下两层，其中一层又可分为左右两部分，如“意、想、范、穷”等。

- 杂合型

一个汉字的各成分之间无明显简单的左右或上下关系，都视为杂合型。

根据各种字型拥有汉字的多少，顺序命以数字代号，见表 2-3 所示。

1 型字即指“左右型”汉字，其代号为 1；2 型字即“上下型”汉字，其代号为 2；3 型字即为“杂合型”汉字，其代号为 3。

表 2-3　　汉字的字型

字型代号	字　型	图　示	字　例	特　征
1	左右		汉湘结封	字根间可有间距，总体左右排列
2	上下		字莫花华	字根间可有间距，总体上下排列
3	杂合		困凶这司乘本	字根间虽有间距，但不分上下左右，浑然一体，不分块

在汉字的字型中杂合型是最不易区分的一种字型，关于杂合型还有以下一些具体的特殊规定。

① 单笔画与字根相连的汉字视为杂合型，如“自、千、尺、且、本”等。

② 包围和半包围关系的汉字，一律视为杂合型，比如“团、同、医、凶、句”等。

③ 含有“辶”的字也视为杂合型，如“过、进、延”等。

④ 带点的汉字结构归为杂合型，如“勺、术、太、主、斗”等。

⑤ 含两字根或且两字根相交的汉字归为杂合型，如“东、电、本、申”等。

⑥ 由“厂、尸、尸、口”等字根组成的一些内外型汉字归为杂合型，如“因、层、辰、厅、眉”等。

⑦ 不能分出上下、左右结构的汉字，都属于杂合型，如“凹、凸”等。

（2）字根间的 4 种结构关系

在组成汉字的方式中，字根与字根间的结构关系一般有以下 4 种类型。

- 单

字根本身就是一个独立汉字的情况叫做“单”。“单”的情况可以分为两种，一种是键名字，另一种是成字字根，还包括 5 种基本笔画。例如“口、木、马、寸、山、乙、王、九、辛、丨”等。

- 散

当几个字根共同组成一个汉字时，字根与字根之间保持一定的距离，它们既不相连又不相交，叫做“散”。例如“汉、培、吕、足、识、意、树”等。

- 连

单笔画与某一字根相连或带点的结构叫做“连”，“连”是指两个字根刚刚挨上，但不相交的情况。例如“自、千、且、夫、勺、太、术、主”等。

- 交

两个或两个以上的字根交叉、套叠的情况叫做“交”。例如“农、申、夷、里、内、”等。

属于“连”和“交”的汉字一律属于杂合型。例如“自、千、且、申、夷、里”都属于杂合型。

4. 键名字和成字字根

在五笔字型中，字根是构成汉字的基本单元。输入汉字时首先要将汉字拆分成一系列的字根，再通过敲击各字根所在的键位将汉字输入。

字根的主要组成部分是汉字的偏旁部首，在这众多的偏旁部首中有的本身就是汉字，而且使用频率很高，这些既是汉字又是字根的字根称为键面字。

由于键面字本身就是字根，使用普通汉字的拆分方法无法再继续分解它们，为了解决这个问题，五笔字型特别为键面字制定了一套拆分规则和编码规则。

键面字分为两种，一种是键名字，一种是成字字根，它们的输入方法是不同的。

（1）键名字

在同一个键位上的几个基本字根中，选择一个具有代表性的字根，也就是第一个字根，称为键名字。键名字的输入方法是连续敲 4 下相应的字母键即可，如：输入“王”，只需敲“GGGG”。输入“金”，只需敲“QQQQ”。把每一个键都连敲 4 下，即可输入 25 个键名字，见表 2-4 所示。

表 2-4　　　　键名字

王（GGGG）	土（FFFF）	大（DDDD）	木（SSSS）	工（AAAA）	（1 区）
目（HHHH）	日（JJJJ）	口（KKKK）	田（LLLL）	山（MMMM）	（2 区）
禾（TTTT）	白（RRRR）	月（EEEE）	人（WWWW）	金（QQQQ）	（3 区）
言（YYYY）	立（UUUU）	水（IIII）	火（OOOO）	之（PPPP）	（4 区）
已（NNNN）	子（BBBB）	女（VVVV）	又（CCCC）	纟（XXXX）	（5 区）

（2）成字字根

在键盘的每个键位上，除了一个键名字根外，还有数量不等的几种其他字根。在它们中间，有一部分字根本身也是汉字，这样的字根，称之为成字字根。除键名字外，成字字根大约有 100 个（包括国标集中规定的“刂”、“亻”等汉字）。五笔字型中的成字字根见表 2-5 所示。

表 2-5　　　　各区成字字根

区　号	成　字　字　根
1 区	一五戋，土二干十寸雨，犬三古石厂，丁西，戈弋廿七匚
2 区	卜上止，曰刂早虫，川，甲口四皿车力，由贝冂几
3 区	竹攵夂彳丿，手扌斤，彡乃用豕，亻八，钅勹儿夕
4 区	讠文方广亠丶，辛六疒门冫，氵小，灬米，辶廴冖宀
5 区	巳己己忄尸心羽乙，子耳阝卩了也凵，刀九臼彐，厶巴马，幺弓匕

对于非键名成字字根的输入方法也作了一些特殊的规定，它是用键名代码加各笔画代码来输入的，即：键名代码（报户口）+首笔代码+次笔代码+末笔代码（不足四码，加打空格键）。其中，第一键是按键名代码，即按该成字字根所在键的键名（俗称报户口），第二键是根据该字的首笔笔画，横—按 11 键，竖—按 21 键，撇—按 31 键，捺—按 41 键，折—按 51 键，再分别根据次笔笔画和末笔笔画，按该笔画所对应的键，注意第四键是按该字的末笔笔画所对应的键。如果该字只有两个笔画，则以空格键结束。

例如：

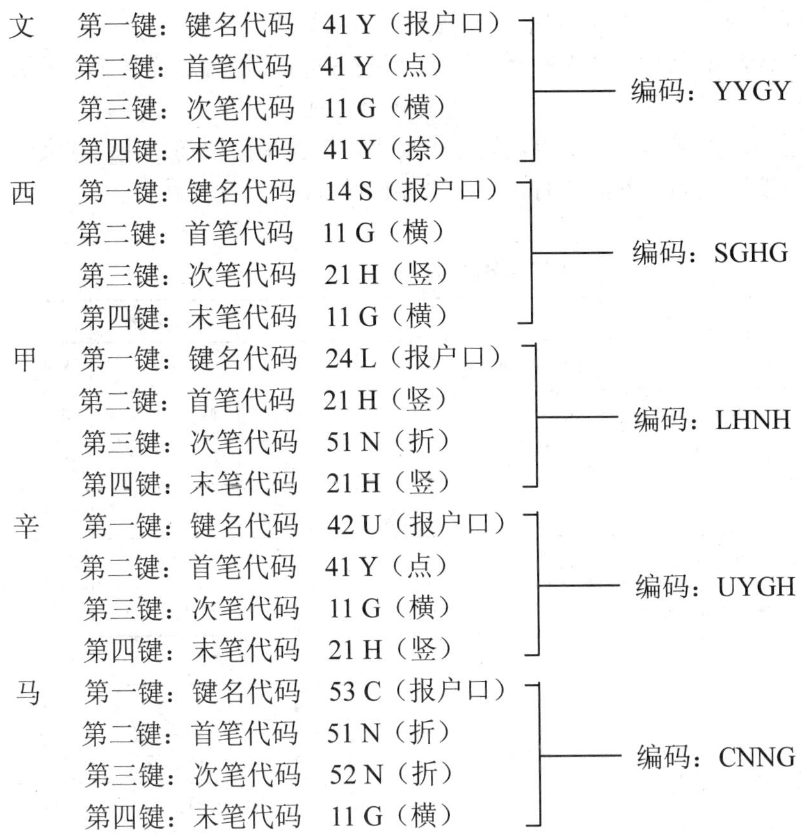

（3）单笔画字根

单笔画字根有横、竖、撇、捺、折 5 种笔画，在国家标准中 5 种单笔画是作为汉字来对待的，在五笔字型中规定了单笔画的输入方法是连续输入两次其所在的键，再输入两个 L 键。这里所以要加 L 而不加别的，是因为 L 键除便于操作外，作为竖结尾的单体型字的识别键码是极不常用的，足以保证这种定义码的唯一性。

五种单笔画的编码为：

一：11　11　24　24　（G　G　L　L）
丨：21　21　24　24　（H　H　L　L）
丿：31　31　24　24　（T　T　L　L）
丶：41　41　24　24　（Y　Y　L　L）
乙：51　51　24　24　（N　N　L　L）

5. 汉字拆分原则

五笔字型中，合体字是指由两个或两个以上的字根构成的汉字，也就是说除了键面字外，其他汉字均属于合体字。合体字在汉字中占绝大部分，为了能进行准确的编码，必须掌握合体字的拆分规则。

在五笔字型输入法中拆分汉字的原则可以概况成如下两点。① 连笔结构：拆分成为单笔与字根。如“牛”拆分成“𠂉＋丨”，“生”拆分成“丿＋丰”，“户”拆分成“丶＋尸”等。② 交叉结构或交连混合结构：按书写顺序拆分为几个已知的最大字根，以增加一笔不能构成已知字根来决定笔画分组。如“果”只能拆成“曰＋木”，而不能拆成“旦＋小”，因为“旦”

不是基本字根，更不能拆成“田＋木”，如果这样就把笔画割断了。

以上两项中属于第一项情况时，就不能再按第二项进行拆分，因为这样常常会失去直观性。如“生”，若拆成“𠂉＋土”或“⺧＋丨＋一”就极不直观。

在具体拆分的过程中需要掌握 4 个要点，这 4 个要点可以概括为四句口诀：**取大优先、兼顾直观、能连不交、能散不连**。各部分的含义见表 2-6 所示。

表 2-6　　汉字拆分原则

拆分原则	含义理解	举例	拆分字根	编码
书写顺序	在拆分汉字时，一定要根据汉字正确的书写顺序进行。汉字正确的书写顺序是：先左后右，先上后下，先横后竖，先撇后捺，先内后外，先中间后两边，先进门后关门等	体	亻木 一	WSG
		则	贝 刂	MJ
		必	心 丿	NT
		夷	一弓人	GXW
取大优先	尽量将汉字拆分成结构最大的字根。所谓“大”是指在字根中包含的笔画多而言的，包含笔画多的字根“大”于包含笔画少的字根。如果一个字根上再加一笔就不能构成一个字根了，这时得到的这个字根就是最大字根	奉	三人二丨	DWFH
		平	一丷丨	GUH
		无	二儿	FQ
		重	丿一日土	FGJF
兼顾直观	在拆分汉字时，为了照顾字根的完整性，就不能按“书写顺序”和“取大优先”的规则进行汉字拆分	自	丿目	TH
		乘	禾丬匕	TUX
		国	口王	LGY
		末	一木	GS
能连不交	有些汉字既可以按“连”的结构对待，又可以按“交”的方式处理，此时就应该按“连”来拆分而不要按“交”的关系来拆分	牛	⺧丨	RHK
		于	一十	GF
		矢	𠂉大	TDU
		生	丿主	TG
能散不连	当一个汉字的结构既能被看成“散”的关系又能被看成“连”的关系时，应该按“散”的关系处理	午	𠂉 十	TFJ
		占	⺊ 口	HK
		非	三 ‖ 三	DJD
		严	一业厂	GOD

取大优先反映的是在各种可能的拆分方法中，保证按书写顺序每次都拆出尽可能大的字根，也叫“能大不小”。比如：“尺”拆成“尸＋丶”，而不应拆成“コ＋人”。从“取大优先”可以引伸出一层意思，在可能的几种拆分方法中，以拆分出的字根数最少的那种拆分方法为优。例如“缶”可以拆成“𠂉＋十＋凵”或“𠂉＋十一＋山”，但这两种拆分方法都没有拆成“⺧+山”所拆出的字根数目少，因此，后一种拆分方法是对的。

在拆分过程中，如果一个结构可以视为几个基本字根的散的关系，就不要认为是连的关系。如：“关”应是“丷”与“大”的上下散的关系。实际上，连只存在于单笔与基本字根之间，而基本字根相互之间一般不存在连的关系，这样常常有较好的直观性。

能连不交指的是一个汉字能按相连的关系拆分，就不要按相交的关系拆分。如“于”可按相连的关系拆成“一＋十”，就不要按“二＋丨”相交的关系拆分。

总之，拆分应当兼顾几个方面的要求。一般来说，应当保证每次拆分出最大的基本字根，在拆出字根数目相同时，“散”比“连”优先，“连”比“交”优先。

6. 合体字的输入

在五笔字型编码方案中，所有的代码可以分为两类：字根码与识别码。一个汉字可以拆分成多个字根组成，每个字根都对应一个字母键，这个键所对应的字母被称为该字根的“字根码”。识别码是为减少重码而补加的代码。

凡是键名表上没有的字，即“键外字”，都可以认为是由字根拼合而成的，所以称为合体字。

任何汉字，不管拆分成多少字根，最多只能取4个字根。这样，键外字的编码规则如下：含4个或4个以上字根的汉字，用4个字根码组成编码；不足4个字根的汉字，编码除包括字根码以外，还要补加一个识别码。如仍不足4码，可按空格键。

（1）两个字根构成的汉字

两个字根构成的汉字的编码规则：输入全部字根，再输入一个末笔交叉识别码。

如：“她”字先取“女”、“也”两个字根，然后再输入识别码N，即：VBN。

（2）3个字根构成的汉字

3个字根构成的汉字的编码规则：输入全部字根，再输入一个末笔交叉识别码。

如：“串”字先取“口”、“口”、“|”3个字根，然后再输入识别码K，即：KKHK。

（3）4个字根构成的汉字

4个字根构成的汉字的编码规则：按照书写顺序取4个字根的编码。

如：“型”字先取“一”、“廾”、“刂”“土”4个字根，即：GAJF。

（4）多个字根构成的汉字

4个字根构成的汉字的编码规则：按照书写顺序取第1、第2、第3个字根和最后1个字根。

如：“输”字折分成“车”、“人”、“一”、“刂”，即：LWGJ。

7. 末笔识别码

（1）末笔识别码的组成

末笔识别码是根据汉字的字型和最后一笔的笔画决定的，左右型是1型字，上下型是2型字，其余的汉字都属于杂合型是3型字。

当一个汉字拆分成的字根少于4个时，依次输完字根码后，还需要补加一个末笔识别码，加末笔识别码后仍不足4码时，击空格键。

末笔识别码，它由单字的末笔画的类型编号和单字的字型编号组成。具体地说，末笔识别码为两位数字，第一位（十位）是末笔画类型编号（横1、竖2、撇3、捺4、折5），第二位（个位）字型代码（左右型1、上下型2、杂合型3）。把末笔识别代码看成一个键的区位码，即得到末笔识别码的字母键，见表2-7所示。

表 2-7　　末笔识别码

字型		左右型	上下型	杂合型
笔型	编号	1	2	3
横	1	11 一（G）	12 二（F）	13 三（D）
竖	2	21 丨（H）	22 ‖（J）	23 Ⅲ（K）
撇	3	31 丿（T）	32 彡（R）	33 彡（E）
捺	4	41 丶（Y）	42 冫（U）	43 氵（I）
折	5	51 乙（N）	52 巛（B）	53 巛（V）

末笔识别码的作用是减少重码，加快选字速度，举例参见表 2-8 所示。

表 2-8　　末笔识别码举例

单　字	字　根	字根码	末笔画代号	字　型	识别码	编　码
沐	氵木	IS	㇏4	1 左右型	41 Y	ISY
汀	氵丁	IS	亅2	1 左右型	21 H	ISH
洒	氵西	IS	一 1	1 左右型	11 G	ISG
只	口八	KC	丶4	2 上下型	42 U	KCU
叭	口八	KC	㇏4	1 左右型	41 Y	KCY

比如“洒”、“沐”、“汀”三个字，字根编码都是 IS，并且字型都是左右型的，字型代码都是 1。这三个字的末笔画是不同的，“洒”字的末笔为横，末笔代码是 1，字型为左右型，字型代码是 1，识别码是 11，也就是字母 G；“汀”字的末笔为竖，末笔代码是 2，字型代码是 1，识别码是 21，也就是字母 H；“沐”字末笔为捺，末笔代码是 4，字型代码是 1，识别码是 41，也就是字母 Y。这三个字的编码分别是 ISG、ISY、ISH。

（2）末笔的特殊约定

在使用末笔识别码输入汉字时，对汉字的末笔有一些约定，见表 2-9 所示。

表 2-9　　末笔的特殊约定

末笔的特殊约定	单　字	字　根	末笔画	字　型	识别码	编　码
对被“辶”、“廴”半包围的字和全包围的字，它们的末笔规定为被包围部分的末笔。用“辶”包围一个字根组成的双码字在位于另一个字根后面，所得到的第 3 个字根“辶”的末笔为“丶”。	边	力＋辶	㇆	杂合型	53 V	LPV
	连	车＋辶	丨	杂合型	23 K	LPK
	圆	囗＋口＋贝	丶	杂合型	43 I	LKMI
	烟	火＋囗＋大	丶	左右型	41 Y	OLDY
	茵	艹＋囗＋大	丶	上下型	42 U	ALDU
	链	钅＋车＋辶	丶	左右型	41 Y	OLPY
	莲	艹＋车＋辶	丶	上下型	42 U	ALPU
对“九、刀、七、力、匕”等字根，末笔识别一律用“折笔”作为末笔	仇	亻＋九	㇈	左右型	51 N	WVN
	券	龹＋大＋刀	㇆	上下型	52 B	UDVB
	龙	尤＋匕	㇄	杂合型	53 V	DXV
“我”、“贱”、“成”等字的末笔遵循“从上到下”的原则，末笔应该是“丿”	我	丿＋扌＋㇂	丿	杂合型	31 T	TRNT
	贱	贝＋戋	丿	杂合型	31 T	MGT
	成	厂＋㇆＋㇂	丿	杂合型	51 N	DNNT

续表

末笔的特殊约定	单　字	字　根	末笔画	字　型	识别码	编　码
"乂"、"太"、"勺"等字把点当作末笔，并且认为"丶"与附近的字根是"连"的关系，所以为杂合型	乂	丶+乂	丶	杂合型	43 I	YQI
	太	大+丶	丶	杂合型	43 I	DYI
	勺	勹+丶	丶	杂合型	43 I	QYI

五笔字型对各种汉字进行编码输入的规则画成一张逻辑图，就形成了"编码流程图"，如图 2-5 所示。读者按照这张图进行学习和训练，可以使思路更加清晰。

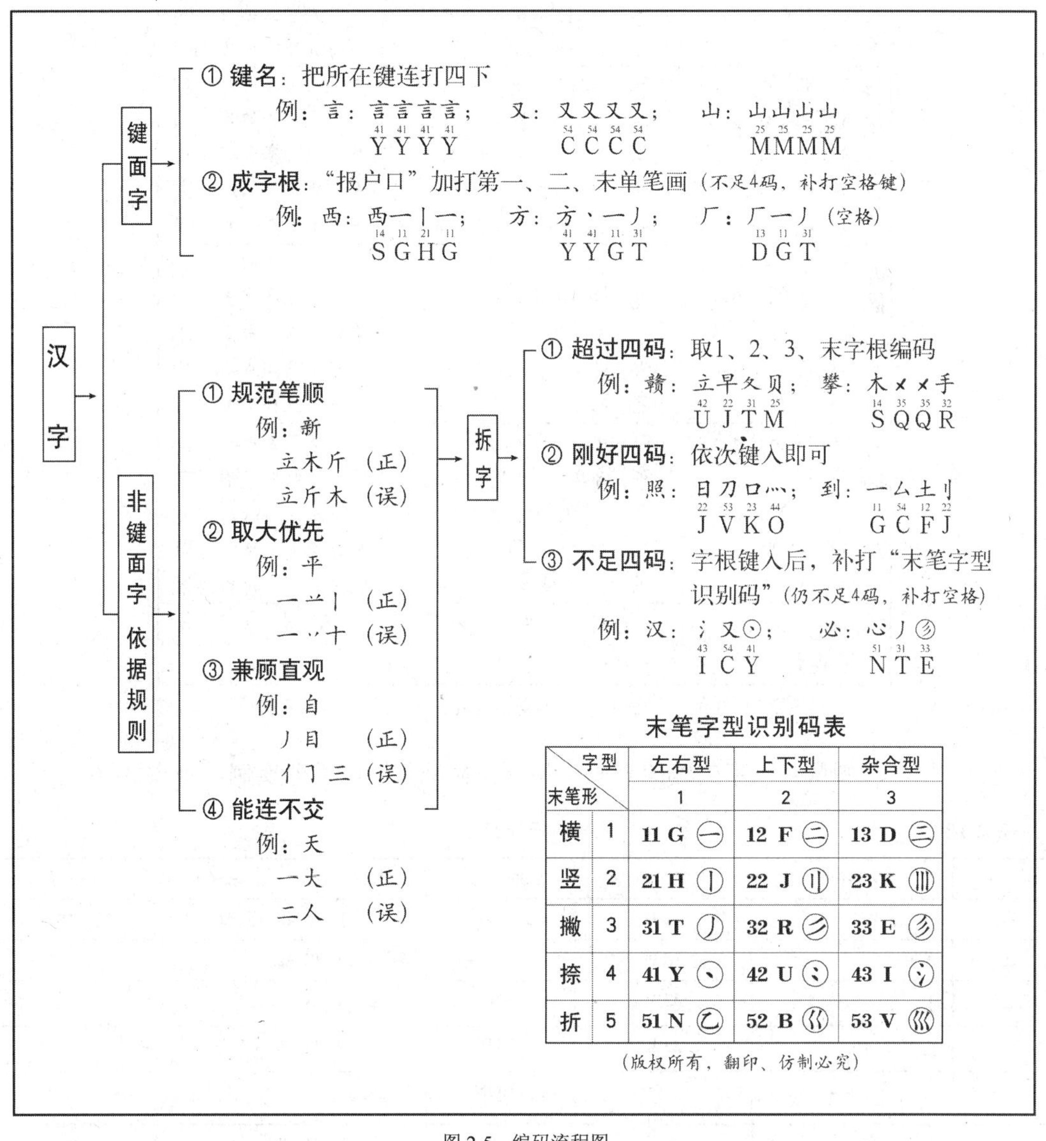

图 2-5　编码流程图

五笔字型字根总表如图 2-6 所示。

分区	区位	键位	识别码	标识字根	键名↓	字根	助记词	高频字
一区横起笔	11	G	㊀	一㇀	王	⺩戋五一	王旁青头戋五一	一
	12	F	㊁	二	土	士干十卂寸雨	土士二干十寸雨	地
	13	D	㊂	三⺰	大	犬手⺘镸古石厂ナナ	大犬三羊古石厂	在
	14	S			木	丁西覀	木丁西在一四里	要
	15	A			工	戈弋廾廾䒑廿匚七⺾	工戈草头右框七	工
二区竖起笔	21	H	(丨)	丨亅	目	止⺊且上⺊卜⺧⺦	目止具头卜虎皮	上
	22	J	(刂)	刂刂刂丿丨	日	早曰⺜刂川虫	日早两竖与虫依	是
	23	K	(川)	川川	口	川	口中一川三个竖	中
	24	L		川丨	田	甲囗四罒皿罒罒车車力	田甲方框四车力	国
	25	M			山	由⺫贝冂几	山由贝骨下框几	同
三区撇起笔	31	T	(丿)	丿⺈	和	禾竹𠂉攵夂彳	禾竹反文双人立	和
	32	R	(彡)	彡厂⺈	白	厂斤⺁手扌手	白斤气头手边提	的
	33	E	(彡)	彡⺈	月	月乃用丹豕豕衣⺧⺧	月乃用舟家衣下	有
	34	W			人	亻八癶癶	人八登祭把头取	人
	35	Q			金	钅⺈夕夕乂犭儿儿勹⺈鱼	金夕乂儿包头鱼	我
四区点起笔	41	Y	(丶)	丶㇏	言	讠亠古主文方广	言文方广在四一	主
	42	U	(冫)	冫丷	立	辛丷丷丬六立疒门	立辛两点病门里	产
	43	I	(氵)	氵⺍	水	⺢氺⺢⺢氺水⺍⺌小⺌⺍⺌	水族三点兴头小	不
	44	O		灬	火	业⺢⺌米	火里业头四点米	为
	45	P			之	辶廴宀冖礻	之字宝盖补礻衤	这
五区折起笔	51	N	(乙)	乙	已	己巳コ心忄⺗尸⺈羽	已类左框心尸羽	民
	52	B	(巜)	巜	子	子耳阝卩了也凵	子耳了也框上举	了
	53	V	(巛)	巛	女	刀九臼彐ヨ	女刀九巛臼山倒	发
	54	C			又	巴マ厶马	又巴劲头私马依	以
	55	X			幺	纟幺母弓匕匕	绞丝互腰弓和匕	经
"乙"代表的各类折笔					顺时针	㇁ ㇆ ㇇ ㇀ ㇊ ㇈ ㇈ ㇋ ㇌ ㇋ ㇊ ㇉		
					反时针	㇄ ㇟ ㇗ ㇗ ㇂ ㇛ ㇂ ㇜ ㇡ ㇉		

图 2-6　五笔字型字根总表

结合编码流程图所示汉字的编码规则，举一些典型单字的拆分实例，见表 2-10 所示。

表 2-10　　　　单字拆分举例

单　字	拆分字根	末笔识别码	编　码	相关汉字
其	卄 三 八	42 U	ADWU	箕 基 淇 开 旗 型 甘
且	月 一	13 D	EGD—	县 组 助 阻 粗
毛	丿 二 乚	53 V	TFNV	毯 毳 牦 橇
韦	二 ㇆ 丨	23 K	FNHK	伟 违 韧 纬 围
片	丿 丨 一 ㇆		THGN	牌 版 牒
卑	白 丿 十	22 J	RTFJ	脾 牌 萆 啤 鬼
直	十 且	23 K	FHF—	植 矗 真 颠 德
半	䒑 十	23 K	UFK—	胖 并 关 判 券 伴 平 兰 丧 塑 逆

续表

单 字	拆分字根	末笔识别码	编 码	相关汉字
顾	厂 㔾 乛 贝		DBDM	卷 范 圈 报 犯 节
乌	勹 丶 乚 一		QYNG	鸡 鸭 岛 枭 乌 坞 胸
曲	冂、廿	13 D	MAD—	共 典 碘 嗣 恭 巷 勤
禺	日 冂 丨 丶		JMHY	偶 遇 愚
爪	厂 丨 乀	43 I	RHYI	抓 爬 笊
御	彳 𠂉 止 卩		TRHB	卸 走 胥 延 足 楚
制	𠂉 冂 丨 刂		RMHJ	年 牛 陶 失 缺 卸
亥	亠 乙 丿 人		YNTW	核 赅 刻 阂 该 孩
母	𠂆 一 氵	43 I	XGUI	霉 坶 互 每 繁 海
业	业 一	13 D	OGD—	普 变 亦 弈 谦 廉 嫌 弯 迹
身	丿 冂 三	31 T	TMDT	射 榭 躺 躯
段	亻 三 几 又		WDMC	煅 锻 追 雀 薛
牙	匚 丨 丿	33 E	AHTE	鄰 降 舛 雅 既 欧 巨 穿

8. 常见部首的拆分方法

在汉字中有一些常见部首很常用，但在五笔中没有被列为字根，比如“犭、礻、衤、革、骨、黑”等。常见部首的拆分方法见表 2-11 所示。

表 2-11 常见部首的拆分

偏旁部首	字 根	例 字	字 根	编 码	举 例
犭	犭+丿	狼	犭+丿+丶+艮	QTYE	狗 猫 猴 犯 猜
礻	礻+丶	社	礻+丶+土	PYFG	神 视 礼 祝 祸
衤	礻+氵	被	礻+氵+丨+又	PUHC	补 初 袖 裤
牜	丿+扌	物	丿+扌+勹+彡	TRQR	特 牡 犍 牲 犒
饣	𠂉+乚	饭	𠂉+乚+厂+又	QNRC	饿 饶 饮 馍 馑
走	土+龰	赵	土+龰+乂	FHQ	赵 起 趣 陡 超
足	口+止	路	口+止+攵+口	KHTK	捉 跟 踢 趸 距
舟	丿+丹	般	丿+丹+几+又	TEMC	搬 盘 艇 舡 船
革	廿+串	鞋	廿+串+土+土	AFFF	靶 勒 鞍 鞘 鞯
骨	冎+月	骼	冎+月+攵+口	METK	髓 骷 猾 髅 骸
鱼	鱼+一	鲁	鱼+一+日	QGJF	鲜 鳗 鲽 鳃 鳄
酉	西+一	酒	氵+西+一	ISGG	酸 尊 醋 酣 配
黑	四+土+灬	默	四+土+灬+犬	LFOD	墨 黩 黔 黝 黥
鬼	白+儿+厶	傀	亻+白+儿+厶	WRQC	魑 魍 魁 魅 魈
身	丿+冂+三+丿	射	丿+冂+三+寸	TMDF	躺 躲 射 躯 躬
鹿	广+コ+刂+匕	麟	广+コ+刂+丨	YNJH	麝 麈 麂 麒 麋

9. 简码

为了提高输入速度，五笔字型方案还设计了简码输入，使常用汉字只取其前边的 1 个、2

个或 3 个字根即可，因为“末笔识别码”总是在全码的最后位置，所以简码的设计不但减少了击键次数，而且省去了对于部分汉字的“末笔识别码”的判别和编码，给击键带来了很大方便。简码汉字共分以下 3 级。

（1）一级简码

在五笔字型中，根据每个字母键上的字根形态特征，每个键安排一个最为常用的高频汉字，这类字共 25 个，它们的编码只有一位，输入时只要输入该字所在的键，再按空格键即可。一级简码如图 2-7 所示。

键名	Q	W	E	R	T	Y	U	I	O	P
简码	我	人	有	的	和	主	产	不	为	这
键名	A	S	D	F	G	H	J	K	L	
简码	工	要	在	地	一	上	是	中	国	
键名	Z	X	C	V	B	N	M			
简码		经	以	发	了	民	同			

图 2-7　一级简码

（2）二级简码

二级简码是指编码时取单字全码的前两个字根代码。25 个键位代码，其两码组合共计有 25×25=625 个编码。具有二级简码的汉字，只要击打其前两个字根码再加空格键即可输入。二级简码见表 2-12 所示。

表 2-12　二级简码

区位区号	11~15 GFDSA	21~25 HJKLM	31~35 TREWQ	41~45 YUIOP	51~55 NBVCX
11 G	五于天末开	下理事画现	玫珠表珍列	玉平不来	与屯妻到互
12 F	二寺城霜载	直进吉协南	才垢圾夫无	坟增示赤过	志地雪支
13 D	三夺大厅左	丰百右历面	帮原胡春克	太磁砂灰达	成顾肆友龙
14 S	本村枯林械	相查可楞机	格析极检构	术样档杰棕	杨李要权楷
15 A	七革基苛式	牙划或功贡	攻匠菜共区	芳燕东　芝	世节切芭药
21 H	睛睦睚盯虎	止旧占卤贞	睡螳明具餐	眩瞳步眯瞎	卢　眼皮此
22 J	量时晨果虹	早昌蝇曙遇	昨蝗明蛤晚	景暗晃显晕	电最归紧昆
23 K	呈叶顺呆呀	中虽吕另员	呼听吸只史	嘛啼吵噗喧	叫啊哪吧哟
24 L	车轩因困轼	四辊加男轴	力斩胃办罗	罚较　辚边	思团轨轻累
25 M	同财央朵曲	由则　崭册	几贩骨内风	凡赠峭赕迪	岂邮　凤嶷
31 T	生行知条长	处得各务向	笔物秀答称	入科秒秋管	秘季委么第
32 R	后持拓打找	年提扣押抽	手折扔失换	扩拉朱搂近	所报扫反批
33 E	且肝须采肛	胩胆肿肋肌	用遥朋脸胸	及胶膛膦爱	甩服妥肥脂
34 W	全会估休代	个介保佃仙	作伯仍从你	信们偿伙	亿他分公化
35 Q	钱针然钉氏	外旬名甸负	儿铁角欠多	久匀乐炙锭	包凶争色
41 Y	主计庆订度	让刘训烟高	放诉衣认义	方说就变这	记离良充率
42 U	闰半关亲并	站间部曾商	产瓣前闪交	六立冰普帝	决闻妆冯北
43 I	汪法尖洒江	小浊澡渐没	少泊肖兴光	注洋水淡学	沁池当汉涨
44 O	业灶类灯煤	粘烛炽烟灿	烽煌粗粉炮	米料炒炎迷	断籽娄烃糨
45 P	定计庆宁宽	寂审宫军宙	客宾家空宛	社实宵灾之	官字安　它

续表

区位区号	11~15 GFDSA	21~25 HJKLM	31~35 TREWQ	41~45 YUIOP	51~55 NBVCX
51 N	怀导居　民	收慢避惭届	必怕　愉懈	心习悄屡忱	忆敢恨怪尼
52 B	卫际承阿陈	耻阳职阵出	降孤阴队隐	防联孙耿辽	也子限取陛
53 V	姨寻姑杂毁	叟旭如舅妯	九　奶　婚	妨嫌录灵巡	刀好妇妈姆
54 C	骊对参骠戏	骒台劝观	矣牟能难允	驻骈　驼	马邓艰双
55 X	线结顷　红	引旨强细纲	张绵级给约	纺弱纱继综	纪弛绿经比

（3）三级简码

三级简码由一个汉字的前 3 个字根组成，只要一个汉字的前 3 个字根码在整个编码体系中是唯一的，一般都作为三级简码，三个字母可以组成的编码数是：25 × 25 × 25 = 1 5625 个。要输入这些汉字，只要依次键入这 3 个字根代码，再加上空格键即可。如："华"字，字根为："亻"、"匕"、"十"，编码为：WXF。

10. 词语的输入

为了使汉字的输入速度更快一些，除了设计了简码输入之外，五笔字型还允许直接输入词组，仍然使用四码，只需敲击 4 次键即可。

词组是由两个或两个以上的汉字组合而成的，一般分为 2 字词、3 字词、4 字词及多字词 4 种。

（1）2 字词

2 字词就是由两个汉字组成的词组，在汉字文章中随处可见。在五笔中 2 字词也是由 4 个编码组成，平均一个字敲两次键便可输入。

2 字词的编码规则是按书写顺序取每个字的前两个编码。

如：机器：木　几　口　口　SMKK
　　计算：言　十　竹　目　YFTH
　　数量：米　女　日　一　OVJG
　　早晨：早　丨　日　厂　JHJD
　　日期：日　日　艹　三　JJAD
　　文明：文　丶　日　月　YYJE
　　美丽：丷　王　一　冂　UGGM
　　迅速：乁　十　一　口　NFGK

（2）3 字词

3 字词就是由 3 个汉字组成的词组，它的编码规则是取前两个字的第 1 码，最后一个字的前两个码。

如：计算机：言　竹　木　几　YTSM
　　工艺品：工　艹　口　口　AAKK
　　现代化：王　亻　亻　匕　GWWX
　　生产力：丿　立　力　丿　TULT
　　合格证：人　木　讠　一　WSYG
　　见习期：冂　乛　艹　三　MNAD

（3）4 字词

4 字词就是由 4 个汉字组成的词组，它的编码规则是各取 4 个汉字的第 1 码。

如：巧夺天工：工　大　一　工　　ADGA

五笔字型：五　竹　宀　一　　GTPG

经济基础：纟　氵　艹　石　　XIAD

少先队员：小　丿　阝　口　　ITBK

以貌取人：乚　豸　耳　人　　NEBW

系统工程：丿　纟　工　禾　　TXAT

（4）多字词

由 4 个以上汉字组成的词组称为多字词，多字词的编码规则是取前 3 个字加最后一个字的第 1 码。

如：中华人民共和国：口　亻　人　国　　KWWL

对外经济贸易部：又　夕　纟　立　　CQXU

中国人民解放军：口　囗　人　冖　　KLWP

五笔字型电脑：　五　竹　宀　月　　GTPE

11. 重码与容错

如果一个编码对应着几个汉字，这几个汉字称为重码字；几个编码对应一个汉字，这几个编码称为汉字的容错码。

在五笔字型输入法中，当输入重码时，重码字显示在提示行中，较常用的字排在第一个位置上，并用数字指出重码字的序号，如果要的就是第一个字，可继续输入下一个字，该字自动跳到当前光标位置。其他重码字要用数字键加以选择。

例如，“嘉”字和“喜”字，编码都是“FKUK”，因“喜”字较常用，它排在第一位，“嘉”字排在第二位。若需要“嘉”字则要用数字键“2”来选择。

为了减少重码字，把不太常用的重码字设计成容错码字，即把它的最后一码修改为 L，例如，把“嘉”字的编码定义为“FKUL”，这样用“FKUL”输入，则可获得唯一的“嘉”字。

在汉字中有些字的书写顺序往往因人而异，为了能适应这种情况，允许一个字有多种输入码，这些字就称为容错字。在五笔字型编码输入方案中，容错字有 500 多个。

12. 金山打字 2003 软件介绍

“金山打字 2003”是一款功能齐全、数据丰富、界面友好、集打字练习和测试于一体的打字软件。“金山打字 2003”主要由英文打字、拼音打字、五笔打字、打字游戏等组成。

（1）“金山打字 2003”的安装

进入 Windows 系统后，将金山打字软件安装光盘放入光驱，系统的安装程序会自动运行，按照提示完成安装过程即可。

（2）“金山打字 2003”的运行

在 Windows 桌面上，单击“开始”→“程序”→“金山打字 2003”命令，即可运行金山打字软件，如图 2-8 所示。

（3）启动“金山打字 2003”后，进入“金山打字”工作界面，如图 2-9 所示。

“金山打字 2003”的工作界面包括 3 部分：系统菜单栏、功能模块按钮和用户管理按钮栏。

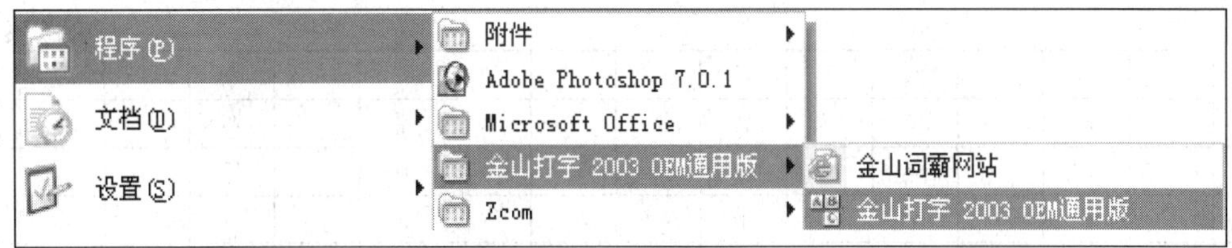

图 2-8　启动金山打字 2003

图 2-9　金山打字工作界面

系统菜单栏可使用户获取帮助信息，可将工作界面窗口最小化和关闭。

功能模块按钮是用户进行操作和练习的主要区域，用户可任意选择各功能模块按钮，进行相关内容的练习。

用户管理按钮分别有个人记录和更改用户两项，可为用户登录添加新用户，用户也可通过个人管理查阅个人综合信息。

项目实训

【实训 1】　键盘的区位与字根

【实训要求】在空格中填出下列字根所在的键位。

操作步骤

（1）了解键盘的布局。

（2）熟记字根表。

（3）写出以下字根所对应的键位。

龶		癶		钅		罒		彡		文		亻		⺌	
亠		廾		巴		灬		忄		辶		扌		己	

续表

⻊		凵		ナ		厂		且		⺊		彳		勹	
氺		鱼		毌		镸		乂		⺼		夂		廾	
𠂆		𠂉		皿		罒		串		IIII		匚		纟	
厶		⺊		𠂈		⺬		䒑		乂		勹		乙	
龵		衤		疒		户		⺇		⺁		彡		彐	
主		ク		⺻		讠		⺀		⺈		刂		卩	
二		冫		廿		冂		目		礻		丶		上	
刂		龵		豕		𠃊		丅		勿		丬		文	
巛		冖		乙		彐		八		丰		⺍		弓	
氵		亠		コ		纟		《		言		巳		二	
ス		业		子		口		宀		𠂈		阝		九	
米		刀		月		三		竹		廴		八		甲	
乃		口		用		戋		手		丬		工		曰	
巴		儿		七		辶		戈		金		夂		冫	
早		夕		彳		耳		贝		日		犬		心	
车		五		了		雨		止		子		乃		门	
四		西		小		八		十		己		戈		白	
尸		虫		古		寸		丁		四		川		六	

（4）结合字根助记表，记住 130 个字根所分布的键位。

【实训 2】 填写字根表

【实训要求】在空格中填出每个键位所包含的字根。

操作步骤

（1）熟背字根表。

（2）写出以下键位所对应的字根。

Q	W	E	R	T	Y	U	I	O	P
A	S	D	F	G	H	J	K	L	
	X	C	V	B	N	M			

【实训 3】 指出下列填充黑色部分字根的编码

【实训要求】在空格中填出下列字根所在的键位。

空 豹 代 想 睛 芯 登

展 条 衫 这 设 恭 杰

铁 的 叔 她 思 芝 汉

临 学 经 皮 顺 受 角
矿 般 对 划 私 阶 雷

操作步骤

（1）在做此题之前，熟背字根表。

（2）填写下表。

汉　字	字根（黑）	键　位	汉　字	字根（黑）	键　位	汉　字	字根（黑）	键　位
空	宀		豹	犭		代	亻	
想	木		睛	目		芯	心	
登	癶		展	尸		条	木	
衫	彡		这	辶		设	讠	
恭	⺗		杰	灬		铁	钅	
的	白		叔	小		她	女	
思	田		芝	艹		汉	氵	
临	刂		学	⺍		经	纟	
皮	广		顺	贝		受	罒	
角	⺈		矿	石		般	月	
对	寸		划	戈		私	厶	
阶	阝		雷	雨				

【实训 4】　键名字输入

【实训要求】掌握键名字的编码规则，熟练输入 25 个键名字。

操作步骤

（1）启动写字板。

在桌面上单击“开始”→“程序”→“附件”→“写字板”菜单命令，打开写字板窗口。

（2）选择五笔字型输入方法。

在 Windows 操作环境下，五笔字型输入法常用的方法有以下两种。

- 单击任务栏上的输入法指示器 En 选择五笔字型输入方法。
- 按<Ctrl>+<Shift>组合键切换到五笔字型输入法即可。

（3）掌握键名字的定义，并能背诵键名字表。

25 个键名字：____。

（4）写出下列键名字所处的键位（相同的 4 个字母）。

金		之		口		田		土		王	
工		又		女		言		目		大	
已		人		木		水		火		子	
白		山		立		日		月		禾	

（5）掌握键名字的输入方法，在“写字板”中反复输入下列键名字 5 遍。

王 日 木 金 禾 口 目 已 纟 白 工 土 又 水 山 月 人 言 子 女 火 田 大 立 之

（6）经过反复练习，要求击键次数每分钟达到 80 次以上，并且要保证准确率 100%。

（7）将文件保存为“LX2-1”。

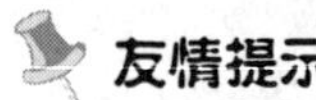

友情提示

在上机练习过程中，会发现有些键名字敲一下或两下相应字母键，就会出现此汉字。这是因为有些键名字本身也是一级或二级简码。所以在输入时有些键名字不需再敲四下，只需按简码的编码规则来输入即可。

【实训 5】 成字字根和笔画的输入

【实训要求】掌握成字字根和笔画的编码规则，熟练输入成字字根和 5 个基本笔画。

操作步骤

（1）启动写字板。

在桌面上单击“开始”→“程序”→“附件”→“写字板”菜单命令，打开写字板窗口。

（2）选择五笔字型输入方法。

在 Windows 操作环境下，五笔字型输入法常用的方法有以下两种。

- 单击任务栏上的输入法指示器 En 选择五笔字型输入方法。
- 按<Ctrl>+<Shift>组合键切换到五笔字型输入法即可。

（3）掌握成字字根和键面字的区别，对照字根表说出哪些是键名字？哪些是成字字根？

（4）熟练掌握成字字根和笔画的编码规则。

成字字根的编码规则：________________。

基本笔画的编码规则：________________。

（5）在空格中填写成字字根的拆法及编码。

成字字根	拆 法	编 码	成字字根	拆 法	编 码
广			文		
方			竹		
手			斤		
乃			用		
豕			八		
儿			夕		
辛			六		
门			小		
米			戈		
弋			廿		
七			丁		
西			犬		
三			古		
石			厂		

续表

成字字根	拆　法	编　码	成字字根	拆　法	编　码
士			二		
干			十		
寸			雨		
五			戋		
止			上		
虫			早		
川			皿		
甲			车		
力			匕		
弓			马		
巴			幺		
九			刀		
白			耳		
也			乙		
心			羽		
己			巳		
由			贝		
几			尸		

(6) 掌握成字字根的输入方法，在“写字板”中连续输入下列成字字根5遍。

八 由 七 干 十 乙 卜 心 刀 厂 雨 米 虫 门 几 丁 文 弋 古 六 五 尸 犬 车
一 二 三 四 五 白 戋 广 廿 止 西 也 弓 羽 了 巳 耳 川 贝 甲 辛 方 儿 子
用 乃 手 斤 竹 士 寸 石 早 力 夕 小 九 马 巴 戈 巳

(7) 掌握单笔画的输入方法，完成5个笔画的输入练习。

一　丨　丿　丶　乙

(8) 经过反复练习，要求击键次数每分钟达到80次以上，并且要保证准确率100%。

(9) 将文件保存为“LX2-2”。

【实训6】　键面字综合练习

【实训要求】掌握键名字、成字字根和单笔画的定义和输入方法。

操作步骤

(1) 启动写字板。

在桌面上单击“开始”→“程序”→“附件”→“写字板”菜单命令，打开写字板窗口。

(2) 选择五笔字型输入方法。

在Windows操作环境下，五笔字型输入法常用的方法有以下两种。

- 单击任务栏上的输入法指示器En选择五笔字型输入方法。
- 按<Ctrl>+<Shift>组合键切换到五笔字型输入法即可。

(3) 背诵键名字表和五笔字型字根表。

（4）键面字输入练习。

金 白 月 竹 田 子 石 由 斤 门 禾 贝 耳 犬 尸 虫 西 口 六 辛 止 也 马 羽 土
车 心 巴 力 刀 八 由 七 干 十 乙 卜 心 刀 厂 雨 米 虫 门 几 丁 文 弋 古 六
五 尸 犬 车 女 一 二 三 四 水 五 白 戈 广 廿 言 止 西 也 弓 羽 了 巳 耳 川
贝 甲 辛 方 儿 子 用 乃 手 斤 竹 士 寸 月 石 早 力 夕 小 九 马 田 巴 戋 大
立 已 己 厂 丁 川 几 巳 用 士 雨 甲 米 手 女 山 言 小 车 戋 川 三 乃 米 八
文 止 虫 心 王 日 木 金 禾 口 目 已 纟 白 工 土 又 山 人 子 火 之

（5）经过反复练习，要求击键次数每分钟达到 80 次以上，并且要保证准确率 100%。

（6）将文件保存为“LX2-3”。

【实训 7】 判断下面这些汉字字根间的结构关系

【实训要求】掌握汉字字根间的 4 种结构关系，会判断以下汉字中各字根的结构关系，并填写下列表格。

操作步骤

（1）字根间的结构关系分为 4 种，“单”、“散”、“连”、“交”。

（2）单：字根本身就是一个独立的汉字。包括键名字、成字字根和基本笔画。

散：当几个字根共同组成一个汉字时，字根与字根之间保持一定的距离，既不相连又不相交。

连：单笔画与某一字根相连或带点的结构。

交：两个或两个以上的字根交叉、套叠。

（3）判断以下汉字字根间的结构关系，并填写下列表格。

口 具 视 马 寸 山 件 乙 王 帮 九 辛 丨 农 既 能 申 号 耳
码 五 帮 户 牛 苦 缶 意 丑 勺 汉 培 吕 足 识 意 树 自 千
且 夫 勺 太 术 主 自 千 且 申 夷 里 木 图 形 卡 点 阵 字
库 窗 口 改 者 革 左 步 取 出 读 书 面 通 知 本 身 画 以

字根间“单”的结构	字根间“散”的结构	字根间“连”的结构	字根间“交”的结构

【实训 8】 末笔识别码练习

【实训要求】 掌握末笔识别码的作用、使用范围和选取方法。

操作步骤

（1）启动写字板。

在桌面上单击“开始”→“程序”→“附件”→“写字板”命令，打开写字板窗口。

（2）选择五笔字型输入方法。

在 Windows 操作环境下，五笔字型输入法常用的方法有以下两种。

- 单击任务栏上的输入法指示器 En 选择五笔字型输入方法。
- 按<Ctrl>+<Shift>组合键切换到五笔字型输入法即可。

（3）写出下列汉字的末笔代号和字型代号，并上机输入。

汉 字	末笔及代号	字型及代号	识别码	对应字母	编 码
吧	折 5	左右型 1	51	N	KCN
吗					
芹					
匠					
告					
里					
奴					
兑					
余					
圆					
隶					

（4）写出下列汉字的末笔识别码以及对应的键，并上机输入。

汉 字	识别码	编 码	汉 字	识别码	编 码	汉 字	识别码	编 码
付	41Y	WFY	奇			今		
封			飞			逐		
自			位			元		
尺			固			判		
仅			植			卷		
迫			斗			连		
她			足			套		
万			击			予		
气			访			头		
油			彻			青		
单			应			杆		
待			吗			千		
正			旅			备		
尔			程			余		
回			农			旮		

（5）经过反复练习，要求击键次数每分钟达到 80 次以上，并且要保证准确率 100%。

（6）将文件保存为“LX2-4”。

【实训 9】 末笔的特殊约定

【实训要求】掌握末笔的特殊约定。

操作步骤

（1）启动写字板。

在桌面上单击“开始”→“程序”→“附件”→“写字板”菜单命令，打开写字板窗口。

（2）选择五笔字型输入方法。

在 Windows 操作环境下，五笔字型输入法常用的方法有以下两种。

- 单击任务栏上的输入法指示器 En 选择五笔字型输入方法。
- 按<Ctrl>+<Shift>组合键切换到五笔字型输入法即可。

（3）写出下列汉字的字根组成、末笔画、字型结构、识别码及代号、汉字编码，并上机输入。

单　字	字根组成	末笔画	字型结构	识别码及代号	编　码
仇	亻+九	乚	左右型	51N	WVN
圆					
连					
贱					
烟					
成					
万					
连					
钱					
访					
边					
勺					
龙					
茵					
链					
券					
我					
太					
莲					
义					

（4）正确输入下列汉字。

叭 只 旯 旭 沐 汀 洒 自 同 东 杜 订 场 敖 汇 标 忏 备 午 芦 宋 今 名 岸 句
击 勿 厌 万 仁 拥 贱 坝 忙 尘 弄 飞 讯 忘 气 血 牛 乡 末 匹 岸 巾 把 反 务
血 备 吧 邑 叹 吗 杜 杆 材 村 卡 逐 召 市

（5）经过反复练习，要求击键次数每分钟达到 80 次以上，并且要保证准确率 100%。
（6）将文件保存为“LX2-5”。

【实训 10】　合体字的拆分

【实训要求】掌握合体字的拆分原则，将下列汉字拆分为成字根。

操作步骤

（1）打开 Windows 操作环境下的写字板。
（2）单击 En 选择五笔字型输入方法。
（3）掌握合体字的拆分规则、编码规则及末笔识别码的输入方法，输入下面一组汉字。
即 卡 知 端 圆 照 空 转 善 差 般 藏 场 乌 鸟 期 曹 扁 凹 凸 来 入 字 被 型
巧 键 母 当 要 根 在 末 折 正 确 如 图 重 码 通 过 处 出 内 既 介 除 体 代
替 具 习 易 不 帮 充 其 发 拼 布 住 单 音 弹 捷 菜 置 练 每 率 超 朱 缶 失
矢 午 牛 申 看 害 校 毁 整 快 那 狗 印 录 迹 躯 胸 降 建 军 离
（4）经过反复练习，要求击键次数每分钟达到 80 次以上，并且要保证准确率 100%。
（5）将文件保存为“LX2-6”。

【实训 11】　单字的输入练习

【实训要求】掌握单个汉字的输入方法，写出下列汉字所对应的五笔字型编码。

操作步骤

（1）打开 Windows 操作环境下的写字板。
（2）单击 En 选择五笔字型输入方法。
（3）掌握键名字、成字字根和合体字的编码规则，完成下列单字的输入练习。
金 人 年 搀 乃 手 斤 竹 口 田 山 匕 预 瓜 有 的 和 几 羽
心 在 地 言 立 水 火 之 傻 留 小 米 七 丁 以 经 月 白 禾
国 同 民 即 升 刁 习 产 不 为 雨 寸 也 耳 九 刀 五 止 厂
士 车 力 工 木 大 土 王 目 日 西 古 石 已 子 女 又 纟 尽
鬼 早 虫 川 我 一 主 是 这 要 文 方 广 中 发 乙 上 马 弓
由 辛 了 甲 四 夕 八 用 六 十 门 巴 卜 曰 美 忙 贝 飞 干
退 三 走 夷 爪 式 唐 续 紧 容 酸 露 裂 暴 蓬 藏 该 濒 骚
（4）经过反复练习，要求击键次数每分钟达到 80 次以上，并且要保证准确率 100%。
（5）将文件保存为“LX2-7”。

【实训 12】　判断哪一种拆分正确

【实训要求】请指出下列汉字的拆分哪种是正确的，并说出各依据哪一条拆分原则。

操作步骤

（1）汉字的拆分原则：书写顺序、取大优先、兼顾直观、能连不交、能散不连。
（2）指出下列汉字的拆分方法哪种是正确的，并说各依据哪一条拆分原则。

夷=一+弓+人　　东=七+小

夷=ナ+弓+㇏　　东=十+木

缶=𠂉+山　　勿=勹+彡

缶=𠂉+十+凵　　勿=彡+𠃌

丑=㇆+土　　非=三+丨+丨+三

丑=刀+二　　非=三+||+三

美=䒑+土+大　　乘=禾+丬+匕

美=丷+王+大　　乘=丿+十+丬+匕+人

【实训 13】　常见部首的拆分

【实训要求】有些常见部首在五笔中没有被列为字根，比如“犭、礻、衤、革、骨、黑”等，所以要掌握常见部首的拆分方法。

操作步骤

（1）根据已有的偏旁拆分提示，写出下列字根的完整编码。

戋 + 戋 = 戋　　皮 + 皮 = 皮

采 + 禾 = 采　　母 + 母 + 母 = 母

疋 + 疋 = 疋　　良 + 良 + 良 = 良

夬 + 大 = 夬　　邦 + 邦 + 邦 = 邦

（2）掌握常见部首的拆分方法，输入下面一组汉字。

狗 截 蚤 楚 彩 猫 猴 犯 猜 社 栽 被 菜 特 牡 犍 酒 牲 犒
傀 决 块 颇 被 海 姆 狼 食 帮 寿 搬 盘 艇 路 舡 船 赵 起
趣 陡 超 酸 尊 醋 鞋 酣 配 髓 骷 猾 髅 骸 神 视 礼 祝 祸
赵 墨 饭 黩 黔 射 黝 黥 靶 勒 麟 麝 麈 鹿 麒 麋 鞍 鞘 鞯
饿 饶 饮 鲁 馍 躺 躲 射 躯 躬 馑 默 鲜 鳗 鲽 般 魑 魈 魁
魅 魍 鳃 鳄 补 初 物 骼 袖 裤 捉 狼 跟 踢 趸 距

（3）经过反复练习，要求击键次数每分钟达到 80 次以上，并且要保证准确率 100%。

（4）将文件保存为“LX2-8”。

【实训 14】　难拆字练习

【实训要求】掌握难拆字的拆分技巧。

操作步骤

（1）打开 Windows 操作环境下的写字板。

（2）单击 En 选择五笔字型输入方法。

（3）熟练掌握下列难拆字的字根、编码，反复上机练习，直到熟练掌握为止。

汉 字	字 根	编 码	汉 字	字 根	编 码	汉 字	字 根	编 码
求	一水丶	FIY	巫	工人人	AWW	吏	一口乂	GKQ
柬	一口小	GKI	带	一丨丨丨冖	GKP	垂	丿一艹	TGA
甚	廾三八乚	ADWN	策	⺮一冂	TGM	丧	十丷𧘇	FUE
舟	丿舟	TEI	爽	大乂乂	DQQ	禺	日冂丨丶	JMHY
敝	丷冂小	UMI	耕	三小二	DIF	插	扌丿十	RTF
般	丿彐乛	RVN	曳	日匕	JXE	氏	𠂆七	QA
丹	冂亠	MYD	甩	用乚	EN	册	冂冂	MM
不	一小	GI	拜	手三十	RDFH	秉	丿一彐	TGV
凸	丨一冂	HGM	凹	冂冂一	MMGD	卤	丿口夕	TLQI
特	丿扌土	TRF	乏	丿之	TPI	噩	一口口口	GKKK
羽	羽乛丶㇀	NNYG	贵	口丨一贝	KHGM	制	𠂉冂丨刂	RMHJ
那	刀二阝	VFB	快	忄コ人	NNW	瓜	𠂆厶㇏	RCY
塞	宀二‖土	PFJF	亥	亠乙丿人	YNTW	害	宀三丨	PDH

（4）将文件保存为“LX2-9”。

【实训 15】 一级简码

【实训要求】掌握一级简码的输入方法。

操作步骤

（1）打开 Windows 操作环境下的写字板。

（2）单击 En 选择五笔字型输入方法。

（3）掌握一级简码的输入方法。

（4）熟记一级简码所对应的键位，快速输入以下一级简码 5 遍，要求达到每分钟 120 字，错误率不超过 4%。

我 是 中 国 人 有 主 产 的 不 为 以 在 上 工 这 经 发 了
民 地 经 发 同 这 主 和 了 以 要 产 上 一 在 工 地 工 人
人 民 有 的 不 要 中 国 我 是 中 国 人 要 以 和 为 主 同
这 主 和 有 主 产 以 在 上 这 经 要 和 为 我 是 中 国 人

（5）将文件保存为“LX2-10”。

【实训 16】 二级简码

【实训要求】掌握二级简码输入方法。

操作步骤

（1）打开 Windows 操作环境下的写字板。

（2）单击 En 选择五笔字型输入方法。

（3）掌握二级简码的输入方法。

（4）在下表写出二级简码汉字所对应的五笔字型编码（用字母表示）并上机练习。要求达到每分钟 120 字，错误率不超过 4%。

式	节	芭	基	菜	革	七	牙
东	划	或	功	贡	世	芝	区
匠	苛	攻	燕	切	共	药	芳
陈	子	取	承	阴	际	卫	耻
联	降	阿	孤	隐	辽	耿	孙
限	队	陛	防	戏	邓	双	参
马	观	劝	台	骒	骊	对	能
驼	允	牟	骠	矣	艰	难	驻
丰	三	夺	胡	大	友	顾	左
砂	百	右	达	灰	成	面	克
太	龙	春	肆	磁	帮	厅	原
肛	服	肥	须	朋	肝	且	膛
遥	胸	爱	甩	肌	肋	肿	胆
采	用	胶	妥	脸	脂	及	载
示	城	坂	寺	二	直	支	地
进	吉	协	南	志	赤	过	无
开	坟	霜	才	增	雪	夫	垢
屯	到	天	表	于	五	下	不
珠	列	来	理	事	画	现	与
末	玫	平	妻	珍	互	玉	睦
旧	步	止	睛	虎	皮	瞭	肯
占	卤	贞	卢	眯	瞎	瞳	睡
江	眩	此	具	眼	餐	睥	盯
池	汉	尖	肖	法	汪	小	水
浊	澡	渐	没	沁	淡	学	洋
注	涨	兴	当	光	泊	洒	少
虹	最	紧	晨	明	时	蝇	昌
晕	显	电	遇	曙	量	早	晃
晚	蝗	果	昨	暗	呀	景	昆
吕	叶	吸	顺	吧	啊	归	蛤
虽	吵	中	呈	另	员	叫	喧
哟	只	听	呆	呼	啼	哪	史
嘛	团	轻	因	胃	轩	车	四
罗	边	辚	辊	加	男	轴	思
斩	困	累	办	轨	较	力	罚
财	同	由	峭	央	凤	邮	曲

续表

几	赠	迪	岂	册	崭	则	骨
朵	贩	风	内	凡	民	敢	收
惭	避	慢	悄	怪	居	导	怀
届	怕	懈	忧	屡	忆	必	习
烟	煤	籽	烃	类	尼	愉	恨
炽	烛	炎	迷	炮	煌	灯	粘
娄	料	烽	心	粗	灶	业	炒
粉	家	害	字	宽	米	守	定
宫	军	宙	官	灾	审	宵	寂
之	宛	宾	宁	客	社	它	空
旬	角	然	色	凶	氏	实	安
乐	外	针	名	甸	负	包	炙
争	钱	匀	镕	多	铁	钉	儿
欠	久	找	持	扔	拓	抽	反
搂	近	扣	提	朱	年	后	报
所	抽	押	换	折	打	手	拉
枯	权	李	扫	失	批	扩	械
极	村	可	查	档	相	本	楞
格	林	析	构	棕	杰	杨	机
样	长	术	楷	检	要	季	么
各	得	秒	处	生	行	秀	知
务	向	秘	秋	管	科	笔	条
闻	并	入	第	答	委	称	物
冯	关	前	半	闰	站	冰	间
部	曾	商	决	普	帝	交	瓣
亲	六	妆	闪	北	六	毁	好
如	旭	录	姨	寻	奶	姑	妈
舅	妯	刀	灵	巡	婚	杂	妨
估	公	他	代	九	嫌	妇	姆
仍	介	偿	个	全	会	保	佃
们	作	休	伯	你	伙	亿	仙
你	分	从	化	信	红	结	级
旨	旨	纱	引	线	弛	经	顷
细	纲	纪	继	综	离	度	纺
诉	主	计	衣	庆	充	给	比
记	说	良	高	订	放	变	认
率	产	这	刘	义	让	方	就

（5）将文件保存为“LX2-11”。

【实训 17】 三级简码

【实训要求】掌握三级简码输入方法。

操作步骤

（1）打开 Windows 操作环境下的写字板。

（2）单击 En 选择五笔字型输入方法。

（3）掌握三级简码的输入方法。

（4）分别写出以下汉字的编码，并上机输入，反复练习 5 遍，要求达到每分钟 120 字，错误率不超过 4%。

践 练 据 输 更 快 接 瑞 组 合 简 乔 很 语 特 握 党 诩 容 新 输 操 解 载 模
越 规 虚 缩 辑 腕 熟 重 既 横 殊 模 稿 读 器 弹 减 趣 微 紫 馨 醒 暄 修 演
埃 般 蔼 秉 颗 骡 曼 磋 盖 辰 鲸 壳 略 箩 锋 盟 填 撮 醋 解 党

（5）将文件保存为“LX2-12”。

【实训 18】 2 字词的词语输入

【实训要求】掌握 2 字词的词组输入方法。

操作步骤

（1）打开 Windows 操作环境下的写字板。

（2）单击 En 选择五笔字型输入方法。

（3）写出以下 2 字词组的编码并上机操作。

社会	PYWF	斗争		团结		问题	
机器		根据		生产		革命	
领导		高峰		帮助		操作	
数学		企业		发展		路线	
理论		运动		劳动		实践	
语言		集团		世界		特点	
物理		麻烦		安排		忽然	
图书		应该		学校		阶级	
出现		解决		研究		彻底	
程度		群众		顺序		提高	
位置		知道		矛盾		面貌	
文明		公司		系统		材料	
巩固		摧毁		概念		考试	
工艺		栽培		致敬		采取	
兄弟		过期		联营		难受	
议程		食品		阅读		通讯	
颜色		眼睛		缘故		优越	

续表

安排		爱好		比例		宾馆	
安装		安徽		必要		并于	
版面		安危		今晚		波长	
办法		伴侣		保持		播音	
扮演		爱惜		保障		博览	
爱国		安慰		报道		补充	
安全		百科		抱歉		避免	
按照		摆脱		卑鄙		编辑	
百货		班长		背景		边疆	
拜托		伴随		本来		变换	
版权		帮助		毕竟		辩护	
帮忙		败坏		被动		冰棍	
马车		颁奖		本身		变量	
心情		伴奏		笔记		标准	
日期		半径		必须		冰雪	
大海		榜样		北京		并列	
工人		包围		背诵		菠菜	
金属		保安		比较		边境	
诬陷		报表		鄙视		编导	
泄露		暴发		闭幕		变更	
闭幕		爆竹		编号		变成	
变化		悲惨		编印		标题	
情报		备课		标语		别墅	
建设		奔跑		表示		哺育	
捕获		草案		布景		层次	
不可		捕鱼		财产		查收	
步骤		不顾		采取		豺狼	
部分		猜想		参加		产权	
财物		材料		沧海		场地	
裁决		财贸		策略		朝代	
参军		采纳		布局		撤职	
惨案		彩电		不断		陈列	
操练		残废		步行		茶杯	
测量		仓库		裁剪		颤抖	
财经		草地		彩照		长寿	
残暴		测验		餐馆		常有	
操心		不久		灿烂		超额	
阐述		储存		淡薄		当今	
差别		传授		存储		导致	

续表

茶具		窗口		答谢		首先	
唱歌		创收		打字		道德	
车床		词库		代表		登录	
晨曦		磁性		弹性		抵御	
称号		从事		当代		地铁	
成才		篡夺		错误		常州	
承办		初期		挫折		等级	
城市		储蓄		答复		地球	
充电		传导		存款		当作	
抽象		窗帘		代价		到处	
出差		春节		弹药		低廉	
出勤		传真		淡化		地质	
诚恳		创汇		逮捕		电线	
绸缎		慈祥		大概		凋谢	
筹建		纯净		代购		调职	
出来		磁盘		耽误		东风	
出租		此刻		弹奏		动摇	
炽热		保存		调研		斗争	
称职		处理		订阅		独创	
趁机		传统		典礼		发布	
成绩		纯朴		调料		渡过	
成年		辞别		定义		段落	
诚实		聪明		栋梁		恶劣	
澄清		存折		点燃		读报	
程度		打倒		冬天		短期	
冲剂		大脑		独裁		对称	
出版		代办		对换		额外	
初稿		待遇		腐朽		发射	
崇敬		单纯		附录		复制	
法官		烦躁		分钟		改变	
方面		反攻		分歧		概括	
防线		方圆		疯狂		干扰	
放映		防疫		俘虏		感叹	
沸腾		非法		复合		高峰	
翻身		费用		粉碎		告别	
返回		奉命		附属		赋予	
放松		服务		复杂		覆灭	
废除		负责		甘肃		改革	
放纵		分解		岗位		高超	

续表

飞速		风格		高潮		稿件	
反击		封面		歌剧		功课	
耕地		即使		居住		赞扬	
供暖		极端		督促		难题	
构件		集合		抉择		那样	
隔断		纪念		开会		配件	
恭候		计策		九月		偏旁	
沟通		价值		考验		培育	
购买		艰苦		客观		拼写	
辜负		减轻		库存		脾气	
故事		检索		矿藏		频道	
光荣		病症		科长		聘书	
规程		继续		抗拒		证券	
观感		假设		可惜		期望	
故障		歼灭		课题		普通	
光辉		监狱		快车		起源	
规划		监察		款式		器械	
轨迹		脊梁		牢记		迁移	
诡计		技能		礼貌		签订	
国际		容许		立刻		桥梁	
号码		家庭		历届		倾向	
豪华		将要		乐园		清廉	
海港		健身		来源		染色	
贵阳		见解		联网		缺少	
函授		接见		流动		情感	
杭州		节省		聊天		融化	
河流		奖品		领袖		海滩	
宏观		教练		旅伴		荣誉	
合适		揭开		亮度		端庄	
过渡		节约		落选		设施	
含义		结算		迈步		伤害	
核算		紧急		论据		神秘	
欢迎		近年		美味		实惠	
机警		精简		逻辑		使命	
激光		意图		履行		事故	
急促		界限		猛烈		授予	
怀念		进程		密码		收缩	
活动		晶体		民盟		手续	
积蓄		谨慎		模样		舒服	

续表

激励		进步		谋略		虽然	
活泼		经历		民族		缩影	
怀疑		惊诧		敏锐		填补	
鸡蛋		精髓		磨灭		图案	
机制		警告		名著		瓦特	

（4）将文件保存为“LX2-13”。

【实训 19】 3 字词的词语输入

【实训要求】掌握 3 字词的词组输入方法。

操作步骤

（1）打开 Windows 操作环境下的写字板。
（2）单击 En 选择五笔字型输入方法。
（3）写出以下 3 字词组的编码并上机操作。

计算机		博物馆		电影院		世界观	
少先队		北京市		人民币		基本上	
电视机		纪念碑		多功能		年轻化	
运动会		天安门		团体赛		助学金	
图书馆		奥运会		超负荷		林业部	
解放军		金字塔		安徽省		体温表	
哲学家		现代化		莫斯科		分数线	
阅览室		南极洲		交通部		收音机	
邮递员		星期日		微生物		艰巨性	
运动队		新产品		时装店		集体制	
照相机		意见书		世界杯		鉴定会	
中秋节		蓄电池		售票员		发明奖	
优越性		研究所		思想家		复杂性	
知名度		医务所		圣诞节		分辨率	
游泳池		学习班		世界观		工程师	
源程序		许可证		水蒸气		发电机	
知识化		严重性		天文学		革命化	
营养品		销售额		时刻表		公有制	
责任感		饮食店		体育馆		广告牌	
直辖市		印刷品		农业局		工作量	
证明人		艺术品		能源部		会议厅	
营业额		音乐会		聘用制		国际性	
制造商		意大利		平均奖		办公厅	
重要性		印刷体		摄制组		上海市	

续表

紫外线		研究生		神经质		保健操	
中学生		通用性		建设者		博物馆	
字根表		温度计		解放前		版权法	
周期性		牺牲品		绝对值		筹委会	
追悼会		现代化		代表性		传染病	
自信心		万能表		出发点		爆炸性	
周期性		同志们		催化剂		菜市场	
转折点		统计局		电冰箱		乘务员	
形象化		王府井		调味品		储蓄所	
畜牧业		统计表		电影院		出版社	
新闻界		误码率		洞庭湖		存储器	
校友会		夏威夷		辩证法		电视剧	

（4）将文件保存为“LX2-14”。

【实训 20】　4 字词的词语输入

【实训要求】掌握 4 字词的词组输入方法。

操作步骤

（1）打开 Windows 操作环境下的写字板。

（2）单击 En 选择五笔字型输入方法。

（3）写出以下 4 字词组的编码并上机操作。

光彩夺目		争分夺秒		如获至宝	
汗马功劳		爱莫能助		同甘共苦	
坚韧不拔		炎黄子孙		水落石出	
口若悬河		似是而非		出其不意	
众所周知		义不容辞		完璧归赵	
周而复始		邮政编码		天气预报	
自相矛盾		斩钉截铁		天方夜谭	
走投无路		趾高气扬		科学技术	
自我批评		置之度外		脍炙人口	
装模作样		应用技术		立竿见影	
自动控制		再接再励		眉飞色舞	
五笔字型		职业道德		目瞪口呆	
相依为命		现代汉语		柳暗花明	
心领神会		生活水平		联系实际	
胸有成竹		损人利己		空中楼阁	
新闻联播		赏心悦目		口是心非	
扬眉吐气		生机盎然		流言蜚语	

续表

五彩缤纷		实际情况		落花流水	
喜出望外		水落石出		门庭若市	
新华书店		贪得无厌		目不暇接	
形而上学		深化改革		前所未有	
眼花缭乱		商品经济		口是心非	
一筹莫展		舍己救人		融会贯通	
系统工程		史无前例		枪林弹雨	
栩栩如生		手足无措		平等互利	
异想天开		思想内容		强词夺理	
一丝不苟		随心所欲		容光焕发	
勇往直前		亡羊补牢		海市蜃楼	
花言巧语		患难与共		百折不挠	
恍然大悟		建筑材料		别开生面	
记忆犹新		戒骄戒躁		别出心裁	
艰苦卓绝		精兵简政		百炼成钢	
节衣缩食		救死扶伤		触目惊心	
居心叵测		基本原则		奥林匹克	
机构改革		规章制度		翻天覆地	
建筑材料		粉身碎骨		程序结构	

（4）将文件保存为“LX2-15”。

【实训 21】 多字词的词语输入

【实训要求】掌握多字词的词组输入方法。

操作步骤

（1）打开 Windows 操作环境下的写字板。
（2）单击 En 选择五笔字型输入方法。
（3）写出以下多字词组的编码并上机操作。

工程技术人员		王码电脑公司	
喜马拉雅山		风马牛不相及	
辩证唯物主义		快刀斩乱麻	
百闻不如一见		正离子	
打破沙锅问到底		集体所有制	
一切从实际出发		有志者事竟成	
五笔字型电脑		中央领导同志	
汉字输入技术		更上一层楼	
本报特约记者		辩证唯物主义	

（4）将文件保存为“LX2-16”。

【实训 22】　2008 北京奥运

【实训要求】采用五笔字型输入法输入连续文章。

操作步骤

（1）打开 Windows 操作环境下的写字板。

（2）选择五笔字型输入方法完成下列文章的输入。

连续文章的输入练习包括常用字、难拆字、简码、词组及标点符号等全方位的文字输入训练。在进行连续文章输入时，首先要养成按词组输入的好习惯，其次是采用简码输入，这样可以大大提高文字的输入速度。反复练习下列文章，要求达到每分钟 120 字，错误率不超过 4%的标准。

2008 北京奥运

福娃是北京 2008 年第 29 届奥运会吉祥物，其色彩与灵感来源于奥林匹克五环、中国辽阔的山川大地、江河湖海和人们喜爱的动物形象。福娃向世界各地的孩子们传递友谊、和平、积极进取的精神和人与自然和谐相处的美好愿望。福娃是五个可爱的亲密小伙伴，他们的造型融入了鱼、大熊猫、藏羚羊、燕子以及奥林匹克圣火的形象。

每个娃娃都有一个琅琅上口的名字："贝贝"、"晶晶"、"欢欢"、"迎迎"和"妮妮"，在中国，叠音名字是对孩子表达喜爱的一种传统方式。当把五个娃娃的名字连在一起，你会读出北京对世界的盛情邀请"北京欢迎您"。

福娃代表了梦想以及中国人民的渴望。他们的原形和头饰蕴含着其与海洋、森林、火、大地和天空的联系，其形象设计应用了中国传统艺术的表现方式，展现了中国的灿烂文化。将祝福带往世界各个角落很久以来，中国就有通过符号传递祝福的传统。北京奥运会吉祥物的每个娃娃都代表着一个美好的祝愿：繁荣、欢乐、激情、健康与好运。娃娃们带着北京的盛情，将祝福带往世界各个角落，邀请各国人民共聚北京，欢庆 2008 奥运盛典。

（3）将文件保存为"LX2-17"。

【实训 23】　颐和园

【实训要求】采用五笔字型输入法输入连续文章。

操作步骤

（1）打开 Windows 操作环境下的写字板。

（2）选择五笔字型输入方法完成下列文章的输入。

颐和园——世界最完美的皇家大花园

颐和园原是清代的皇家花园和行宫，离天安门约 15 公里。该园因地制宜，布局讲究，拥山抱水，绚丽多姿。它是集中国南北园林建筑艺术之大成的杰作，也是世界上最著名的古典园林之一，已被联合国教科文组织列入《世界文化遗产名录》。

颐和园主要由万寿山和昆明湖组成，占地 290 公顷（4350 亩），水面约占四分之三。园内建筑以佛香阁为中心，拥有亭、台、楼、阁、廊、榭三千多间。全园分三个区域：①以仁寿殿为中心的政治活动区；②以玉澜堂、乐寿堂为主体的帝后生活居住区；③以万寿山与昆明湖等组成的风景游览区。全园以山湖形势巧作安排，并又以西山群峰为借景，更使景色变幻无穷，美不胜收。该园历史悠久，饱经沧桑。万寿山为西山的一支余脉，湖泊由玉泉与龙泉等水汇集而成。从12世纪起，辽金时期始建金山行宫，山叫金山，湖称金海。元代，金山改叫瓮山，金海改称瓮山泊，成为辽、金、元历朝皇室的游乐地。明代时，此处被建为好山园，并在瓮山南麓兴建圆静寺及钓台等，改瓮山泊为西湖，具有“西湖十景”之誉。当时有位大画家文徵明写诗道：“春湖落日水拖蓝，天影楼台上下涵。十里青山行画里，双飞白鸟似江南”，盛赞此处风光绝佳，为京华的游览胜地。到清代“乾隆盛世”时期，乾隆为其母后祝60寿庆（1751年），便改瓮山为万寿山，西湖改称昆明湖。在此大兴土木15年（1750~1764年）之久，挖湖泥堆于瓮山东侧，湖面往东扩展。并在园静寺旧址为其母亲钮钴禄氏兴建大报恩延寿寺等，从而营建起一座极为宏大豪华的帝王宫苑，名清漪园，成为京师著名的“三山五园”之一（注：“三山”系指万寿山、玉泉山和香山；“五园”为清漪园、圆明园、畅春园、静明园与静宜园）。

19世纪末叶，清王朝日趋腐败。1860年9月，英法联军发动第二次鸦片战争，10月初入侵北京。咸丰帝携后妃皇子逃往热河。侵略者在进行疯狂抢劫财宝后，于10月17、18、19三天便一举焚烧了著名的三山五园。

当时，咸丰帝吓死于承德，由其子载淳（同治）继位后，他的生母叶赫那拉氏被尊为“圣母皇太后”，徽号“慈禧”，俗称西太后。不久慈禧发动宫廷政变夺取政权，实行“垂帘听政”。1884年同治病死，由载湉（光绪）继位。光绪父亲奕𫍽主管海军总理衙门，1885 年为了讨好慈禧，以办海军学堂名义，挪用海军军费整修清漪园，用工10年，并取“颐养冲和”之意改名颐和园。

1900年八国联军侵入北京，颐和园再遭严重破坏。次年慈禧从西安逃难回来，又用巨款重修该园，但因财力缺乏而只修了前山的一部分。

慈禧晚年多在颐和园度过，成为她避暑养老及进行内政、外交活动的行宫。她在该园扼杀了康有为等人的维新运动，下令镇压义和团等。 1911年辛亥革命后，根据优待清室条件，此园仍属皇室所有。1914年清室售票开放。1924年溥仪离开北京，颐和园被辟为公园，但票价昂贵，只有极少数人进园游览。

1948 年 12 月，颐和园在北平解放之前就已回到人民手中。当年万寿山东头的景福阁，曾作为叶剑英与傅作义谈判和平解放北京的地点。 1949年3月25日，毛泽东主席从石家庄飞抵北京的当晚，便在景福阁亭的益寿堂设宴招待爱国人士。并为柳亚子等写下了“莫道昆明池水浅，观鱼胜过富春江”的著名诗篇。

1951年后，人民政府对颐和园进行不断的整治与修缮。1961年被列为全国重点文物保护单位。为适应旅游事业发展的需要，北京市政府于1990年又对昆明湖进行了巨大的清淤工程，清理面积为120万平方米，清淤后，平均水深1.5米，并进行了大规模的绿化美化工作，使这座皇家帝苑更加秀丽多姿，雄伟壮观，成为中外广大游人流连忘返的必游胜地。

（3）将文件保存为“LX2-18”。

【实训24】 四合院

【实训要求】采用五笔字型输入法输入连续文章。

操作步骤

（1）打开Windows操作环境下的写字板。

（2）选择五笔字型输入方法完成下列文章的输入。

四合院之一

在等级森严的封建社会，住宅及其大门直接代表着主人的品第等级和社会地位，所谓“门第相当”、“门当户对”，就是这个意思。因此，人们对大门的型制和等级是非常重视的。

北京四合院住宅的大门，从建筑形式上可分为两类，一类是由一间或若干间房屋构成的屋宇式大门，另一类是在院墙合陇处建造的墙垣式门。设屋宇式大门的住宅，一般是有官阶地位或经济实力的社会中上层阶级；设墙垣式大门的住宅，则多为社会下层普通百姓居住。

屋宇式大门分为几个等级。

1. 王府大门 王府大门是屋宇式大门中的最高等级。通常有五间三启门和三间一启门两等。这种大门座落在王宅院的中线上，宏伟气派。北京后海北岸的清醇王府（现中华人民共和国卫生部）大门，就是一座五间三启门的屋宇式大门。在封建社会，王府大门的间数、门饰、装修、色彩都是按规制而设的。如，清顺治九年规定亲王府正门广五间，启门三……绿色琉璃瓦……每门金钉六十有三。世子府门钉减亲王九分之二，贝勒府规定为正门五间，启门一。位于后海南岸的清恭王府，原是乾隆帝的宠臣和冲的府郎，后来封赐给恭亲王，这座王府的大门是三开间，上复绿色琉璃瓦。

2. 广亮大门 广亮大门仅次于王府大门，它是屋宇式大门的一种主要形式，这种大门一般位于宅院的东南角，占据一间房的位置。广亮大门虽不及王府大门显赫气派，但也有较高的台基，门口比较宽大敞亮，门扉开在门厅的中柱之间，大门檐村之下安装雀替、三幅云一类既有装饰功用，又代表主人品级地位的饰件。

3. 金柱大门 这是一种门扉安装在金柱（俗称老檐柱）间的大门，称为“金柱大门”，这种大门同广亮大门一样，也占据一个开间，一般它的规制与广亮大门很接近，门口也较宽大，虽不及广亮大门深邃庄严，仍不失官宦门第的气派，是广亮大门的一种演变形式。

4. 蛮子门 门扉安装在外檐柱间，门扇槛握的形式仍采取广亮大门的形式，北京人把这种门称为“蛮子门”，它是广亮大门和金往大门进一步演变出来的又一种形式。

5. 如意门 北京中小型四合院采用的大门当中，如意门占着相当大的数量。如意门的门口设在外檐柱间，门口两侧与山墙腿子之间砌砖墙，门口比较窄小，门相上方常装饰雕楼精致的砖花图案，在如意门的门指与两侧砖墙交角处，常做出如意形状的花饰，以寓意吉祥如意，故取名“如意门”。如意门里的住户一般是在政治上地位不高，但却非常殷实富裕的士民阶层。

6. 墙垣式门 除上述数种屋宇式大门外，在民宅中常采用墙垣式门者也不在少数。墙垣式门最普遍、最常见的形式是小门楼形式，它的样式尽管很多，但基本造型大同小异，主要由腿子、门楣、屋面、脊饰等部分组成，一般都比较简单朴素，也有为数不多的豪华小门楼，门指以上遍施砖雕，虽不气派但却十分华丽，显示房主人的富有和虚荣。

四合院之二

提起四合院，人们不由地想起那灰色的围墙、方正的庭院、形状各异的随墙门、错落有致的屋脊……这些散发着老北京情调的传统建筑，传达出众多历史意象和文化信息，引发人们种种美好的回忆和遐思。

四合院从不同的侧面反映了古都北京不同时期政治、经济、文化和民俗等方面的特点。为了弘扬中华民族优秀的传统文化，展示东城辖区内保留下来的历史文化遗产，发挥东城区档案馆“爱国主义教育基地”的作用，我们利用馆藏档案资料和多方征集来的照片，举办了这一展览。

展览使用近百张照片，并配以简要的文字说明，以“北京四合院的格局与特色”、“东城四合院精品掠影”、“东城四合院的保护与整治”为内容，展示东城珍贵的文化遗产，反映改革开放以来东城城区面貌一日千里的巨变，并祝愿迈向新世纪的东城取得更为辉煌的成就。我们希望通过展览使沉睡的档案资料活起来，使参观者受到优秀的传统文化熏陶和爱国主义教育，进而激发人们更加爱祖国、爱北京、爱东城，积极投身于社会主义现代化建设的热潮之中。

（3）将文件保存为“LX2-19”。

【实训 25】 自然地理

【实训要求】采用五笔字型输入法输入连续文章。

操作步骤

（1）打开 Windows 操作环境下的写字板。

（2）选择五笔字型输入方法完成下列文章的输入。

自然地理

北京市简介：简称京。中华人民共和国首都，为历史悠久的世界著名古城。位于华北平原西北边缘，东南距渤海约 150 千米。面积 16 800 多平方千米。全市总人口为 1 381.9 万人。北有军都山，西有西山，山地占全市面积的 62%；东南是永定河、潮白河等河流冲积而成的、缓缓向渤海倾斜的平原。山地有煤、铁等多种矿物和花岗石、大理石等优良建筑材料。

地理地貌：北京市中心位于北纬 39 度，东经 116 度。雄踞华北大平原北端。北京的西、北和东北，群山环绕，东南是缓缓向渤海倾斜的大平原。北京平原的海拔高度在 20~60 米，山地一般海拔 1000~1500 米，与河北交界的东灵山海拔 2303 米，为北京市最高峰。境内贯穿五大河，主要是东部的潮白河、北运河，西部的永定河和拒马河。北京的地势是西北高、东南低。西部是太行山余脉的西山，北部是燕山山脉的军都山，两山在南口关沟相交，形成一个向东南展开的半圆形大山弯，人们称之为“北京弯”，它所围绕的小平原即为北京小平原。综观北京地形，依山襟海，形势雄伟。诚如古人所言：“幽州之地，左环沧海，右拥太行，北枕居庸，南襟河济，诚天府之国”。

土地面积：北京全市土地面积 16 807.8 平方公里。其中平原面积 6390.3 平方公里，占 38%。山区面积 10 417.5 平方公里，占 62%。城区面积 87.1 平方公里。近郊区面积 1 282.8 平方公里，远郊区面积 3198 平方公里。县的面积 12 239.9 平方公里。市区规划范围：东至定福庄、西至石景山，南至南苑，北至清河，面积 750 平方公里。市中心地区（即旧城区，东西以二环路中心线为界，南北以护城河中心线为界）面积 62.5 平方公里。

气候特点：北京的气候为典型的暖温带半湿润大陆性季风气候，夏季炎热多雨，冬季寒冷干燥，春、秋短促。年平均气温 10~12 摄氏度，1 月−7~−4 摄氏度，7 月 25~26 摄氏度。极端最低−27.4 摄氏度，极端最高 42 摄氏度以上。全年无霜期 180~200 天，西部山区较短。年平均降雨量 600 多毫米，为华北地区降雨最多的地区之一，山前迎风坡可达 700 毫米以上。降水季节分配很不均匀，全年降水的 75%集中在夏季，7、8 月常有暴雨。

（3）将文件保存为“LX2-20”。

【实训 26】 老北京端午习俗谈

【实训要求】采用五笔字型输入法输入连续文章。

操作步骤

（1）打开 Windows 操作环境下的写字板。

（2）选择五笔字型输入方法完成下列文章的输入。

老北京端午习俗谈

端午节是我国三大传统节日（春节、端午、中秋）之一。旧历五月初五这天，四九城除了要举行赛龙舟，吃粽子等纪念伟大诗人屈原的各种活动外，还有很多独特而寓意深远又风趣的习俗。

我国古人有称五月为“恶月”之说。因为此时天气转热，各种疾病和蚊蝇、毒虫日渐增多，对人体威胁很大。因此人们便围绕避邪驱灾而展开了各种活动。北平俗曲端阳节云：“五月端午街前卖神符，女儿节令把雄黄酒沽，樱桃桑椹、粽子五毒，一朵朵似火榴花开端树。一枝枝艾叶菖蒲悬门户，孩子们头上写个王老虎，姑娘们鬓边斜簪五色绫幅”。这一俗曲便概括了端午习俗。

“蒲子艾来！”“葫芦花来！”“供佛的艾桑椹来，大樱桃来！”“江米小枣儿、凉凉儿的大粽子来！”“哎，卖神符！”每年四月末在老北京的大街胡同里就出现了这种吆喝。五月初一，人们便将买来的“神符硃判儿”贴在大门上。判儿指的是钟馗，他手持宝剑。目注空中的蝙蝠，上面印着“驱邪镇宅”四字。门两侧挂着菖蒲和艾叶，因这两种植物都有杀虫作用，挂在门口以禳毒气。下面再贴一口向下的剪纸葫芦，“倒灾”。院内各屋门窗户上贴红色剪纸的老虎、五毒、剪子夹蝎子等。屋内墙角都遍洒雄黄酒。因雄黄酒能解蛇虺诸毒。人们还将雄黄酒涂抹在小孩耳鼻口和前额，大人喝雄黄酒，古书上说这样可以“宜夏避恶”。

端午节又称“女儿节”。家家户户都把女儿打扮得漂漂亮亮，头戴一朵朵石榴花。人们说石榴花是吉祥花可避邪除灾。出嫁的女儿这天也回娘家。她们用绫罗制成小老虎、桑椹、樱桃、葫芦、黄瓜、茄子、小辣椒等，用彩线穿成串悬在钗头和小孩背上，说这样可以避邪不染瘟疫。人们称它为“长命缕”、“续命缕”，也叫它“葫芦”。头上还戴着蝙蝠、福字等各式的“福儿”。到五月初五中午时扔到地上称“扔灾”

端午除了民间百姓的儿童穿五毒兜肚外，宫眷内臣也穿五毒艾虎补子蟒衣。此外还有一种绣有五毒的“避邪鞋”。除了穿的，吃的点心也有五毒图案的，人们称它为“五毒饼”。

端午节也是老北京人的旅游日，这天人们纷纷带着雄黄酒、五毒饼、粽子及夏令水果等去天坛、金鱼池游玩。中午吃过饭再吃一枚黑桑椹，据说这样做在夏季里可免误食苍蝇之患。午后人们便离开天坛，人们把这一活动叫“避灾”。

（3）将文件保存为“LX2-21”。

【实训 27】 风物趣闻掌故

【实训要求】采用五笔字型输入法输入连续文章。

操作步骤

（1）打开 Windows 操作环境下的写字板。

（2）选择五笔字型输入方法完成下列文章的输入。

王府井名称的由来

王府井大街紧接东长安街，是北京最繁华的商业街之一。为何叫王府井呢?因据（燕京访古录）所载，此处建王府最早始于隋唐时代，“隋朝燕王府，北平王罗艺之帅府”就在这里，至今仍有帅府园之称。罗艺是《隋唐演义》小说中罗成的父亲，唐高宗封罗艺为燕王，总管幽州，在此建有燕王府。至明代，随着紫禁城的兴建，不少达官贵人在此修建王府，加之街旁西侧有一口远近闻名的优质甜水井，所以据《明成祖实录》载，这里被称十王府、王府街及王府井大街。在这条街的大街小巷中，至今仍有帅府、阮府、空府、霞公府遗址可寻。到了清代，此处依然是亲王、郡王的聚居之地。如隋唐时期的帅府，成了清太祖第十五子多铎的豫王府。在百货大楼西边，便是清太宗第十子韬塞镇国将军的辅国公府。所以王府井名称的由来，是与历代权贵在此兴建众多王府密切相关的。

东交民巷史话

东交民巷，位于前门东大街北侧，这是一条小街道。明代时，东交民巷叫东江米巷，在天安门广场西侧与之相对称的则叫西江米巷。明清两朝的五府六部分设于天安门“T”广场千步廊外两侧的大片地区之中，兵部、工部、瀚林院、上林苑、太医院便设在东交民巷一带。

1900年八国联军入侵北京后，在东交民巷抢占地盘，设立使馆、兵营、警察署、银行、商务处等。列强们又在街巷的两端筑起铁门、炮楼，由外国军队把守，中国公民不得涉足，于是东交民巷之名由此而来。

1900年，英勇的义和团曾多次冲击东交民巷，将侵略军打得鬼哭狼嚎，伤亡惨重。1919年“五四”运动的学生游行队伍，突破外国哨卡，向侵略军的大使馆提交了抗议书。1925年的“五卅”运动和1935年的“一二·九”运动，为了中国的独立富强，革命先烈们在此付出了血的代价。

1949年新中国诞生后，东交民巷从此获得了新生，昔日的美国大使馆，已成了公安部和最高人民法院的所在地。昔日的日本使馆，已是北京市政府之地。过去的德国使馆和六国饭店，今改建为红都服装店和旅游饭店。

当代王府井——北京著名“金街”

王府井、前门与西单北大街，是北京驰名的三条传统商业街，而王府井最负盛誉。但历史久远，街道狭窄与店堂老化的王府井，已不能适应当今市场经济发展的需求。根据1983年经国务院批准的《北京城市建设总体规划》，政府与港商投下巨资，经过大规模、高标准地改造百货大楼，新建东安市场、工美大厦、好友世界及巨型的东方广场等，一条宏伟亮丽的现代化商业大街，已于建国50华诞之前竣工开街。

新改建的王府井800多米长的大街街面，全部用铮亮的花岗岩条石铺成，设有马路牙子。街头设有广场、绿地、花坛、喷泉、华灯、座椅及雕塑等。两侧商厦林立，鳞次栉比，华丽多姿。这是一条立体型、多功能、环境高雅的世界一流的现代化商业大街与步行街。已与法国巴黎的香舍丽榭结为姐妹街，成为可同东京银座、纽约曼哈顿相媲美的国际性商务中心之一。

巨大的东方广场已经开业，钻石宫殿、新华书店等生意红火。为了打开王府井大街的东出口，从东单北大街金鱼胡同东口，至雅宝路连接东二环的“金宝路”即将打通，路宽40米，全长1420米。这对畅通王府井与东单北大街及南小街的交通、繁荣经济是十分有利的。

（3）将文件保存为“LX2-22”。

【实训 28】 北京古今名胜综述

【实训要求】采用五笔字型输入法输入连续文章。

操作步骤

（1）打开 Windows 操作环境下的写字板。

（2）选择五笔字型输入方法完成下列文章的输入。

九十年代十大建筑

1. 中央广播电视塔馆 2. 亚运村与奥体中心 3. 新世界中心 4. 北京植物园展览温室 5. 首都图书馆新馆 6. 清华大学图书馆新馆 7. 外语教学与研究出版社办公楼 8. 恒基中心 9. 新东安市场 10. 国际金融大厦

八十年代十大建筑

1. 北京大观园

北京大观园位于北京市区西南宣武区南菜园街，是依据曹雪芹的古典文学名著《红楼梦》而建的古典文化园林，是拍摄电视剧《红楼梦》的主要实景场地。大观园始建于 1984 年，于 1985 年 7 月试行开放，边供《红楼梦》电视剧组拍戏，边继续建设。1986 年 10 月正式开放，以后边建设，边开放，边投资，边创收，于 1989 年全部建成。大观园占地面积 13 公顷，建筑面积万余平方米，各种景点 40 余处。其总体方案，均经红学、古建、园林、文博等各方专家群智而定，忠实《红楼梦》原著及时代风尚，园内亭台楼榭，游廊曲折，花木繁茂，碧波荡漾，更有鹿鸣鹤舞，孔雀开屏，水中鱼跃，鸭鹅高亢，尽显红楼意境。

2. 国家图书馆

3. 抗日战争纪念馆

4. 长城饭店

位于朝阳区亮马河畔，是我国第一座具有国际一流水平的五星级豪华大饭店。1984 年 6 月 20 日开业，中美合资企业。建筑和内部装修，均由美国贝克特公司设计承办。占地 1.5 万平方米，建筑面积 8.3 万平方米，共 24 层，拥有客房 1007 套，包括总统套房和贵宾套房。各种服务设施齐备，内设中西风味餐厅、咖啡厅、酒吧、健身房、游泳池、超级市场、商务中心、多功能厅及室外山水花园等。

5. 国际饭店

坐落于建国门内大街北侧，建于 1987 年，建筑面积 12.6 万平方米。主楼高 104.4 米，共 32 层，有客房 1098 间。该饭店是我国自行设计、建造与经营管理的。其造型新颖、中西合璧，既富民族特色，又具时代风采，蔚为秀丽壮观。

6. 地铁东四十条站

在二环东路，建于 1987 年，建筑面积 2.6 万平方米，是我国自行设计、施工的地铁建筑。其气势宏伟，线条明快，五彩缤纷的壁画，给来往旅客留下深刻印象，为地铁站建造与装修的范例之一。

7. 北京国际机场候机楼

建于 80 年代初，建筑面积 10 万平方米。由主楼和两个卫星楼组成，现代化设施齐备，是我国民用航空和国际航空的枢纽中心。

8. 中国国际展览中心

9. 中国剧院

在三环西路，建于1983年，是我国第一座现代化歌舞剧场。剧场舞台600平方米，分割成5块升降台，台前乐池也可升降，以利于延伸加大舞台。剧场音响采用优质立体声、电声系统，观众观看演出时，有身临其境的音响效果。舞台的升降、旋转、灯光、电声音响等，均采用电子计算机控制，设施先进，效果尤佳。

10. 中央电视台

1990年新建于军事博物馆西侧，由演播楼和制作楼两大部分组成。电视节目的制作和播出全部由电子计算机操作。

建在八一湖西侧的电视发射塔，高380米，是彩电中心的配套工程。中央和北京电视台的节目全部从这里发射。发射塔顶设有了望层及旋转餐厅，乘观光电梯上去，首都风光尽收眼底。中央电视台创建于1958年9月，为国家重要的新闻舆论工具和宣传机构。它的任务是发布新闻、传达政令、传播科学文化知识、丰富人民的文化娱乐生活。目前办有十几套节目，主要有综合新闻、神州风采、焦点访谈、工业、农业、经贸、科技、教育、卫生、交通、体育、娱乐、文艺专题等节目，内容丰富多彩，美不胜收。

北京新十六景

为提高新、老景点的知名度，以利于发展现代旅游业，1986年经北京市民公开投票评选的十六景是:

1. 天安门广场 2. 故宫 3. 北海 4. 天坛 5. 大观园 6. 卢沟桥 7. 周口店猿人遗址 8. 十渡 9. 颐和园 10. 大钟寺 11. 香山 12. 八达岭长城 13. 龙庆峡 14. 十三陵 15. 慕田峪长城 16. 白龙潭

北京十大名胜

各名胜景点，均在本书已作详细介绍，为便于游客了解，现仅集中简列名称如下:

1. 天安门 2. 故宫 3. 北海、中南海 4. 雍和宫、白云观 5. 天坛 6. 动物园 7. 颐和园 8. 香山 9. 八达岭长城 10. 明十三陵

（4）将文件保存为“LX2-23”。

【实训29】 京味民俗

【实训要求】采用五笔字型输入法输入连续文章。

操作步骤

（1）打开Windows操作环境下的写字板。

（2）选择五笔字型输入方法完成下列文章的输入。

京味民俗

“民俗”是指历代相沿积久而成的风尚、习俗。北京有着五十万年人类活动的历史，公元十世纪以来，更以辽、金、元、明、清五朝建都而闻名于世。历史上各民族在北京地区的相互渗透、交融，形成了独特的、闪烁着璀璨华光的风尚习俗。只有了解了北京的民俗，您才能算真正接近了北京——这座充满神奇色彩的东方古都。

要了解北京的民俗，最好去天桥瞅一眼。旧北京的天桥是小商贩和平民聚居之地，这

里有各种京味小吃，有文活、武活“八大怪”表演：拉洋片、说书、口技、硬气功……现在这些老北京的民俗生活都浓缩在新建的天桥乐茶园里了。茶园的节目是一台“民俗大串演”，其中最值得一看的是老天桥“八大怪”的表演，他们的表演分为文活、武活。文活有孙宝财、毕学祥表演的双簧，胡玉民、傅宝山合说的对口相声，田宝善等九人的吹奏鼓乐，张善曾的“白沙撒字”，罗浩然的拉洋片，潘长林的古典戏法，杨永祥的口技等；武活有周茂兴、李宝如等人的中幡、摔跤和硬气功等。最难得的是那种融洽热闹的气氛。二三好友围坐一席，嘴里有吃的，耳里有听的，眼里有看的，精彩之处和着众人齐声喊几句“好！好！”。

如果再有时间一定要去逛逛北京的庙会，那您就快成为一个地道的“老北京”了。庙会俗称庙市，既是一种集市形式，又往往结合佛、道宗教活动进行。北京的庙会相传起源于辽代（公元907~1125年），称为“上巳春游”。北京庙会大体可分为三类：一是每月定期轮流开放的庙会。这些庙会的后期逐渐演变成商业性、娱乐性的集市。如地坛、隆福寺、护国寺、白塔寺、土地庙、花市等。二是传统节年或结合佛、道两教祭祀活动按惯例开放的临时庙会。如：白云观、前门关地庙、五显财神庙、大钟寺、黄寺、黑寺、雍和宫、卧佛寺、龙潭等。这种庙会的特点是以宗教活动为主，兼有日用百货、儿童玩具出售、民间艺人到此演出。三是行业庙会，过去多行业都有祭祀祖师的定例，每年一次。一般都是结合本行业祖师诞辰日子举行“善会”。例如八月初一至初三日崇文门外花市都灶君庙（厨行）；五月初五安定门外极乐林（瓦木行）和三月二十九日丰台花神庙（花农），都有善会。

（3）将文件保存为“LX2-24”。

【实训30】 北京建设

【实训要求】采用五笔字型输入法输入连续文章。

操作步骤

（1）打开 Windows 操作环境下的写字板。

（2）选择五笔字型输入方法完成下列文章的输入。

（一）文化环境建设

文化是现代奥林匹克运动的重要组成部分，要充分展示我国五千年传统文化的优秀成果和北京的历史文化名城风貌，使东方神韵与现代奥运完美结合，为奥林匹克精神输入新的内涵。

举办一系列奥林匹克文化主题活动。精心设计和组织奥运会开幕式、闭幕式和奥林匹克火炬传递活动；创办“北京奥林匹克文化节”，通过丰富多彩的内容和形式，展示人们对奥林匹克的热爱；与奥运会结合起来，继续办好北京国际音乐节、新年音乐会等标志性文化活动。

为新闻媒体报道提供良好的条件。为国内外新闻媒体创造良好的工作环境，提供全面、及时的信息和一流的服务，以确保记者快速、高效、准确、成功地报道奥运会。

建设和改造一批现代化文化设施。建设国家大剧院、国家图书馆二期、中国美术馆二期、中国科技馆三期、首都博物馆、中央电视台新址、北京电视台新址等重点文化设施，充分展示我国文化中心的最新形象；将壁画、雕塑等艺术形式融入奥运场馆及相关设施建设，提高奥运场馆的文化品位，部分场馆赛后将作为文化活动场所；在奥林匹克公园建设市民广场及青少年活动场所，充实其文化功能。

保护和展示历史文化名城的风貌。全面实施《北京历史文化名城保护规划》，重点保护旧皇城、传统城市中轴线、25片历史文化保护区、重点文物保护单位、历史城市水系和古城基本格局，展现古都基本风貌；搞好中轴线、旧皇城、朝阜路、国子监街、什刹海地区的古建修缮，修复和建设好圆明园中富涵优秀传统文化观念的景园及明北京城墙遗迹等文物古迹；保护和利用好长城、故宫等著名的世界级人类文化遗产；在旧城改造拆迁中，对体现老北京特色的四合院进行有区别地审慎处理和保护，并把原有各种地名的历史、内涵、事件等采取原址保留、部分保留或以雕塑、石刻等手段记录下来。

创造良好的文化旅游环境。全面整合北京文化旅游资源，搞好旅游街区、旅游景点的整体规划，形成独具特色的文化旅游精品线路；设计和开发具有浓郁北京人文特色、体现奥运理念的旅游文化商品，扩大北京旅游品牌的影响力；加强特色商业街建设，为旅游者和运动员提供良好的购物场所和环境。

促进民族团结。全面贯彻党的民族政策、宗教政策和北京市的《少数民族权益保障条例》，增进全体市民的民族团结意识，调动各民族参与奥运会的积极性，使北京奥运会成为全国各民族的节日。在奥运会举办期间，要尊重各民族和各国运动员的宗教习俗，细致考虑宗教活动场所的分布和建设。

（二）安全卫生环境建设

全力完成各项安全保卫任务，以良好的社会秩序、可靠的交通和消防保障体系、安全的医疗卫生体系和严密细致的保障措施，确保奥运会的安全。

加强社会治安综合治理。继续实施“安全社区”建设和“科技创安”工程，加强基层治安防范组织，建立健全群防群治网络；加大对流动人口管理和服务；打击、防范和控制各种违法犯罪活动。

做好奥运会期间的各项安全保卫工作。建立奥运会安全保卫指挥系统，借鉴以往奥运会安保工作和我国在历次大型活动安全保卫工作中的经验，做好奥运会体育场馆、住地和相关场所的安全保卫。依法同步规划和建设各类安全保卫配套系统和设施，合理配置安保力量，预防各类重大刑事案件和治安事故发生；提高应对突发事件和防范恐怖活动的能力；依法建设并完善各类消防安全设施，合理设置消防力量，预防各类火灾事故发生；加强企业的安全生产教育，强化对生产经营单位的安全监督管理，杜绝发生重大生产安全事故；加强首都警务队伍的建设，树立中国警察的良好形象。

加强医疗条件建设。改善为奥运会服务的门诊、急诊和住院条件，适应残奥会的要求，按照无障碍设施标准改造和建设医疗建筑；加强医疗救援体系建设，健全急救网络；针对奥运会期间医疗卫生承担的任务，采取多种形式有计划地对医务人员进行培训。

强化公共卫生。强化对传染病的预防和控制，高度警惕其他国家和地区发生传染病的传入；健全疾病监测网络，深入做好预防工作；强化以食品卫生为主的公共卫生监督执法，保证食品、生活饮用水等与健康相关产品的安全卫生。

加强动物检疫工作。完善动物疾病监测、防治、检疫和监督体系，加强马匹检疫，保障动物产品、奥运会比赛动物不发生重大动物疫病和食用动物产品中毒事件。

加大反兴奋剂力度。完善兴奋剂检测手段，开发新技术，提高兴奋剂检测能力，满足奥运会对兴奋剂检测的需要；加强与国际奥委会医学委员会及世界反兴奋剂组织的紧密合作，具备一流的反兴奋剂技术、设施和人才。

（三）法治环境建设

遵守《奥林匹克宪章》和国际奥委会的有关规定，严格履行《主办城市合同》，加强法治建设，提高执法能力和水平，提高全体市民的法律意识，为奥运会提供一个良好的法治环境。

加强对奥林匹克标志的保护。认真贯彻国家《奥林匹克标志保护条例》，综合运用行政和司法手段，有效保护奥林匹克标志和相关权利人的合法权益；依法惩治各种侵权违法行为，净化市场环境，切实保护奥林匹克标志。

推进政府依法行政。在市政府职能部门，特别是执法部门中广泛开展法律学习活动，提高依法行政的自觉性和法律素质，增强行政执法能力和服务水平；在政府工作中，全面实行政务公开，定期向社会公布关于筹备奥运会的有关文件和重大建设项目；建立行政权利的制约机制和责任约束机制，加强权力监督，防止奥运腐败行为的发生。

深化法制教育。在“四五”普法规划的基础上，广泛开展法制宣传教育，特别要广泛宣传保护知识产权的重要性和必要性，使广大群众遵纪守法、依法维权的法律意识明显提高，为全面推进依法治市和承办奥运会提供良好的法制基础。

（四）市民素质建设

市民的思想道德素质、科学文化素质、法律素质和参与奥林匹克的程度，将直接关系到能否办成一届历史上最出色的奥运会。提高全体市民的综合素质，积极动员广大市民参与奥林匹克运动，是一项十分重要的工作。

为人民群众积极广泛参与奥运会创造良好条件。支持奥运、参与奥运，为办好奥运献计出力，是每一个中国人的心愿，鼓励和保护广大民众心系奥运的热情，在遵循国际奥委会《主办城市合同》的前提下，有计划、有组织地开展一系列以奥运为主题的活动，让人民群众有更多的参与机会。

广泛开展奥林匹克教育活动。编撰有关丛书，利用电视、报纸等媒体普及奥林匹克知识，传播奥林匹克精神；在中小学开展“奥运教育读本”活动，并把奥林匹克教育同学校运动会结合起来；充分发挥社区在奥运教育中的作用，把奥林匹克教育活动与全民健身运动结合起来，提高市民的奥运意识和参与奥林匹克运动的积极性。

加强文明城市、文明社区和文明市民的建设。广泛开展文明城市、文明社区、文明行业、文明市民等群众性精神文明创建活动，在全社会大力倡导“爱国守法、明礼诚信、团结友善、勤俭自强、敬业奉献”的基本道德规范，为举办奥运会创造一个良好的城市文明环境。提高市民的体育观赏水平和素质，在奥运会期间展示观众的良好精神风貌。

建设良好的语言环境。广泛开展“市民讲外语”活动，加强窗口行业，特别是涉外服务行业从业人员的外语培训；加大媒体外语普及力度，报刊、电台、电视台、网站要增设外语节目和栏目；设立符合国际标准的文字、图形导向标识。

组织奥运志愿者。制定和实施 2008 奥运会志愿者活动计划，鼓励广大青少年及海内外人士积极加入志愿者队伍，逐步建立和培训一支以大中学生为主体、社会各界参与、精通业务、熟悉外语、热情奉献的为数众多的志愿者队伍。从 2002 年起，逐步建立和完善北京志愿者信息服务系统。

（3）将文件保存为“LX2-25”。

项目拓展

【项目拓展1】 综合练习

【项目要求】采用五笔字型输入法，对单字、简码及词组的输入进行综合训练。

操作步骤

（1）打开 Windows 操作环境下的写字板。

（2）常用汉字标点符号的输入。

选择五笔字型输入法，利用键盘或软键盘输入以下符号：

、 。！ ？—— ……“ ” ￥ ； ， ： 《 》 [~] ／ ‘ ’。

（3）采用五笔字型输入法输入下列字与词或短文：

① 五于无末二夺大厅左本村枯士革式目日口田山禾明人金言水次之已子女又

② 时果虹呈叶车轩因困朵肝生行知条后竺等持拓打且找有肛骨久细纲

③ 计算 程序 技术 经济 汉字 南京 今天 教授

④ 计算机 操作员 根本上 工程师 天安门

⑤ 程序设计 知识分子 基本原则 五笔字型

⑥ 有志者事竟成 百闻不如一见 民主集中制

⑦ 中国古人曾说“知无涯，学无涯”，以往只能是一种理想，今天将变成现实。知识传授要靠教育。教育将无时间的限制，未来的教育将是终生教育；教育将无空间的限制，未来的教育将是全球化教育；教育将无对象的限制，学生可求有名的教师，老师可收任何学生。实现这个理想要靠信息高速公路。信息高速公路是令人向往的终生教育之路，令人憧憬的教育之路，令人神驰的素质教育之路。教育将无空间的限制，未来的教育将是全球教育。

将以上内容反复练习，应达到每分钟 120 字以上，错误率不超过 4%的标准。

（4）将文件保存为“LX2-26”。

【项目拓展2】 旅游交通

【项目要求】采用五笔字型输入法，对单字、简码及词组的输入进行综合训练。

操作步骤

（1）打开 Windows 操作环境下的写字板。

（2）采用五笔字型输入法输入下列文章。

旅游概况

北京具有丰富的旅游资源，对外开放的旅游景点达 200 多处，有世界上最大的皇宫紫禁城、祭天神庙天坛、皇家花园北海、皇家园林颐和园、八达岭、慕田峪、司马台长城以及世界上最大的四合院恭王府等名胜古迹。全市共有文物古迹 7309 项，其中国家文物单位 42 个，市级文物保护单位 222 个。北京现有旅游定点饭店 456 座，其中星级饭店 407 座，客房 8.4 万间，旅行社 456 家，有 21 个主要语种的导游人员 5000 多人，其业务遍及全球市场。2000

年接待海外游客 282.1 万人次，旅游创汇 27.7 亿美元。北京市被国家旅游局评为“中国优秀旅游城市”。

截至 1995 年 3 月，北京市已开放的森林公园和森林旅游区共 1 5 个，它们包括：西山、蟒山、上方山、鹫峰 4 个国家级森林公园，云蒙山、小龙门、森鑫 3 个市级森林公园，松山国家级自然保护区，百花山市级自然保护区和丫吉山旅游区、四座楼旅游区等一批国有林场。

交通状况

北京市汽车拥有量已逾千万量，交通拥堵严重，市政府为缓解交通压力于近日完成了二、三环快速路及其联络线改造工程、西直门、大北窑立交桥改造，新建了八达岭高速公路、京沈高速公路（北京段）、莲花池东路、四环路等一批高等级的道路工程；打通了平安里、菜市口两个堵头，完成了平安大街扩建和菜市口道路南延工程；展宽了阜外大街、朝内大街、崇文门外大街、北苑路、白颐路、丰北路以及香山地区道路等一批道路工程。广安大街、西外大街改扩建、德外大街、京开高速公路（北京段）、五环路、六环路等项工程陆续开工建设。实施了“北京市中心区交通改善实施方案”，改造了一大批重要路口、路段。依靠技术进步，建立了以交通组织指挥控制系统为龙头，交通综合信息管理系统为基础，交通警务管理系统为保障的科学交通管理体系、公安交通管理指挥中心、公共交通指挥调度系统，科学交通管理体系框架基本形成。加快了城市轨道交通建设，完成了地铁复八线工程，开工建设了北京城市快速轨道交通工程、地铁五号线、地铁八通线等工程。建成了西客站，建设了首都机场，使首都对外交通服务功能进一步完善。

到 2000 年，市区道路长度达到 3300 公里，新增城市道路长度 658.6 公里，比“八五”末期增长 24.9%；道路面积达到 3950 万平方米，新增 1081.3 万平方米，增长 37.7%。地铁运营线路达到 53.3 公里，新增 12.1 公里，增长 26.6%。地铁运营车辆达到 587 辆，新增 204 辆，增长 53.3%。公共电汽车运营线路达到 7984 公里，新增 3921 公里，增长 96.5%。公路总长度达到 13311 公里，新增 1500 公里，增长 12.7%。

（3）将文件保存为“LX2-27”。

【项目拓展 3】　北京民俗文化

【项目要求】采用五笔字型输入法，对单字、简码及词组的输入进行综合训练。

操作步骤

（1）打开 Windows 操作环境下的写字板。

（2）采用五笔字型输入法输入下列文章。

春节——中国民俗节庆之首“年”的文化内涵

中国“年”字出现于周朝，已有 3000 多年悠久历史。“年”具有三种文化含义：

1. 计时单位 365 天，春夏秋冬四季周而复始，称为一年，或曰一岁，即人长一岁，具有时空概念。

2. “年景”状况 一年四季中，春生夏长秋收冬藏，谷物收成的好坏，被视为衡量“年景”的尺度。

3. 节日名称 “百节年为首” 这是辞旧迎新最欢庆的日子——即春节，民间俗称为“过年”。

中国民间“过年”，是古代社会最古老、最隆重热烈的民俗节庆，是汉族和其他众多兄弟民族共同的盛大节日，可与西方国家的“圣诞节”相媲美。

各族人民的生活方式、风俗习惯虽有差异，但在这里经过千百年来的相互影响与演变同化，内容与形式丰富多彩。无论历朝历代中的皇室、贵胄与民间三个不同阶层的人士，在“过年”问题上都是要充分显示自己的“年文化”的。其中精华与糟粕并存，先进与落后同在、封建迷信与朴素唯物主义同时涌现。所以我们在参观游览及导游讲解中，需应用历史唯物论与辩证唯物论，对其弃粗取精，去伪存真，以弘扬中华民族优秀的传统民族文化与民俗文化。

节庆文化——著名传统节日

中国民间的传统节日，是中国各民族的民俗节庆之日。早在周代就已出现了以月亮绕地球运转周期为计量单位的历法，俗称阴历、农历或夏历。阴历每年又划为 24 个节气，为农事活动与社会生活创造了便利条件。以阴历为主的传统节日，是中国古老节庆文化习俗的重要组成部分。

元宵节——新年第一个月圆之夜

为中国主要的民俗节庆之一，时间在阴历正月 15 日。当天是明清两代皇帝前往天坛祈年殿，祈祀风调雨顺、五谷丰登的祭天大典之日。亲人们在一元复始的第一个月圆之夜共食元宵，共赏明月，享受亲情之乐。同时还可赴灯市上或厂甸等地，观赏美不胜收的花灯，彩灯等。正月 19~21 日为官府的“开印”日，各衙门开始上班办公，工商市场已正常营业，农村便进行繁忙的春耕活动。

年前准备

自明清以来从进入农历 12 月——“腊月”，就已迈入了“年关”。北京人从腊月 8 日——“腊八”至除夕，是做“过年”——春节准备最忙碌的日子。

农历 12 月 8 日为汉族的“腊八节”。其来源于古代“腊禽兽以岁暮祭祖先”的“腊日”。“腊八”是进入年关的信号，有“年禧”之称。是有钱有势人“讨债”，而穷人进行“躲债”的时期。

腊八节的主要食品为“腊八粥”，其风俗来源说法丰富：一说神农氏因发现了百谷，开创了农业生产与生活，人们故于腊日用多种谷物、果实熬粥进行祭祀。二说朱元璋在未登基之前曾当过乞丐，吃过用老鼠洞中的杂粮煮粥充饥。朱元璋当上明朝开国皇帝后，为不忘过去的苦难，便于腊日熬“腊八”杂粮粥赏赐百官，以激励艰苦奋斗的精神。三说释迦牟尼于腊月初八得道成佛，称为成道节。佛教徒熬粥奉佛，成为一大佛事。

据《燕京岁时记》载：人们熬制腊八粥十分讲究，多用黄米、白米、江米、小米、栗子、菱角米、红小丑、去皮小枣等和水煮熟，再加上杏仁、瓜子、花生、松子、葡萄、红白糖等配料，香浓四溢，十分清甜可口，所以直至现代北京人，仍乐意保留这一吃“腊八粥”的美食习俗呢!

中秋节——团圆节

我国主要节庆之一。时间为农历 8 月 15 日，因处秋季三个月之中而故名中秋。尤其中秋之夜皓月当空、银光万道，是合家团聚赏月与品尝月饼的好时节，故有“团圆节”之称。

北京胡同文化和四合院

大栅栏步行街 古老的北京城主要由两大部分组成：一为皇家建筑群，如皇宫、官府、园林及有关寺庙等；二为大片大片的民居四合院及纵横交错的胡同。古今胡同知多少？

随着旧城改造步伐的加快，一些破旧的胡同四合院已被拆除。为了有效保护古都城的传统风貌，北京市政府已在东城、西城、崇文、宣武等区中，共计划定了25片胡同文化保护区，决心将一批典型的胡同与古典的四合院重点保护起来。

北京胡同起源于13世纪的元大都。据史料记载：明末有胡同600多条，清时有978条，到20世纪中叶，北京城区叫“胡同”的小巷有1330条。老北京流行一句话：有名胡同3600，无名胡同赛牛毛。为了解胡同数量，2001年1月，北京日报记者找到地图出版社和地名办公室，但均无权威性答案。最后从负责全市公用电话、管理部门所注册的公用电话地址中筛选，才知现存有名称的胡同共计459条。

中秋月饼来历趣闻

有三种充满民俗韵味的传说：一说嫦娥奔月后托梦丈夫后羿，要求他于8月15日夜用米粉作丸，圆似月亮，并焚香求告，以望夫妻能得到团圆。

二说宋代有一小甜饼，苏东坡吃后写诗赞道：“小饼如嚼月，中有酥和甜”，人们便将小饼叫做月饼。

三说元代末年政治腐败，贪官横行，民不聊生。当时朱元璋、刘伯温组织农民起义，将起义时间写在小纸条上并夹于小饼之中。到了中秋之夜家家吃小饼时见到字条，便纷纷举行起义，为纪念这一行动而将小甜饼称为月饼的。

“倒”贴“福”字趣谈

中国民间节庆之时爱贴福字由来已久，但传说不一：据神话故事，有一年姜子牙于春节前封神时，姜的妻子说：“你给他人封神了，为什么不给我也封封？”姜太公答：“你是八败命，就封你作穷吧!”姜妻生气道：“封我穷神，叫我能蹲什么地方?!”姜说：“凡是有福的地方，你都不能去，只能呆在家里。”老百姓闻此，便纷纷将“福”字倒贴大门上，以防“穷神”登门，含喜迎“福”到来之意。

此外，据说倒贴“福”字源自清代的北京恭王府。有一年除夕，大管家叫手下一个文盲差役将福字贴到各门上去，而他却将福字倒贴了，为此恭亲王一见十分生气，要严惩管家。管家灵机一动忙陪笑脸辩道：“奴才常听人说恭亲王寿高福大，今天真的“福”到（倒）了，此乃吉庆之兆啊!!”恭亲王听此言之有理，怒气全消，反而奖赏了管家。此后倒贴“福”字的习俗，便从达官贵府传向了平民百姓之家。

除夕之夜吃团年（圆）饭，共享天伦之乐

除夕，即大年三十，是一年中最后的一天，有“辞旧迎新”之说。为了除夕家宴，各家都做好各种食品充分准备。家庭中如有外出工作、打工、经商或上学等成员，一般均需设法赶回家里，以便全家团聚共迎新春，共享天伦之乐。

元旦拜年，恭贺新禧

元旦，即阴历正月初一春节，为新年伊始。人们早上起来的第一件事就是为长辈拜年，并互相祝贺新春。旧时，年初一男子可外出拜年，但各家妇女只得到“破五”（年初五）以后，才可出门道贺，存在严重的“男尊女卑”不合理的封建等级制度。元旦日所吃食物均为除夕前准备的，并有年糕、汤圆等，含“年年有余”与“美好圆满”之意。

春节期间是中国绝大地方的农闲之时，人们利用这一假期可较好进行一番歇息，并可走亲访友与逛庙会等。

（3）将文件保存为“LX2-28”。

一、选择题

1．下面不属于左右型结构的汉字是____。

（A）桂　（B）结　（C）陶　（D）习

2．下面不属于键名的是_____。

（A）金　（B）言　（C）经　（D）子

3．下面不属于成字字根的是______。

（A）石　（B）日　（C）巴　（D）尸

4．汉字“藏”正确的五笔编码是________。

（A）ADNT　（B）ADNN　（C）ADNY　（D）ADNG

5．汉字“商”属于_____简码汉字。

（A）一级　（B）二级　（C）三级　（D）键名字

6．下面不属于上下型结构的汉字是____。

（A）思　（B）想　（C）病　（D）型

7．汉字“型”正确的五笔编码是____。

（A）FJJF　（B）GAJF　（C）GGJF　（D）GHJF

8．二级简码汉字“率”正确的编码是____。

（A）YU　（B）YI　（C）YX　（D）YO

二、填空题

1．五笔字型输入方法的特点是____________________________。

2．在五笔字型中将笔画分为：________、________、________、________、________5 种。

3．汉字的字型分为__________、__________、__________3 种。

4．字根与字根间的位置关系有__________、__________、__________、__________4 种。

5．键面字分为_________、_________两种。

6．五笔字型将键盘的 25 个字母键按照汉字的笔画类型分成了__________区，每个区包括______个键。

7．末笔识别码是由__________和__________组成的。

8．一级简码汉字的输入规则是__________________________。

9．双字词组的输入规则是__________________________。

10．词组“绝对值”正确的五笔编码是________________________。

三、简答题

1．什么是键名字？

2．字根在键盘上的分布规律有哪些？

3．字根的输入规则是什么？

4．什么是成字字根？成字字根的拆分规则和编码规则是什么？

5．合体字的拆分规则有哪些？

6．末笔识别码的编码规则是什么？

7．什么是一级简码？一级简码汉字都有哪些？

8．多字词组的编码规则是什么？

9．以下汉字属于哪种字型？

一　大　汉　湘　指　草　花　目　具　有　要　边　回　区　名　入　国　民　树　森　爱　成　梢　渐　街　器　美　黄　乘　凶　意　杂。

10．以下汉字组成中，字根与字根间的结构属于哪种类型？

义　行　自　生　国　边　果　里　表　且　上　目　入　非　百　老　才　张　学　以　乾　进　九　刃　玉　申　汉　只　训。

项目三　写　字　板

写字板是“附件”中的一个实用程序，用于创建、编辑、格式化和浏览文档。其功能比记事本强大，文档长度可超过 64KB。支持对象链接与嵌入技术，可插入图片、声音、视频剪辑等多媒体资料。但功能不如 Word 完善。

学习目标

- 掌握启动与退出写字板，认识写字板窗口
- 熟练掌握写字板中的文件操作
- 学会写字板中的文本编辑操作

知识解析

1. 启动与退出写字板

（1）启动写字板

选择菜单中“开始”→“程序”→“附件”→“写字板”命令，打开“写字板”窗口，系统将自动建立一个名为“文档”的空白写字板文件，如图 3-1 所示。

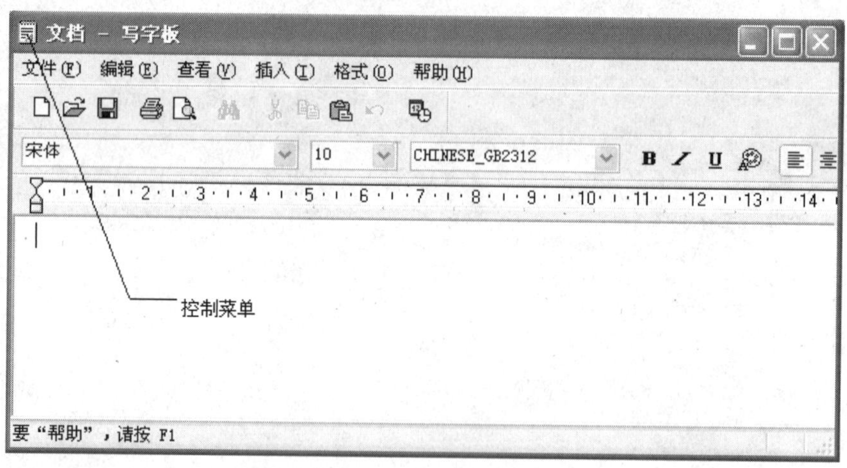

图 3-1　写字板窗口

（2）退出写字板

退出“写字板”就是关闭“写字板”窗口。

关闭“写字板”窗口的方法有以下几种

- 单击窗口右上角的 按钮。
- 选择菜单中“文件”→“退出”命令。
- 按<Alt>+<F4>组合键。
- 双击窗口左上角控制菜单按钮。

- 选择窗口左上角控制菜单按钮 中的“关闭”命令。

2. 认识写字板窗口

“写字板”窗口结构很简单，窗口左上角显示一个“文档——写字板”标识当前工作窗口，单击“写字板”窗口右上角的最大化按钮，可实现“写字板”窗口充满整屏。

“写字板”窗口由标题栏、菜单栏、工具栏、格式栏、标尺、文本区、滚动条、状态栏组成。

（1）标题栏

标题栏位于“写字板”窗口的顶端，包括控制菜单按钮 、文档名称（文档）、程序名称（写字板）、窗口控制按钮 。

（2）菜单栏

菜单栏位于标题栏的下面，包括“文件”、“编辑”、“查看”、“插入”、“格式”及“帮助”6个菜单。用户几乎所有的操作命令都可以从菜单中选择。

（3）工具栏

工具栏位于菜单栏的下面，可通过选择菜单中的“查看”→“工具栏”命令，显示或隐藏工具栏。“写字板”工具栏按钮如图3-2所示。通过工具栏中的工具按钮，用户可完成大多数的常用操作。对于工具按钮不能完成的操作，用户可以从菜单中选择相应的命令。

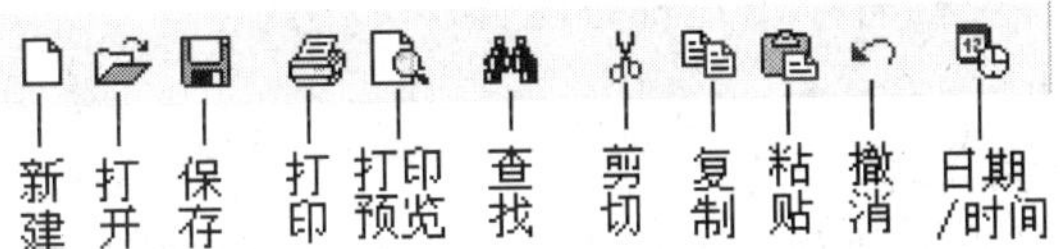

图3-2　写字板工具栏

（4）格式栏

格式栏位于工具栏的下面，可通过选择菜单中的“查看”→“格式栏”命令，显示或隐藏格式栏。“写字板”格式栏按钮如图3-3所示。

图3-3　写字板格式栏

（5）标尺

标尺位于格式栏的下面，可通过选择菜单中的“查看”→“标尺”命令，显示或隐藏标尺。设置标尺有两个作用，一是查看正文的宽度，二是设定左右界限、首行缩进位置以及制表符的位置。

（6）文本区

文本区位于“写字板”窗口的中央，占据窗口的大部分区域，文本编辑工作就在这个区域中进行。

（7）滚动条

滚动条位于文档窗口的右边或下边，分别称为“垂直滚动条”和“水平滚动条”。使用滚动条可以滚动文档窗口中的内容，以显示窗口以外的部分。

（8）状态栏

状态栏位于“写字板”窗口的最下面，显示当前操作所处的状态。

3. 文件操作

“写字板”的文件操作包括：新建文档、保存文档、打开文档等。

（1）新建文档

启动“写字板”时，系统会自动建立一个空白文档，默认的文件名是“文档”。

在“写字板”中，新建文档有以下几种方法。

- 单击新建🗋按钮。
- 单击<Ctrl>+<N>组合键。
- 选择菜单中“文件”→“新建”命令。

系统均会弹出“新建”对话框，选择新建文档类型，默认的为“RTF 文档”格式，然后单击“确定”按钮，打开“写字板”窗口。

（2）保存文档

文档的内容驻留在计算机内存和磁盘的临时文件中，不保存文档就退出系统，文档的最新修改就会丢失。

在“写字板”中保存文档有以下几种方法。

- 单击保存🖫按钮。
- 单击<Ctrl>+<S>组合键。
- 选择菜单中“文件”→“保存”命令。如果文档已被保存过，系统自动将文档最新内容保存起来，若文档从未保存过，系统需要用户指定文件名，相当于执行“另存为”操作。

（3）另存为文档

把当前编辑的文档以新文件名保存起来，可选择菜单中“文件”→“另存为”命令，选择后系统弹出“保存为”对话框，如图 3-4 所示。

图 3-4 “保存为”对话框

在“保存在”下拉列表框中，选择要保存到的文件夹，在“文件名”下拉列表框中，输入或选择另存为的文件名，在“保存类型”下拉列表框中，选择要保存的文件类型，单击“保存”按钮。

（4）打开文档

在“写字板”中打开文档有以下几种方法。

- 单击打开按钮。
- 按<Ctrl>+<O>组合键。
- 选择菜单中“文件”→“打开”命令。
- 在打开的“打开”菜单底部选择先前打开的文档名。

采用最后一种方法时，系统直接打开指定的文档。用前 3 种方法，系统会弹出“打开”对话框。此对话框界面与“保存为”对话框类似，操作方法相同。

4. 文档编辑

使用“写字板”时，大量的工作是文档编辑。文档编辑的常用操作包括移动光标、选定文本、插入与改写、移动与复制、删除文本、查找与替换等操作。

（1）移动光标

在“写字板”的文档编辑区内有一个闪动的细竖条，称为光标，光标指示当前进行操作的位置。在文本中单击鼠标，光标移动到目标位置。用编辑键盘上的按键也可移动光标，见表 3-1。

表 3-1　　常用移动光标按键

按　键	移动到	按　键	移动到	按　键	移动到
<←>	左侧一个字符	<Home>	行首	<Ctrl>+<←>	左侧一个词
<→>	右侧一个字符	<End>	行尾	<Ctrl>+<→>	右侧一个词
<↑>	上一行	<Page UP>	上一屏	<Ctrl>+<Home>	文件开始
<↓>	下一行	<Page Down>	下一屏	<Ctrl>+<End>	文件末尾

（2）选定文本

“写字板”中的许多操作都需要先选定文本。

在文本编辑区内，鼠标指针变为“I”状，选定文本的方法有以下几种。

- 拖动鼠标，选定从开始字符到结束字符。
- 双击鼠标，选定所有的单词。
- 快速单击鼠标 3 次，选定所在的段落。

在文本选择区中鼠标指针变为 状，选定文本的方法有以下几种。

- 单击鼠标，选定所在的行。
- 双击鼠标，选定所在的段落。
- 拖动鼠标，选定从开始行到结束行。
- 快速单击鼠标 3 次，选定整个文档。
- 按住<Ctrl>键单击鼠标，选定整个文档。

使用键盘选定文本的方法有以下几种。

- 按住<Shift>键移动光标，从光标起初位置到最后位置间的文本被选定。

- 按<Ctrl>+<A>组合键，选定整个文档。

（3）插入与改写

在文档输入过程中，如果有漏掉的内容，则需要插入；如果有多输入的内容，则需要删除；如果有错误的内容，则需要更改。

在文本编辑中，单击键盘上的<Insert>键，可切换插入/改写状态。在插入状态输入的内容自动插入到光标处。在改写状态下输入内容，会覆盖掉光标处原有的内容。

（4）移动与复制

在文档输入过程中，如果要输入的内容在前面已经出现，无需每次都重复输入，只要将它复制到相应位置即可；如果输入的内容位置不对，也无需删除后再重新输入，只要把它移动到相应位置即可。

移动文本前，首先选定要移动的文本，方法有以下两种。

- 移动鼠标到选定的文本上，当鼠标形状变为 时，拖动鼠标到指定的目标位置松开。
- 先将选定的文本剪切到剪贴板上，再将光标移动到目标位置，然后把剪贴板上的文本粘贴到光标处。

复制文本前，首先选定要复制的文本，方法有以下两种。

- 移动鼠标到选定的文本上，当鼠标形状变为 时，拖动鼠标到指定的目标位置松开。
- 先将选定的文本复制到剪贴板上，再将光标移动到目标位置，然后把剪贴板上的文本粘贴到光标处。

（5）删除文本

删除文本的方法有以下几种。

- 按<Backspace>键删除光标左面的一个汉字或字符。
- 按<Delete>键删除光标右面的一个汉字或字符。
- 按<Ctrl>+<Backspace>组合键删除光标左面的一个词。
- 按<Ctrl>+<Delete>组合键删除光标右面的一个词。
- 如果选定了文本，按<Backspace>键或<Delete>键，删除选定的文本。
- 如果选定了文本，把选定的文本剪切到剪贴板，删除选定的文本。

（6）查找与替换

在文档编辑过程中，经常要在文档中查找某些内容，有时需要对某一内容进行统一替换。对于较长的文档，如果手工逐字逐句查找或替换，不仅费时费力，而且可能会有遗漏。利用“写字板”提供的查找与替换功能，可方便地完成这些工作。

查找可按<Ctrl>+<F>组合键或选择菜单中“编辑”→“查找”命令，弹出“查找”对话框，如图 3-5 所示。

图 3-5 “查找”对话框

在“查找内容”文本框中，输入要查找的文本。勾选“全字匹配”复选框，主要针对英文的查找，单击选择后，只有找到完整的单词后，才会出现提示，而其缩写则查找不到。勾选“区分大小写”复选框，单击选择后，在查找的过程中，会严格地区分大小写。这两个复选框一般都默认为不选择，需要时可选择其复选框。单击“查找下一个”按钮，系统从光标处开始查找，查找到的内容被选定，可多次单击该按钮，进行多处查找。

替换可按<Ctrl>+<H>组合键或选择菜单中“编辑”→“替换”命令，弹出“替换”对话框，如图 3-6 所示。

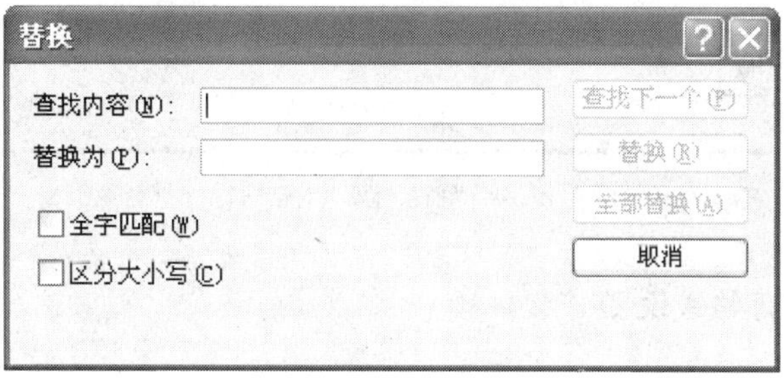

图 3-6 “替换”对话框

在“查找内容”文本框中，输入被替换的文本。在“替换为”文本框中，输入替换后的文本。单击“替换”按钮，替换查找到的内容。单击“全部替换”按钮，替换全部查找到的内容，并在替换完后弹出一个对话框，提示已完成搜索文档。单击“查找下一个”按钮，系统从光标处开始查找，查找到的内容被选定。单击“取消”按钮，结束替换操作，关闭对话框。

5. 插入菜单

在“写字板”中可以插入日期和时间。方法是先选择将要插入的位置，然后选择菜单中“插入”→“日期和时间”命令，弹出“日期和时间”对话框，如图 3-7 所示。在“可用格式”列表框中提供了多种日期和时间格式，可任意选择。

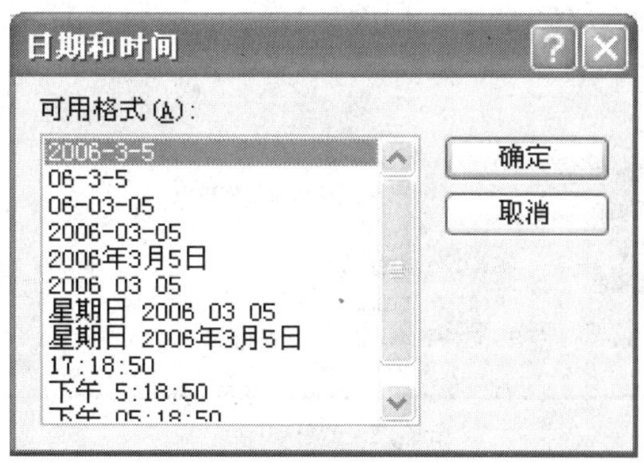

图 3-7 “日期和时间”对话框

在“写字板”中可以插入 Word 文档、公式、Photoshop 图像、Excel 图表、Flash 影片，音频、视频等多种对象。方法是先选择要插入的位置，然后选择菜单中“插入”→“对象”命令，弹出“插入对象”对话框，如图 3-8 所示。在“对象类型”列表框中选择要插入的对象，然后单击“确定”按钮，即可将该对象插入到光标处。

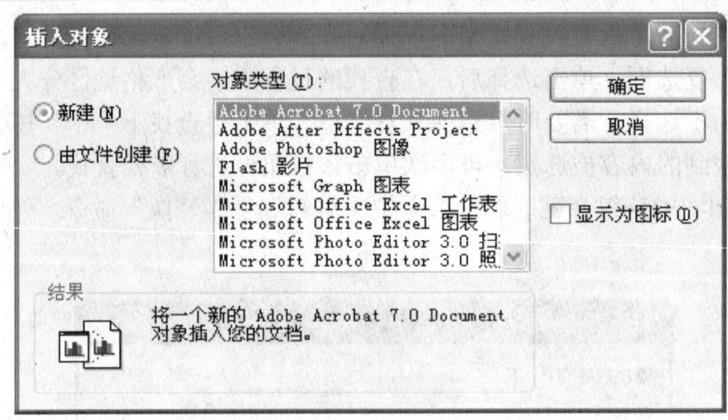

图 3-8 “插入对象”对话框

6. 字符格式与段落格式设置

（1）字符格式

在“写字板”中可以进行字体、字形、字号和颜色的设置，具体方法有以下两种。

- 单击“格式”工具栏 宋体 下拉列表框中的 按钮，打开“字体”下拉列表框，列出供选择的字体，从中可选择要设置的字体。单击“格式”工具栏 10 下拉列表框中的 按钮，打开“字号”下拉列表框，可从中选择一种要设置的字号，字号用阿拉伯数字标识，字号越大，字体就越大，而用汉语标识的，字号越大，字体反而越小。单击“格式”工具栏 **B** *I* U 按钮，可以进行粗体、斜体、下划线、颜色的设置。
- 选择菜单中“格式”→“字体”命令，弹出“字体”对话框，如图 3-9 所示。

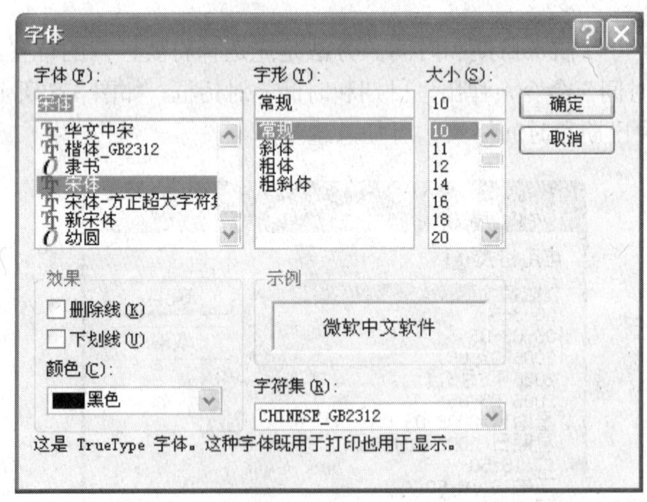

图 3-9 “字体”对话框

在“字体”的列表框中有多种中英文字体可供选择，默认为“宋体”。在“字形”种类中可以选择常规、斜体、粗体、粗斜体 4 种类型。在“大小”列表框中可选择或直接输入字号的大小。

在“效果”中可以添加删除线、下划线。在“颜色”下拉列表框中可选择需要的字体颜色。“示例”中显示了当前字体的状态。设置完成后，单击“确定”按钮，返回编辑窗口。

（2）段落格式

段落格式主要包括缩进和对齐方式。在设置段落格式时，如果选定段落，那么设置对选定的段落生效，否则仅对光标所在的段落生效。

段落设置可选择“格式”菜单中的“段落”命令，弹出“段落”对话框，如图 3-10 所示。

缩进是指正文与页边距之间保持的距离，可以分为 3 种。

- 左缩进：指输入的文本段落的左侧边缘离左页边距的距离。
- 右缩进：指输入的文本段落的右侧边缘离右页边距的距离。
- 首行缩进：指输入的文本段落的第一行左侧边缘离左缩进的距离。

在“段落”对话框中输入所需要的数值，单位为“cm”。单击“确定”按钮，文档中的段落设置会发生相应的改变。调整缩进时，也可通过调节水平标尺上的小滑块的位置来改变缩进量，如图 3-11 所示。

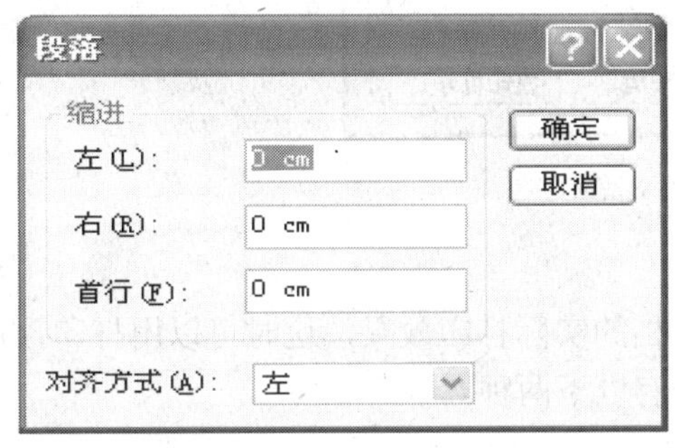

图 3-10　“段落”对话框

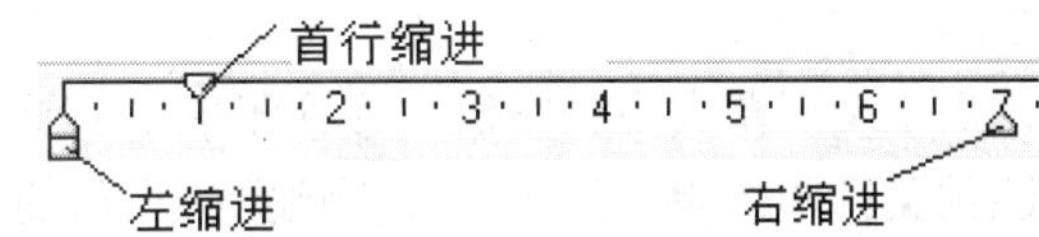

图 3-11　水平标尺

对齐方式有“左对齐”、“右对齐”、“居中对齐”。

设置对齐方式的方法有以下两种。

- 直接单击“格式”工具栏上的按钮。
- 在“段落”对话框中的“对齐方式”下拉列表框中选择一种对齐方式，当前段落或选定的各段设置成所选择的对齐方式。

在编写具有并列关系的内容时，为了使全文简洁、富有条理，可以加上项目符号，其具体操作方法有以下两种。

- 先选中所要操作的对象，然后选择菜单中“格式”→“项目符号样式”命令。
- 单击“格式”工具栏上按钮，可直接对所选对象添加项目符号。

7. 页面设置与打印

文档编辑排版完后，通常要打印输出，在打印前应当对页面进行设置，以使文档的版面更具特色。

（1）页面设置

选择菜单中“文件”→“页面设置”命令，弹出“页面设置”对话框，如图 3-12 所示。

在“纸张”下拉列表框中选择所需要的标准纸张类型。在“方向”选项中，选择“纵向”或“横向”单选按钮，可改变纸张的打印方向。在“页边距”选项的“左”、“右”、“上”、“下”数值框中输入数值，来改变页边距。单击“确定”按钮，完成页面设置。

图 3-12 “页面设置”对话框

（2）打印

由于受屏幕大小的限制，往往不能看到这个文档的实际打印效果，这时可以用打印预览功能预览打印效果。打开“打印预览”窗口的方法有以下两种。

- 单击 打印预览按钮。
- 选择“文件”菜单中的“打印预览”命令，弹出如图 3-13 所示的“打印预览”窗口。

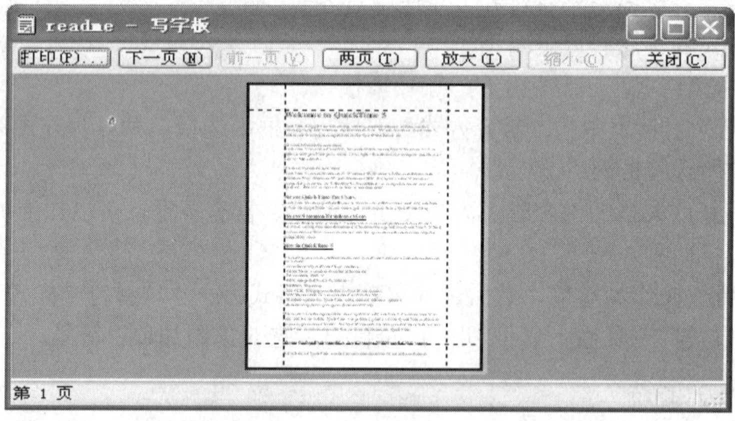

图 3-13 “打印预览”窗口

在“打印预览”窗口中，单击“打印”按钮，开始打印文档。

单击“下一页”按钮，可浏览下一页文档。单击“两页”按钮，可同时显示两页文档。

单击“放大”按钮，可放大显示该页文档。单击“关闭”按钮，关闭预览窗口，返回文档窗口。

在“写字板”中，打印文档有以下 3 种方法。

- 单击打印 按钮。
- 按<Ctrl>+<P>组合键。

- 选择菜单中“文件”→“打印”命令。

最后一种方法按默认方式打印全部文档一份，用前两种方法则弹出如图 3-14 所示的“打印”对话框。

图 3-14 “打印”对话框

在“打印”对话框中，可选择所用的打印机类型。

在“页面范围”选项中，选择“全部”单选项，打印整个文档。如果事先选定打印内容，则“选定范围”被激活，否则该项未被激活，不能使用。

选择“页码”单选项，可以在其右侧的文本框中输入打印的页码。

在“份数”数值框中，可输入或调整要打印的份数。单击“打印”按钮，即可按设置打印文档。

项目实训

【实训 1】 文字录入并编辑修改

【实训要求】在写字板中选择一种汉字输入方法，首先输入“Windows98 学习”，再通过编辑修改为“Windows98 快速入门”，最终效果如图 3-15 所示。

图 3-15 LX3-1 效果图

操作步骤

（1）在桌面上单击“开始”→“程序” →“附件”→“写字板”命令，启动写字板。

（2）选择菜单中“格式”→“字体”命令，弹出“字体”对话框，选择字体为“黑体”，字体大小为“20”，单击“确定”按钮。

（3）按下<Ctrl>+<Shift>组合键，切换到任意一种中文输入法状态，输入“Windows98 学习”。

（4）将鼠标指针置于“学”字前，此时鼠标指针变成“I”形。单击此处，然后输入“快速”，将其插入到光标处。

（5）将鼠标指针置于“学”字前，然后拖动鼠标选中“学习”两字，按<Delete>键，选中的文字将被删除掉。

（6）然后再直接输入“入门”即可。

（7）将鼠标指针置于句首边界处，然后双击鼠标使整行选定，单击常用工具栏中的“居中”按钮，文本将居中显示。

（8）当该文本在选中状态下，在常用工具栏中选择下拉菜单“字体”→“斜体”命令，字体大小选择“28”。

（9）取消选择后，再选择菜单中“文件”→“保存”命令，弹出“另存为”对话框，输入文件名“LX3-1”，并选择一个文件夹的位置，单击“保存”按钮。

【实训 2】 使用菜单中“格式”→“字体”命令进行字符格式的设置

【实训要求】在写字板中选择一种汉字输入方法，输入文字内容。按照图 3-16 所示效果进行字符格式的设置，包括字体、字号、字形和颜色的设置。

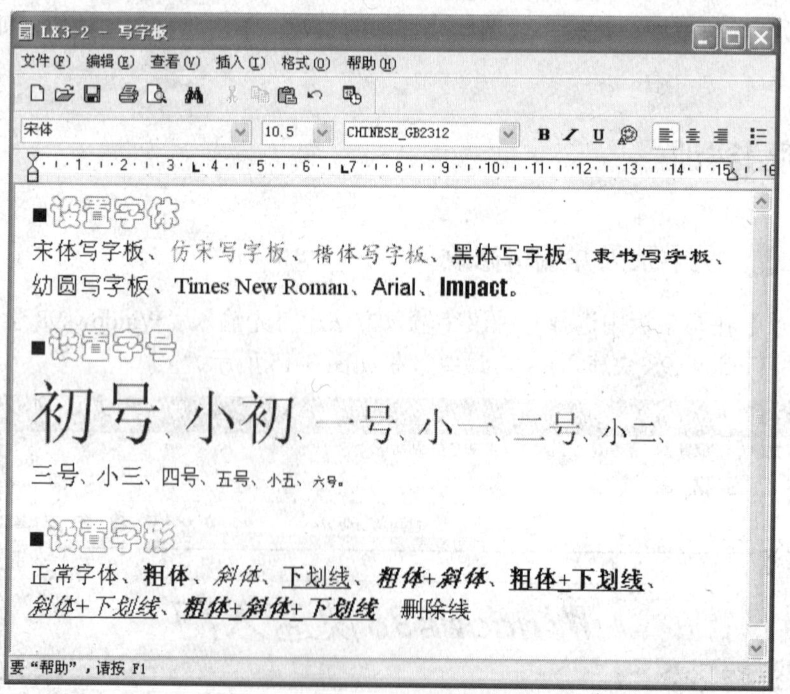

图 3-16 LX3-2 效果图

操作步骤

（1）在桌面上单击“开始”→“程序”→“附件”→“写字板”命令，启动写字板。

（2）按下<Ctrl>+<Shift>组合键，切换到任意一种中文输入法状态。

（3）在“写字板”文本区输入以下内容。■设置字体：宋体写字板、仿宋写字板、楷体写字板、黑体写字板、隶书写字板、幼圆写字板、Times New Roman 写字板、Arial 写字板、Impact 写字板。■设置字号：初号、小初、一号、小一、二号、小二、三号、小三、四号、五号、小五、六号。■设置字形：正常字体、粗体、斜体、下划线、粗体+斜体、粗体+下划线、斜体+下划线、粗体+斜体+下划线、删除线。

（4）在软键盘按钮处单击鼠标右键，选择“特殊符号”命令，输入“■”符号。再单击软键盘按钮，取消软键盘。

（5）用鼠标拖曳选中“设置字体”4 个字，选择菜单中的“格式”→“字体”命令，分别将其字体设置为“华文彩云”，字形设置为“常规”，字号设置为“四号”，颜色设置为“红色”。采用同样方法，分别将“设置字号”、“设置字形”文字设置为如图 3-16 所示效果。

（6）在设置字体中，按照文字所示要求进行字体设置。比如：“隶书写字板”，就是将其文字的字体设置为“隶书”。

（7）在设置字号中，按照文字所示要求进行字号设置。比如：“二号”，就是将其文字的字号设置为“二号”字。

（8）在设置字形中，按照文字所示要求进行字形设置。比如：“粗体”，就是将其文字的字形设置为“粗体”。

（9）选择菜单中“文件”→“保存”命令，将其保存为“LX3-2”文件。

【实训 3】　利用“格式栏”进行字符格式的设置

【实训要求】在写字板中选择一种汉字输入方法，输入所需内容，并能够按照图 3-17 所示效果进行字符格式设置。

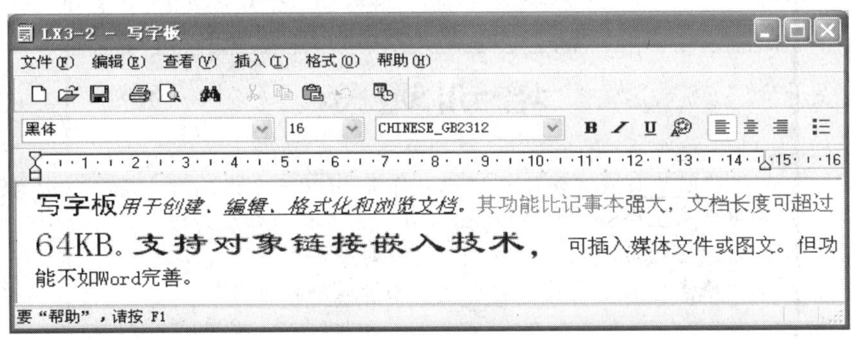

图 3-17　LX3-3 效果图

操作步骤

（1）在桌面上单击“开始”→“程序”→“附件”→“写字板”命令，启动写字板。

（2）按下<Ctrl>+<Shift>组合键，切换到任意一种中文输入法状态，输入“写字板用于创建、编辑、格式化和浏览文档。其功能比记事本强大，文档长度可超过 64KB。支持对象链接嵌入技术，可插入媒体文件或图文。但功能不如 Word 完善。”。

（3）将鼠标指针置于句首边界处，双击鼠标选中全部文字，单击格式栏的“字体”下拉菜单，选择“宋体”，字体大小选择“12”。

（4）用鼠标指针拖曳选中“写字板”文字，单击格式栏的“字体”下拉菜单，选择“黑体”，字体大小选择“16”。

（5）用鼠标指针拖曳选中“用于创建、编辑、格式化和浏览文档”文字，单击格式栏的“斜体”按钮。

（6）用鼠标指针拖曳选择“编辑、格式化和浏览文档”文字，单击格式栏的“下划线”按钮。

（7）用鼠标指针拖曳选择“其功能比记事本”文字，单击格式栏的“颜色”按钮，选择“红色”。

（8）用鼠标指针拖曳选中“强大，文档长度可超过”文字，单击“颜色”按钮，选择“蓝色”。

（9）用鼠标指针拖曳选中“64KB”文字，单击格式栏的“字体”下拉菜单，选择“隶书”，字体大小选择“22”。

（10）用鼠标指针拖曳选中“支持对象链接嵌入技术，”文字，单击格式栏的“字体”下拉菜单，选择“隶书”，字体大小选择“20”。

（11）选择菜单中“文件”→“保存”命令，将其保存为“LX3-3”文件。

【实训 4】 段落格式的设置

【实训要求】选择一种汉字输入方法，输入“培训通知”等相关内容，按照图 3-18 所示效果进行段落格式的设置，包括：左对齐、居中、右对齐和首行缩进的设置。

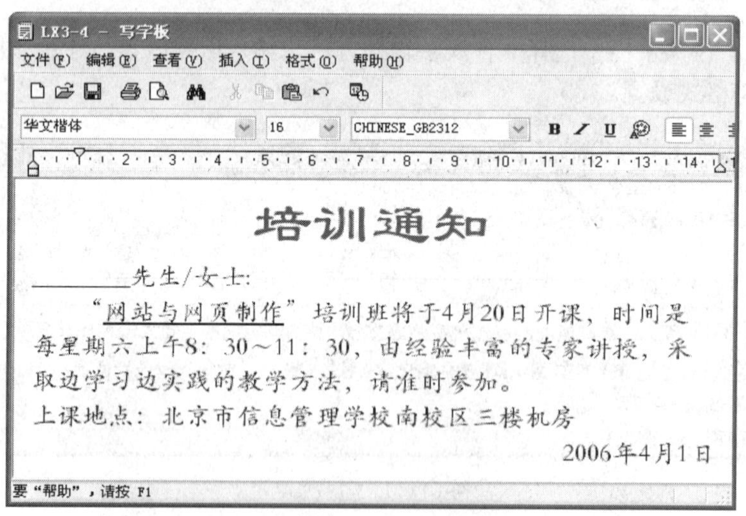

图 3-18 LX3-4 效果图

操作步骤

（1）在桌面上单击“开始”→“程序”→“附件”→“写字板”命令，启动写字板。

（2）按下<Ctrl>+<Shift>组合键，切换到任意一种中文输入法状态。

（3）在“写字板”文本区输入以下内容。

培训通知

________先生/女士:

“网站与网页制作”培训班将于4月20日开课，时间是每星期六上午8：30~11：30，由经验丰富的专家讲授，采取边学习边实践的教学方法，请准时参加。

上课地点：北京市信息管理学校南校区三楼机房

2006年4月1日

（4）在文本选择区中鼠标指针变为 状，快速单击鼠标3次，选中整个文档，单击格式栏的“字体”下拉菜单，选择“华文楷体”，字体大小选择“16”，并设置成“左对齐”方式。

（5）选中“培训通知”标题，单击格式栏的“字体”下拉菜单，选择“隶书”，字体大小选择“36”，颜色设置为“紫色”，再单击“居中”按钮，将标题居中显示。

（6）用鼠标拖曳选中“网站与网页制作”文字，单击“下划线”按钮，进行下划线设置。

（7）按<Ctrl>+<End>组合键，快速到文本末，按<Enter>键换行。

（8）选择菜单中“插入”→“日期/时间”命令，选择日期格式为“2006年4月1日”。

（9）选中所输入的日期，单击“右对齐”按钮，使文字右对齐。

（10）选择菜单中“文件”→“保存”命令，将其保存为“LX3-4”文件。

项目拓展

【项目拓展1】 “职业教育”宣传栏的制作

【项目要求】在写字板中，制作“职业教育”宣传栏，要求图文并茂，效果如图3-19所示。

1x3-5 - 写字板

文件(F) 编辑(E) 查看(V) 插入(I) 格式(O) 帮助(H)

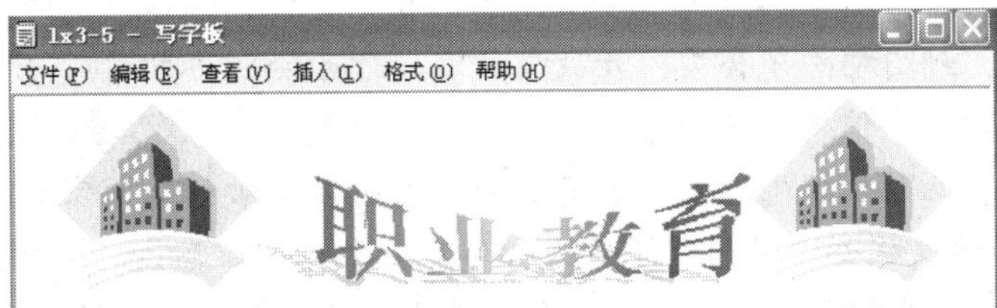

※ 北京市的**中等职业教育**，以招收初中毕业生、学制三至四年为主。近几年正在大力发展高等职业技术教育，以适应北京在生产、服务、管理第一线从事技术应用、技术管理和社会服务的高层次实用人才的需要。职业教育要培养同21世纪我国社会主义建设要求相适应的，具备综合职业能力和全面素质的，直接在生产、服务、技术和管理第一线工作的**应用型人才**。

※ 目前，北京市中等职业学校开设的专业有500多个，基本上覆盖了首都各行各业。特别是适应经济和社会发展的需要，开设了一大批为发展第三产业服务的专业，如生活服务、旅游、交通运输、邮电通信、信息咨询、金融保险、物资仓储、房地产业等。职业学校的办学模式正在由单一型、封闭型向复合型、开放型转变，逐步做到*办学形式多样化，招生分配社会化，学校管理科学化，信息交流经常化。*

※ 北京市已建成一批高效高质的骨干示范职业学校，其中被评为国家级、省部级重点学校的共计61所。这些学校从办学思想、师资队伍和管理干部队伍建设、办学模式、校内运行机制和管理机制，以及专业设置、教学内容、课程结构、实习教学和实习场地管理、资源配置、办学的规模和效益、与经济及社会的沟通等方面已初步适应北京经济建设和社会发展，为各类职业教育学校树立了榜样。

图3-19 LX3-5效果图

操作步骤

（1）在桌面上单击“开始”→“程序” →“附件”→“写字板”命令，启动写字板。

（2）在写字板窗口，选择菜单中“插入”→“对象”命令，弹出“插入对象”对话框，在对象类型中选择“Microsoft Word 图片”，单击“确定”按钮，进入编辑图片状态，单击“插入”菜单中“图片”项中的选择“剪贴画”，选择“apartment buildings”图片文件，单击“确定”按钮，该图片插入到光标处，再单击编辑图片窗口的关闭按钮，即可返回到写字板编辑状态。

（3）插入“职业教育”艺术字。再次选择菜单中“插入”→“对象”命令，弹出“插入对象”对话框，在对象类型中选择“Microsoft Word 图片”，单击“确定”按钮，进入编辑图片状态，单击“插入”菜单中“图片”项中的选择“艺术字”，输入“职业教育”字体为“华文中宋”，字号为“48”，加粗，在艺术字库窗口中选择样式为“WordArt”，设置艺术字形状为“槽形”，单击“关闭”按钮，该艺术字插入到光标处。

（4）选中步骤 2 插入的剪贴画，单击工具栏中“复制”按钮，光标置于艺术字右侧，再单击工具栏中的“粘贴”按钮，复制剪贴画。

（5）按<Ctrl>+<Shift>组合键，切换到任意一种中文输入法状态，输入以下文字内容。北京市的中等职业教育，以招收初中毕业生、学制三至四年为主。近几年正在大力发展高等职业技术教育，以适应北京在生产、服务、管理第一线从事技术应用、技术管理和社会服务的高层次实用人才的需要。职业教育要培养同 21 世纪我国社会主义建设要求相适应的，具备综合职业能力和全面素质的，直接在生产、服务、技术和管理第一线工作的应用型人才。

目前，北京市中等职业学校开设的专业有 500 多个，基本上覆盖了首都各行各业。特别是适应经济和社会发展的需要，开设了一大批为发展第三产业服务的专业，如生活服务、旅游、交通运输、邮电通信、信息咨询、金融保险、物资仓储、房地产业等。职业学校的办学模式正在由单一型、封闭型向复合型、开放型转变，逐步做到办学形式多样化，招生分配社会化，学校管理科学化，信息交流经常化。

北京市已建成一批高效高质的骨干示范职业学校，其中被评为国家级、省部级重点学校的共计 61 所。这些学校从办学思想、师资队伍和管理干部队伍建设、办学模式、校内运行机制和管理机制，以及专业设置、教学内容、课程结构、实习教学和实习场地管理、资源配置、办学的规模和效益、与经济及社会的沟通等方面已初步适应北京经济建设和社会发展，为各类职业教育学校树立了榜样。

（6）选中“中等职业教育”文字，设置字体为“隶书”，设置字号为“28”，设置颜色为“紫色”并加下划线。

（7）选中“应用型人才”文字，设置字体为“黑体”，设置字号为“20”，设置颜色为“绿色”。

（8）选中“办学形式多样化，招生分配社会化，学校管理科学化，信息交流经常化”文字，设置字体为“华文行楷”，设置字号为“14”，设置颜色为“红色”斜体字。

（9）打开软键盘，在软键盘处单击鼠标右键，选择“特殊符号”命令，输入 3 个“※”符号，并设置字体为“华文彩云”，设置字号为“16”，设置颜色为“艳粉色”。

（10）整篇文章排版好，选择菜单中“文件”→“保存”命令，将其保存为“LX3-5”

文件。

【项目拓展 2】　插入对象综合练习

【项目要求】在写字板中，使用插入对象功能，掌握艺术字、数字公式和表格的建立。最终效果如图 3-20 所示。

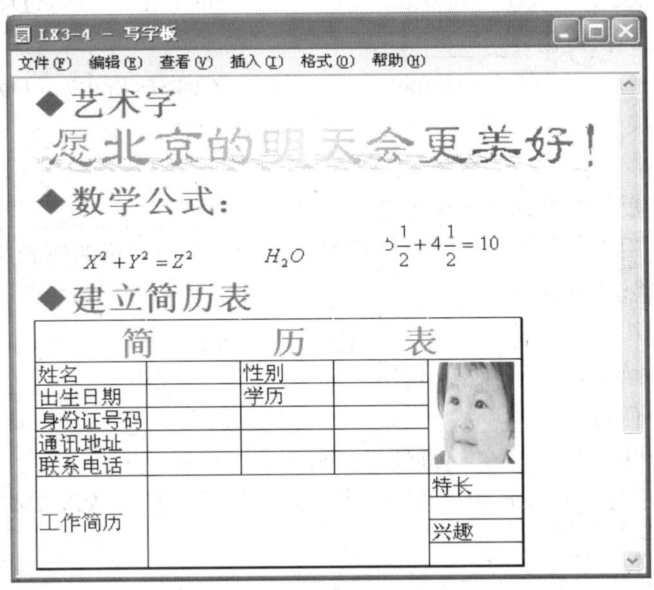

图 3-20　LX3-6 效果图

操作步骤

（1）在桌面上单击“开始”→“程序”→“附件”→“写字板”命令，启动写字板。

（2）选择菜单中“插入”→“对象”命令，弹出“插入对象”对话框，在对象类型中选择“Microsoft Word 文档”，单击“确定”按钮，进入 Word 编辑状态，选择菜单中“插入”→“图片”→“艺术字”命令，完成“愿北京的明天会更美好！”艺术字的建立。

（3）在“插入对象”对话框中，选择对象类型中“Microsoft 公式 3.0”，单击“确定”按钮，进入公式编辑状态，如图 3-21 所示。依次选择“上标和下标模板”、“分式和根式模板”完成数字公式的输入。

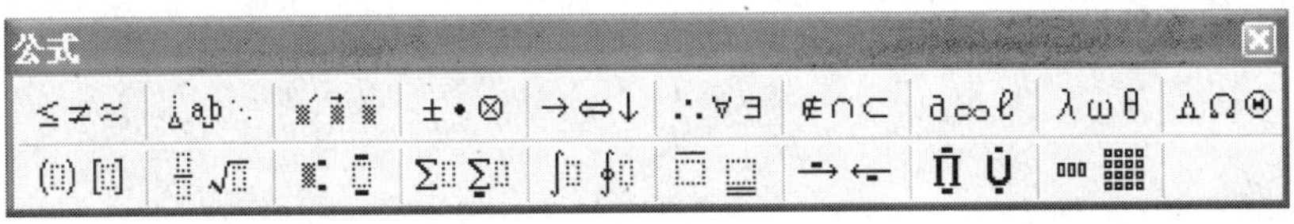

图 3-21　“公式”对话框

（4）在“插入对象”对话框中，选择对象类型中“Microsoft Office Excel 工作表”，单击“确定”按钮，进入 Excel 编辑状态，完成简历表的制作。

（5）整篇文章排版好，选择菜单中“文件”→“保存”命令，将其保存为“LX3-6”文件。

一、选择题

1．以下______是写字板文件。

（A）chess.doc　　（B）chess.txt　　（C）chess.rtf　　（D）chess.exe

2．快速到行首的快捷键为________。

（A）<End>　　（B）<Home>　　（C）<Ctrl>+<End>　（D）<Ctrl>+<Home>

二、填空题

1．退出“写字板”的方式有 5 种方法，分别为：________________________________。

2．__________用于调节被编辑文本的边界大小的文本中表格的制表符设置。

3．“写字板”默认的扩展名为________________。

4．文本的输入从_________开始。

5．段落缩进的操作方法有两种：使用________缩进，使用_______________缩进。

6．段落的对齐有三种：__________、___________、__________。

7．在表格中可以使用_________键使光标移至下一单元。

8．在“写字板”中，可以把电子表格、数据库、图像等信息放入文本中，其操作方法有两种：________和________。

9．当文本中某一部分内容被选定时，会呈现________状态。

三、简答题

1．写字板窗口由哪些部分组成？

2．在写字板中文件操作和文档操作各包括哪些内容？

项目四　记　事　本

记事本是一个文本编辑器，只能查看或编辑文本（.TXT）文件，不能进行格式设置以及表格、图形处理。其功能没有写字板强大，适于编写一些篇幅短小的文件。

学习目标

- 掌握启动与退出记事本的方法，认识记事本窗口
- 熟练掌握记事本中的文件操作
- 学会记事本中的文本编辑操作

知识解析

1. 启动与退出记事本

（1）启动记事本

选择菜单中“开始”→“程序”→“附件”→“记事本”命令，打开“记事本”窗口，系统将自动建立一个名为“无标题”的空白文本文件，如图 4-1 所示。

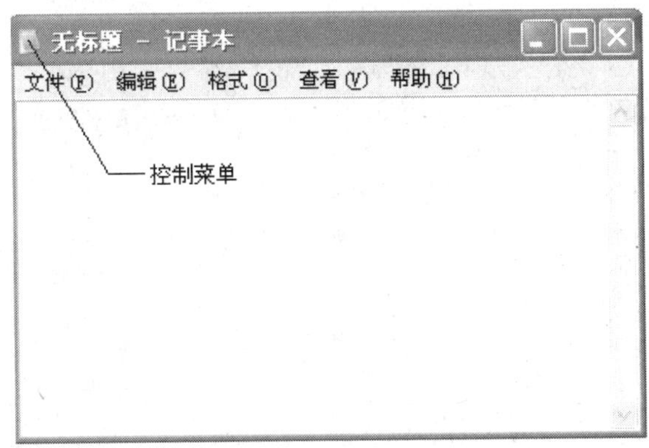

图 4-1 “记事本”窗口

（2）退出记事本

退出“记事本”就是关闭“记事本”窗口。关闭记事本窗口的方法有以下几种。

- 单击窗口右上角的 按钮。
- 选择菜单中“文件”→“退出”命令。
- 按<Alt>+<F4>组合键。
- 双击窗口左上角的控制菜单按钮 。
- 选择窗口左上角控制菜单按钮 中的“关闭”命令。

2. 文件操作

在记事本中，文件操作有新建文件、打开文件、保存文件、另存文件、页面设置和打印

文件。

（1）新建文件

选择菜单中“文件”→“新建”命令，系统自动建立一个名为“无标题”的空白文本文件。新建文件时，如果先前的文件已修改而没被保存，系统会提示是否保存修改过的文件。

（2）打开文件

选择菜单中“文件”→“打开”命令，弹出“打开”对话框，让用户选择要打开的文件。选择文件后，记事本将显示该项文件的内容，在此可以对文本进行查看和编辑。

（3）保存文件

选择菜单中“文件”→“保存”命令，可保存当前内容。如果编辑的文件从未保存过，系统将执行“另存为”文件操作。

（4）另存文件

选择菜单中“文件”→“另存为”命令，弹出“另存为”对话框，让用户确定新文件的位置和名称。

（5）页面设置

选择菜单中“文件”→“页面设置”命令，弹出如图 4-2 所示的“页面设置”对话框，可在该对话框中设置纸张的大小、来源、方向、页边距、页眉、页脚等，还可以选择打印机。

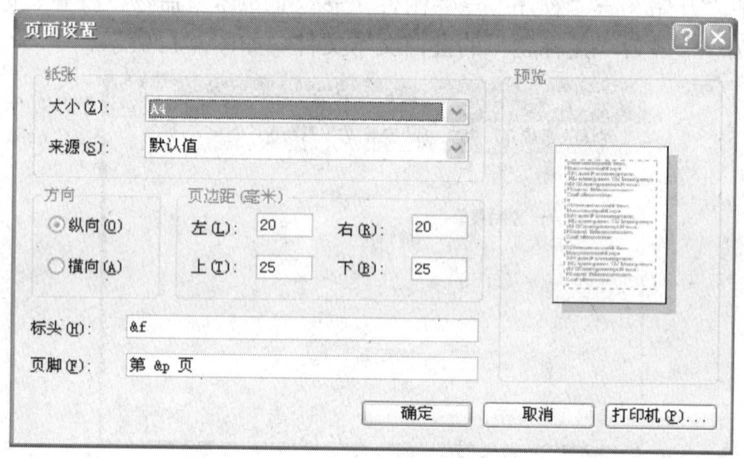

图 4-2 “页面设置”对话框

（6）打印文件

选择菜单中“文件”→“打印”命令，可在打印机上打印当前文件。

3. 文本编辑

在记事本中，编辑操作有移动光标、插入文本、选定文本、复制文本、移动文本、删除文本和查找文本等。

（1）移动光标

移动光标与项目三中“移动光标”的方法一致。

（2）插入文本

先把光标移动到要插入文本的位置，再通过键盘输入文字，这样输入的文字就插入到光标处了。如果输入文字后按回车键，光标后的文本将成为新的段落。

（3）选定文本

按住鼠标并拖曳，或者按住<Shift>键移动光标，可选定鼠标指针或光标经过的文本，按<Ctrl>+<A>组合键，可选定全部文本。选定的文本以反白方式显示。

（4）复制文本

先选定文本，再把选定的文本复制到剪贴板上，然后把光标移动到目标位置，最后把剪贴板上的内容复制到当前位置。

（5）移动文本

先选定文本，再把选定的文本剪切到剪贴板上，然后把光标移动到目标位置，最后把剪贴板上的内容复制到当前位置。

（6）删除文本

按<Backspace>键，可删除光标左边的字符；按<Delete>键，可删除光标右边的字符。

（7）查找文本

按<Ctrl>+<F>组合键，或者选择菜单中“编辑”→“查找”命令，弹出如图 4-3 所示的“查找”对话框。

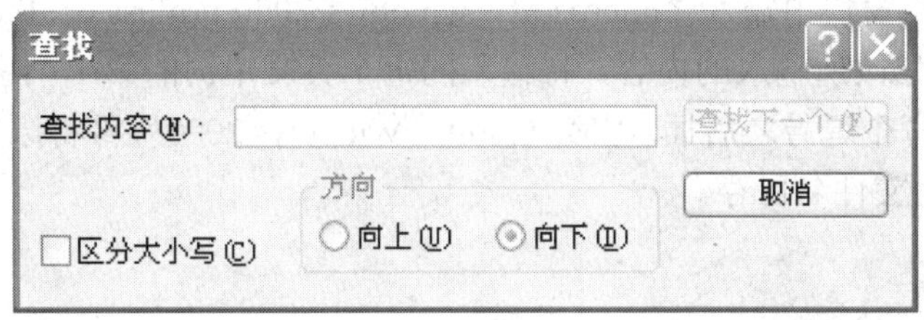

图 4-3 “查找”对话框

在“查找内容”文本框中输入要查找的内容。如果勾选“区分大小写”复选框，查找时区分英文字母的大小写。选择“向上”单选按钮，从光标处往前查找。如果选择“向下”单选按钮，从光标处往后查找。单击“查找下一个”按钮继续进行查找，查找到的内容以反白方式显示，同时“查找”对话框不关闭。单击“确定”按钮，结束查找，同时关闭“查找”对话框。

4. 阅读功能

在 Windows XP 系统中的“记事本”又新增了一些功能，比如为了适应不同的阅读习惯，在记事本中可以改变文字的阅读顺序，在工作区域内单击鼠标右键，弹出快捷菜单，选择“从右到左的阅读顺序”命令，则全文的内容都移到了工作区的右侧，如图 4-4 所示。

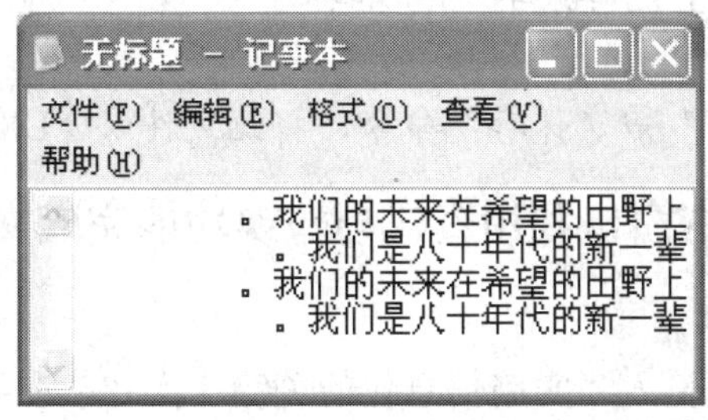

图 4-4 “阅读顺序”效果图

项目实训

【实训 1】 在记事本窗口按照图 4-5 所示的效果图完成文本编辑任务

图 4-5 LX4-1 效果图

【实训要求】

在记事本的编辑窗口中输入“microsoft windows 2000 professional ，advanced server，datacenter server”，修改所输入的内容，将输入的每个英文单词的第 1 个字母改为大写，在所输入英文句子中的每个逗号之后插入“Microsoft Windows 2000”，再将原文字内容复制两遍，最后以“LX4-1”为文件名保存。

操作步骤

（1）单击“开始”→“程序”→“附件”→“记事本”命令，启动“记事本”程序。

（2）在记事本的编辑窗口中直接输入“microsoft windows 2000 professional ，advanced server，datacenter server”。

（3）光标移到第一个单词的前面，输入 M，然后按<Delete>键将 m 删除。

（4）光标移到第二个单词的 w 和 i 之间，按<Backspace>键将左边的 w 删除，然后再输入 W。

（5）按住鼠标左键拖放选中第三个单词的首字母 p，输入大写 P，替代原来的小写 p。

（6）按一下键盘上的<Insert>键，使键盘处于修改状态，移动光标到其余单词的首字母前，分别按相应的大写字母即可替代光标后面的字母。修改完毕后，再按一下键盘上的<Insert>键，使键盘处于插入状态。

（7）用鼠标选择文字“Microsoft Windows 2000”，选择菜单中“编辑”→“复制”命令，依次把光标移动到逗号之后，选择菜单中“编辑”→“粘贴”命令，把刚才选择的文字复制到光标所在处。

（8）选择菜单中“文件”→“保存”命令，将此文件以“LX4-1”为文件名保存。

【实训 2】 在记事本窗口利用查找与替换功能完成文本编辑任务

【实训要求】

在记事本的编辑窗口中输入“实施信息化的关键在人才，在我国各行各业都需要大批的各个层次的电脑应用专业人才。在未来几年内，我国经济和社会发展对电脑应用与软件专业初级人才具有很大的需求，而这些人才的培养主要应由中职教育来承担。要培养具备综合职业能力和全面素质，直接在生产、服务、技术和管理等第一线工作的技能型人才，必须在课程开发上，从职业岗位技能分析入手，以教材建设推动中职教育教学改革，从而提高中职教育质量。”。利用文本编辑中的查找与替换功能，将文章中的“电脑”用“计算机”替换，“中职”用“中等职业”替换，再按照图 4-6 所示进行文本编辑，最后以“LX4-2”为文件名保存。

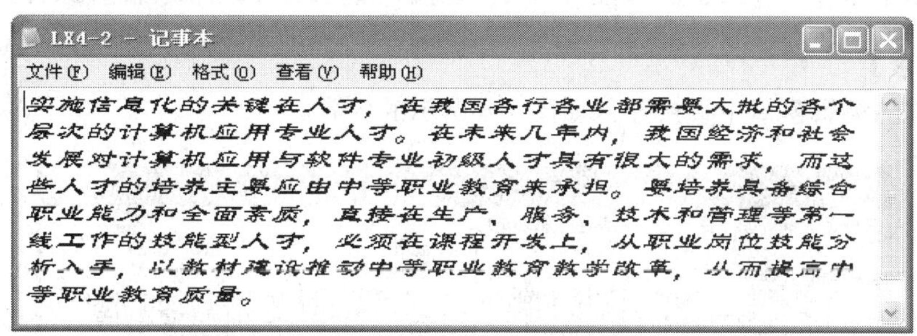

图 4-6　LX4-2 效果图

操作步骤

（1）单击“开始”→“程序”→“附件”→“记事本”命令，启动“记事本”程序。

（2）在记事本的编辑窗口中，按下<Ctrl>+<Shift>组合键，切换到任意一种中文输入法状态，输入以下文字内容：“实施信息化的关键在人才，在我国各行各业都需要大批的各个层次的电脑应用专业人才。在未来几年内，我国经济和社会发展对电脑应用与软件专业初级人才具有很大的需求，而这些人才的培养主要应由中职教育来承担。要培养具备综合职业能力和全面素质，直接在生产、服务、技术和管理等第一线工作的技能型人才，必须在课程开发上，从职业岗位技能分析入手，以教材建设推动中职教育教学改革，从而提高中职教育质量。”

（3）选择菜单中“格式”→“自动换行”命令。使文章多行排列有序。

（4）选择菜单中“编辑”→“全选”命令。

（5）选择菜单中“格式”→“字体”命令，弹出“字体”对话框，如图 4-7 所示。设置字体为“隶书”，字形为“斜体”，大小为“四号”，单击“确定”按钮。

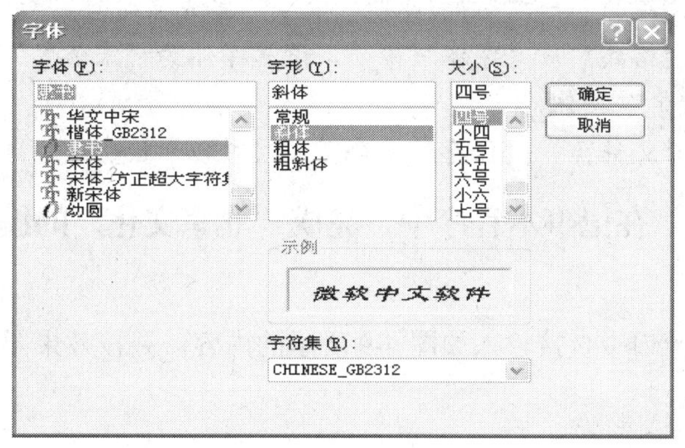

图 4-7　“字体”对话框

（6）如果文章排列混乱，可再次选择菜单中“格式”→“自动换行”命令，先取消自动换行选项，再选中此选项。文本编辑区中文章内容会自动排列有序。

（7）选择菜单中“文件”→“保存”命令，将文件以“LX4-2”为文件名保存。

项目拓展

【项目拓展 1】 在记事本程序中，完成“继教通知”的编辑操作

【项目要求】

在记事本的编辑窗口中直接输入如图 4-8 所示的内容。

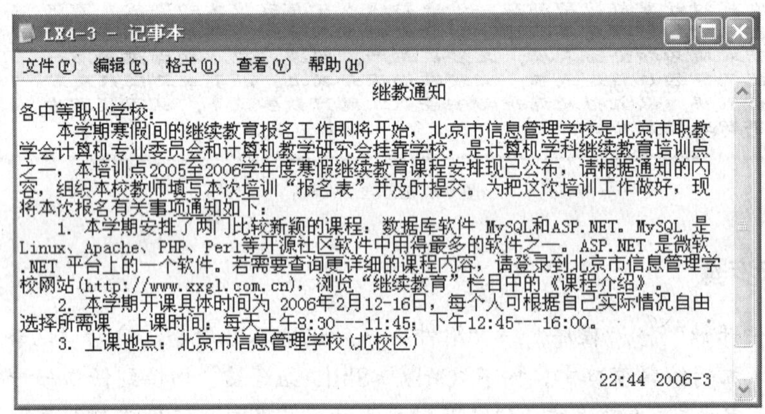

图 4-8 LX4-3 效果图

操作步骤

（1）在记事本窗口中，按下<Ctrl>+<Shift>组合键，切换到任意一种中文输入法状态，再按若干个空格，输入“继教通知”标题，大致位于中间位置。

（2）输入“各中等职业学校:”后按回车键换行。

（3）在全角状态下，按两下空格键，输入第二段内容。依次完成其余段落的输入。在输入文字过程中注意英文字母大小的输入。

（4）选择菜单中“编辑”→“时间/日期”命令，完成当时日期和时间的输入。

（5）选择菜单中“格式”→“字体”命令，设置字体为“宋体”，字形为“常规”，大小为“五号”，单击“确定”按钮。

（6）选择菜单中“文件”→“保存”命令，将文件以“LX4-3”为文件名保存。

【项目拓展 2】 在记事本程序中，完成“北京文化”的编辑操作

【项目要求】

在记事本的编辑窗口中直接输入如图 4-9 所示的内容，并按效果图进行最后布局排版。

操作步骤

（1）在记事本窗口中，选择任意一种中文输入方法。

（2）输入下列内容:

“※※※北※※※京※※※文※※※化※※※

·〖京联〗 ·【北京胡同】
·北京的街巷格局 ·北京的门墩
·皇城与胡同 ·纪晓岚故居遗址
·鲁迅的故居 ·老舍住过的地方
·四合院的脸面——大门 ·胡同与人名
·小巧玲珑的乾隆花园 ·难忘大杂院岁月
·北京旧会馆 ·恭王府——世界最大的四合院
·北京的王府 ·柳荫蝉鸣话胡同
·元明两代的教坊 ·垂花门
·漫步胡同撷佳联 ·胡同文化
·北京门楼 ·上马石、下马石、拴马桩
·老北京的四合院——布局与礼数 ·老北京的门神
·以井命名的胡同 ·北京的春节
·我热爱新北京 ·胡同之最
·四合院：中国的盒子 ·宣武午炮
·影壁 ·老北京的刻字业
·溥杰旧居 ·北京文化
·纸花 ·北京四合院的内宅
·北京的胡同 ·北京的四合院
·青山居 ·北京老字号：头戴盛锡福
·百年老店 正明斋 ·八大祥
·铁打的白云观 ·北京的年俗
·汪曾祺：胡同文化 ·趣味盎然的老北京土话
·北京会馆戏台联 ·大器的清代白玉山子
·奇石共赏 京密石探识 ·京城老天桥喷火绝技揭秘”。

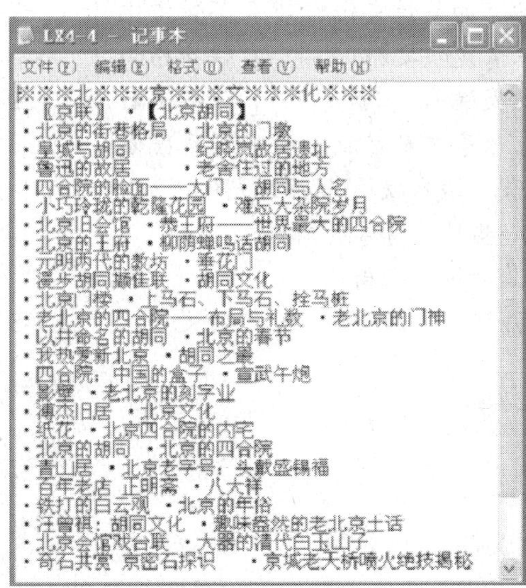

图 4-9 LX4-4 效果图

（3）在软键盘位置单击鼠标右键，选择“特殊符号”，输入“※”符号；选择“标点符号”，输入“〖〗·【】”符号。

（4）依照效果图进行最后排版布局。

（5）选择菜单中“文件”→“保存”命令，将文件以“LX4-4”为文件名保存。

【项目拓展 3】 在记事本程序中，完成“京华逸趣”的编辑操作

【项目要求】

在记事本的编辑窗口中直接输入如图 4-10 所示的内容，并按效果图进行最后布局排版。

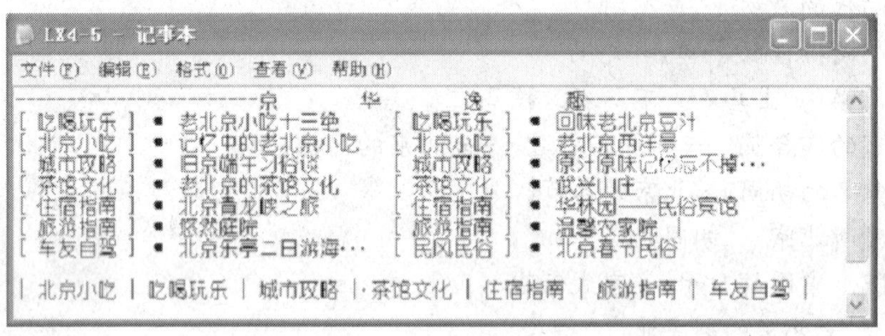

图 4-10　LX4-5 效果图

操作提示

（1）在记事本窗口中，选择任意一种中文输入方法。

（2）输入下列内容：

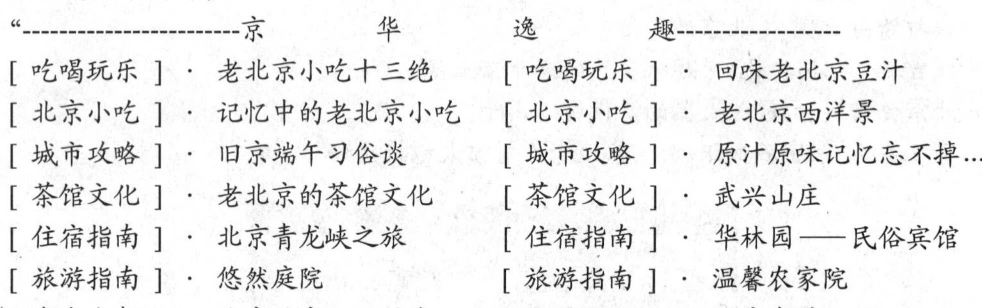

“------------------------京　　　华　　　逸　　　趣------------------

[吃喝玩乐] · 老北京小吃十三绝　　[吃喝玩乐] · 回味老北京豆汁

[北京小吃] · 记忆中的老北京小吃　[北京小吃] · 老北京西洋景

[城市攻略] · 旧京端午习俗谈　　　[城市攻略] · 原汁原味记忆忘不掉…

[茶馆文化] · 老北京的茶馆文化　　[茶馆文化] · 武兴山庄

[住宿指南] · 北京青龙峡之旅　　　[住宿指南] · 华林园——民俗宾馆

[旅游指南] · 悠然庭院　　　　　　[旅游指南] · 温馨农家院

[车友自驾] · 北京乐亭二日游海…　[民风民俗] · 北京春节民俗

| 北京小吃 | 吃喝玩乐 | 城市攻略 | 茶馆文化 | 住宿指南 | 旅游指南 | 车友自驾 |”

（3）利用软键盘完成一些特殊符号的输入。

（4）依照效果图进行最后排版布局。

（5）选择菜单中“文件”→“保存”命令，将文件以“LX4-5”为文件名保存。

一、选择题

1．以下______是文本文件。

（A）chess.doc　　（B）chess.txt　　（C）chess.xls　　（D）chess.exe

2．在记事本程序中，选定文本的快捷键是______。

（A）<Ctrl>+<C>　（B）<Ctrl>+<V>　（C）<Ctrl>+<A>　（D）<Ctrl>+<X>

3．在记事本程序中，“页面设置”对话框不包括_____项。

（A）纸张　（B）页眉、页脚　（C）边距　（D）打印

二、填空题

1．记事本是一个_____编辑器，只能查看或编辑________文件，不能进行格式设置以及表格、图形处理。

2．记事本程序主菜单包括：_________、________、_________、_________、__________。

三、简答题

1．在记事本程序中，有哪些编辑操作？

2．在记事本程序中，有哪些文件操作？

附录一　五笔字型单字速查表

A		字	编码	字	编码	字	编码
字	编码	熬	GQTO	拜	RDFH	褒	YWK
a		翱	RDFN	稗	TRTF	剥	VIJH
啊	KB	袄	PUT	ban		薄	AIG
阿	BS	傲	WGQT	斑	GYG	雹	FQN
ai		奥	TMO	班	GYT	保	WK
埃	FCT	懊	NTM	搬	RTE	堡	WKSF
挨	RCT	澳	ITM	扳	RRC	饱	QNQN
哎	KAQ	B		般	TEM	宝	PGY
唉	KCT	字	编码	颁	WVD	抱	RQN
哀	YEU	ba		板	SRC	报	RB
皑	RMNN	芭	AC	版	THGC	暴	JAW
癌	UKK	捌	RKLJ	扮	RWV	豹	EEQY
蔼	AYJ	扒	RWY	拌	RUFH	鲍	QGQ
矮	TDTV	叭	KWY	伴	WUF	爆	OJA
艾	AQU	吧	KC	瓣	UR	bei	
碍	DJG	笆	TCB	半	UF	杯	SGI
爱	EP	八	WTY	办	LW	碑	DRT
隘	BUW	疤	UCV	绊	XUF	悲	DJDN
an		巴	CNH	bang		卑	RTFJ
鞍	AFP	拔	RDC	邦	DTB	北	UX
氨	RNP	跋	KHDC	帮	DT	辈	DJDL
安	PV	靶	AFC	梆	SDT	背	UXE
俺	WDJN	把	RCN	榜	SUP	贝	MHNY
按	RPV	耙	DIC	膀	EUP	钡	QMY
暗	JU	坝	FMY	绑	XDT	倍	WUK
岸	MDFJ	霸	FAF	棒	SDW	狈	QTMY
胺	EPV	罢	LFC	磅	DUP	备	TLF
案	PVS	爸	WQC	蚌	JDH	惫	TLN
ang		bai		镑	QUP	焙	OUK
肮	EYM	白	RRR	傍	WUP	被	PUHC
昂	JQB	柏	SRG	谤	YUP	ben	
盎	MDL	百	DJ	bao		奔	DFA
ao		摆	RLF	苞	AQN	ben	
凹	MMGD	佰	WDJ	胞	EQN	苯	ASG
敖	GQTY	败	MTY	包	QN	本	SG

续表

字	编码	字	编码	字	编码	字	编码
笨	TSG	便	WGJ	钵	QSG	采	ES
beng		变	YO	波	IHC	彩	ESE
崩	MEE	卞	YHU	博	FGE	菜	AE
绷	XEE	辨	UYT	勃	FPB	蔡	AWF
甭	GIE	辩	UYU	搏	RGEF	can	
泵	DIU	辫	UXU	铂	QRG	餐	HQ
蹦	KHME	遍	YNM	箔	TIR	参	CD
迸	UAP	biao		伯	WR	蚕	GDJ
bi		标	SFI	帛	RMH	残	GQG
逼	GKLP	彪	HAME	舶	TER	惭	NL
鼻	THL	膘	ESF	脖	EFP	惨	NCD
比	XX	表	GE	膊	EGEF	灿	OM
鄙	KFL	bie		渤	IFP	cang	
笔	TT	鳖	UMIG	泊	IRG	苍	AWB
彼	THC	憋	UMIN	驳	CQQ	舱	TEW
碧	GRD	别	KLJ	捕	RGE	仓	WBB
蓖	ATL	瘪	UTHX	卜	HHY	沧	IWB
蔽	AUM	bin		bu		藏	ADNT
毕	XXF	彬	SSE	哺	KGE	cao	
毙	XXGX	斌	YGA	补	PUH	操	RKK
毖	XXNT	濒	IHIM	埠	FWN	糙	OTF
币	TMH	滨	IPR	不	I	槽	SGMJ
庇	YXX	宾	PR	布	DMH	曹	GMA
痹	ULGJ	摈	RPR	步	HI	草	AJJ
闭	UFT	bing		簿	TIG	ce	
敝	UMI	兵	RGW	部	UK	厕	DMJK
弊	UMIA	冰	UI	怖	NDM	策	TGM
必	NT	柄	SGM	C		侧	WMJ
辟	NKU	丙	GMW	字	编码	册	MM
壁	NKUF	秉	TGV	ca		测	IMJ
臂	NKUE	饼	QNU	擦	RPWI	ceng	
避	NK	炳	OGM	cai		层	NFC
陛	BX	病	UGM	猜	QTGE	蹭	KHUJ
bian		并	UA	裁	FAY	cha	
鞭	AFW	bo		材	SFT	插	RYF
边	LP	玻	GHC	才	FT	叉	CYI
编	XYNA	菠	AIH	财	MF	茬	ADHF
贬	MTP	播	RTOL	睬	HES	茶	AWS
扁	YNMA	拨	RNT	踩	KHES	查	SJ

续表

字	编码	字	编码	字	编码	字	编码
碴	DSJ	钞	QIT	逞	KGP	臭	THDU
搽	RAWS	朝	FJE	骋	BMG	chu	
察	PWFI	嘲	KFJ	秤	TGU	初	PUV
岔	WVMJ	潮	IFJ	chi		出	BM
差	UDA	巢	VJS	吃	KTN	橱	SDGF
诧	YPTA	吵	KI	痴	UTDK	厨	DGKF
chai		炒	OI	持	RF	躇	KHAJ
拆	RRY	che		匙	JGHX	锄	QEGL
柴	HXS	车	LG	池	IB	雏	QVW
豺	EEF	扯	RHG	迟	NYP	滁	IBW
chan		撤	RYC	弛	XB	除	BWT
搀	RQKU	掣	RMHR	驰	CBN	楚	SSN
掺	RCD	彻	TAVN	耻	BH	础	DBM
蝉	JUJF	澈	IYCT	齿	HWB	储	WYF
馋	QNQU	郴	SSB	侈	WQQ	矗	FHFH
谗	YQK	chen		尺	NYI	搐	RYXL
缠	XYJ	臣	AHN	赤	FO	触	QEJY
铲	QUT	辰	DFE	翅	FCN	处	TH
产	U	尘	IFF	斥	RYI	chuai	
阐	UUJ	晨	JD	炽	OK	揣	RMD
颤	YLKM	忱	NP	chong		chuan	
chang		沉	IPM	充	YCQ	川	KTHH
昌	JJ	陈	BA	冲	UKH	穿	PWAT
猖	QTJJ	趁	FHWE	虫	JHNY	椽	SXE
场	FNRT	衬	PUF	崇	MPF	传	WFNY
尝	IPF	cheng		宠	PDX	船	TEMK
常	IPKH	撑	RIP	chou		喘	KMD
长	TA	称	TQ	抽	RM	串	KKH
偿	WIP	城	FD	酬	SGYH	chuang	
肠	ENR	橙	SWGU	畴	LDT	疮	UWB
厂	DGT	成	DN	踌	KHDF	窗	PWT
敞	IMKT	呈	KG	稠	TMFK	幢	MHU
畅	JHNR	乘	TUX	愁	TONU	床	YSI
唱	KJJ	程	TKGG	筹	TDTF	闯	UCD
倡	WJJG	惩	TGHN	仇	WVN	创	WBJ
chao		澄	IWGU	绸	XMF	chui	
超	FHV	诚	YDN	瞅	HTO	吹	KQW
抄	RIT	承	BD	丑	NFD	炊	OQW

续表

字	编码	字	编码	字	编码	字	编码
捶	RTGF	簇	TYT	戴	FALW	到	GC
锤	QTGF	促	WKH	带	GKP	稻	TEV
垂	TGA	cuan		殆	GQC	悼	NHJH
chun		蹿	KHPH	代	WA	道	UTHP
春	DW	篡	THDC	贷	WAM	盗	UQWL
椿	SDWJ	窜	PWK	袋	WAYE	de	
醇	SGYB	cui		待	TFFY	德	TFL
唇	DFEK	摧	RMW	逮	VIP	得	TJ
淳	IYB	崔	MWY	怠	CKN	的	R
纯	XGB	催	WMW	dan		deng	
蠢	DWJJ	脆	EQD	耽	BPQ	蹬	KHWU
chuo		瘁	UYW	担	RJG	灯	OS
戳	NWYA	粹	OYW	丹	MYD	登	WGKU
绰	XHJ	淬	IYWF	单	UJFJ	等	TFFU
ci		翠	NYWF	郸	UJFB	瞪	HWG
疵	UHX	cun		掸	RUJF	凳	WGKM
茨	AUQW	村	SF	胆	EJ	邓	CB
磁	DU	存	DHB	旦	JGF	di	
雌	HXW	寸	FGHY	氮	RNO	堤	FJGH
辞	TDUH	cuo		但	WJG	低	WQA
慈	UXXN	磋	DUD	惮	NUJ	滴	IUM
瓷	UQWN	撮	RJB	淡	IO	迪	MP
词	YNGK	搓	RUD	诞	YTHP	敌	TDT
此	HX	措	RAJ	弹	XUJ	笛	TMF
刺	GMI	挫	RWW	蛋	NHJ	狄	QTOY
赐	MJQ	错	QAJ	dang		涤	ITS
次	UQW	**D**		当	IV	翟	NWYF
cong		字	编码	挡	RIV	嫡	VUM
聪	BUKN	da		党	IPK	抵	RQA
葱	AQRN	搭	RAWK	荡	AIN	底	YQA
囱	TLQI	达	DP	档	SI	地	F
匆	QRY	答	TW	dao		蒂	AUP
从	WW	瘩	UAW	刀	VN	第	TX
丛	WWG	打	RS	捣	RQYM	帝	UP
cou		大	DD	蹈	KHEV	弟	UXH
凑	UDW	dai		倒	WGC	递	UXHP
cu		呆	KS	岛	QYNM	缔	XUP
粗	OE	歹	GQI	祷	PYD	dian	
醋	SGA	傣	WDW	导	NF	颠	FHWM

续表

字	编码	字	编码	字	编码	字	编码
掂	RYH	顶	SDM	肚	EFG	堕	BDEF
滇	IFHW	鼎	HND	度	YA	**E**	
碘	DMA	锭	QPG	渡	IYA	字	编码
点	HKO	定	PG	妒	VYNT	e	
典	MAW	订	YS	duan		蛾	JTR
靛	GEPH	diu		端	UMDJ	峨	MTR
垫	RVYF	丢	TFC	短	TDG	鹅	TRNG
电	JN	dong		锻	QWD	俄	WTR
佃	WL	东	AI	段	WDM	额	PTKM
甸	QL	冬	TUU	断	ON	讹	TWXN
店	YHK	董	ATG	缎	XWD	娥	VTR
惦	NYH	懂	NAT	dui		恶	GOGN
奠	USGD	动	FCL	堆	FWY	厄	DBV
淀	IPGH	栋	SAI	兑	UKQB	扼	RDB
殿	NAW	侗	WMGK	队	BW	遏	JQWP
diao		恫	NMG	对	CF	鄂	KKFB
碉	DMF	冻	UAI	dun		饿	QNT
叼	KNG	洞	IMGK	墩	FYB	en	
雕	MFKY	dou		吨	KGB	恩	LDN
凋	UMF	兜	QRNQ	蹲	KHUF	er	
刁	NGD	抖	RUFH	敦	YBT	而	DMJ
掉	RHJ	斗	UFK	顿	GBNM	儿	QT
吊	KMH	陡	BFH	囤	LGB	耳	BGH
钓	QQYY	豆	GKU	钝	QGBN	尔	QIU
调	YMF	逗	GKUP	盾	RFH	饵	QNBG
die		痘	UGKU	遁	RFHP	洱	IBG
跌	KHR	du		duo		二	FG
爹	WQQQ	都	FTJB	掇	RCC	贰	AFM
碟	DAN	督	HICH	哆	KQQ	**F**	
蝶	JAN	毒	GXGU	多	QQ	字	编码
迭	RWP	犊	TRFD	夺	DF	fa	
谍	YAN	独	QTJ	垛	FMS	发	V
叠	CCCG	读	YFN	躲	TMDS	罚	LY
ding		堵	FFT	朵	MS	筏	TWA
丁	SGH	睹	HFT	跺	KHM	伐	WAT
盯	HS	赌	MFTJ	舵	TEPX	乏	TPI
叮	KSH	杜	SFG	剁	MSJ	阀	UWA
钉	QS	镀	QYA	惰	NDA	法	IF

续表

字	编码	字	编码	字	编码	字	编码
珐	GFC	诽	YDJ	fo		傅	WGE
fan		吠	KDY	佛	WXJ	付	WFY
藩	AITL	肺	EGM	fou		阜	WNNF
帆	MHM	废	YNTY	否	GIK	父	WQU
番	TOL	沸	IXJ	fu		腹	ETJ
翻	TOLN	费	XJM	夫	FW	负	QM
樊	SQQD	fen		敷	GEHT	富	PGK
矾	DMY	芬	AWV	肤	EFW	讣	YHY
钒	QMYY	酚	SGW	孵	QYTB	附	BWF
繁	TXGI	吩	KWV	扶	RFW	妇	VV
凡	MY	氛	RNW	拂	RXJH	缚	XGE
烦	ODM	分	WV	辐	LGK	咐	KWF
反	RC	纷	XWV	幅	MHG	G	
返	RCP	坟	FY	氟	RNX	字	编码
范	AIB	焚	SSO	符	TWF	ga	
贩	MRC	汾	IWV	伏	WDY	噶	KAJ
犯	QTBN	粉	OW	俘	WEB	嘎	KDH
饭	QNR	奋	DLF	服	EB	gai	
泛	ITP	份	WWV	浮	IEB	该	YYNW
fang		忿	WVNU	涪	IUK	改	NTY
坊	FYN	愤	NFA	福	PYG	概	SVC
芳	AY	粪	OAWU	袱	PUWD	钙	QGH
方	YY	feng		弗	XJK	盖	UGL
肪	EYN	丰	DH	甫	GEH	溉	IVC
房	YNY	封	FFFY	抚	RFQ	gan	
防	BY	枫	SMQ	辅	LGEY	干	FGGH
妨	VY	蜂	JTD	俯	WYW	甘	AFD
仿	WYN	峰	MTD	釜	WQF	杆	SFH
访	YYN	锋	QTD	斧	WQR	柑	SAF
纺	XY	风	MQ	脯	EGE	竿	TFJ
放	YT	疯	UMQ	腑	EYW	肝	EFH
fei		烽	TDH	府	YWF	赶	FHFK
菲	ADJ	逢	OTD	腐	YWFW	感	DGKN
非	DJD	冯	UC	赴	FHH	秆	TFH
啡	KDJ	缝	XTDP	副	GKL	敢	NB
飞	NUI	讽	YMQ	覆	STT	赣	UJT
肥	EC	奉	DWF	赋	MGA	gang	
匪	ADJD	凤	MC	复	TJT	冈	MQI

续表

字	编码	字	编码	字	编码	字	编码
刚	MQJ	gen		菇	AVD	贯	XFM
钢	QMQ	根	SVE	咕	KDG	guang	
缸	RMA	跟	KHV	箍	TRA	光	IQ
肛	EA	geng		估	WD	广	YYGT
纲	XM	耕	DIF	沽	IDG	逛	QTGP
岗	MMQ	更	GJQ	孤	BR	gui	
港	IAWN	庚	YVW	姑	VDG	瑰	GRQ
杠	SAG	羹	UGOD	鼓	FKUC	规	FWM
gao		埂	FGJ	古	DGH	圭	FFF
篙	TYMK	耿	BO	蛊	JLF	硅	DFF
皋	RDFJ	梗	SGJQ	骨	ME	归	JV
高	YM	gong		谷	WWK	龟	QJN
膏	YPK	工	A	股	EMC	闺	UFFD
羔	UGO	攻	AT	故	DTY	轨	LV
糕	OUGO	功	AL	顾	DB	鬼	RQC
搞	RYM	恭	AWNU	固	LDD	诡	YQD
镐	QYM	龚	DXA	雇	YNWY	癸	WGD
稿	TYM	供	WAW	gua		桂	SFF
告	TFKF	躬	TMDX	刮	TDJH	柜	SAN
ge		公	WC	瓜	RCY	跪	KHQB
哥	SKS	宫	PK	剐	KMWJ	贵	KHGM
歌	SKSW	弓	XNG	寡	PDE	刽	WFCJ
搁	RUT	巩	AMY	挂	RFFG	gun	
戈	AGNT	汞	AIU	褂	PUFH	辊	LJ
鸽	WGKG	拱	RAW	guai		滚	IUC
胳	ETK	贡	AM	乖	TFU	棍	SJX
疙	UTN	共	AW	拐	RKL	guo	
割	PDHJ	gou		怪	NC	锅	QKM
革	AF	钩	QQCY	guan		郭	YBB
葛	AJQ	勾	QCI	棺	SPN	国	L
格	ST	沟	IQC	关	UD	果	JS
蛤	JW	苟	AQKF	官	PN	裹	YJSE
阁	UTK	狗	QTQ	冠	PFQF	过	FP
隔	BGK	垢	FR	观	CM	**H**	
铬	QTK	构	SQ	管	TP	字	编码
个	WH	购	MQC	馆	QNP	ha	
各	TK	够	QKQQ	罐	RMAY	哈	KWG
gei		gu		惯	NXF	hai	
给	XW	辜	DUJ	灌	IAK	骸	MEY

续表

字	编码	字	编码	字	编码	字	编码
孩	BYNW	浩	ITFK	虹	JA	滑	IME
海	ITX	he		鸿	IAQG	画	GL
氦	RNYW	呵	KSK	洪	IAW	划	AJ
亥	YNTW	喝	KJQ	宏	PDC	化	WX
害	PD	荷	AWSK	弘	XCY	话	YTD
骇	CYNW	菏	AISK	红	XA	huai	
han		核	SYNW	hou		槐	SRQ
酣	SGAF	禾	TTT	喉	KWN	徊	TLK
憨	NBTN	和	T	侯	WNT	怀	NGI
邯	AFB	何	WSK	猴	QTW	淮	IWY
韩	FJFH	合	WGK	吼	KBN	坏	FGI
含	WYNK	盒	WGKL	厚	DJB	huan	
涵	IBI	貉	EETK	候	WHN	欢	CQW
寒	PFJ	阂	UYN	后	RG	环	GGI
函	BIB	河	ISK	hu		桓	SGJG
喊	KDGT	涸	ILD	呼	KT	还	GIP
罕	PWF	赫	FOF	乎	TUH	缓	XEF
翰	FJW	褐	PUJN	忽	QRN	换	RQM
撼	RDGN	鹤	PWY	瑚	GDE	患	KKHN
捍	RJF	贺	LKM	壶	FPO	唤	KQM
旱	JFJ	hei		葫	ADEF	痪	UQM
憾	NDGN	嘿	KLF	胡	DE	豢	UDE
悍	NJF	黑	LFO	蝴	JDE	焕	OQM
焊	QJF	hen		狐	QTR	涣	IQM
汗	IFH	痕	UVE	糊	ODE	宦	PAH
汉	ICY	很	TVE	湖	IDE	幻	XNN
hang		狠	QTV	弧	XRC	huang	
夯	DLB	恨	NVE	虎	HA	荒	AYNQ
杭	SYMN	heng		唬	KHAM	慌	NAY
航	TEY	哼	KYB	护	RYN	黄	AMW
hao		亨	YBJ	互	GX	磺	DAM
壕	FYP	横	SAM	沪	IYN	蝗	JR
嚎	KYP	衡	TQDH	户	YNE	簧	TAMW
毫	YPT	恒	NGJ	hua		皇	RGF
郝	FOB	hong		花	AWX	凰	MRG
好	VB	轰	LCC	哗	KWX	惶	NRGG
耗	DITN	哄	KAW	华	WXF	煌	ORGG
号	KGN	烘	OAW	猾	QTM	晃	JIQ

续表

字	编码	字	编码	字	编码	字	编码
幌	MHJQ	或	AK	挤	RYJ	架	LKS
恍	NIQ	惑	AKGN	几	MT	驾	LKC
谎	YAY	霍	FWYF	脊	IWE	嫁	VPE
hui		货	WXM	己	NNG	jian	
灰	DO	祸	PYKW	蓟	AQGJ	歼	GQT
挥	RPL	J		技	RFC	监	JTYL
辉	IQPL	字	编码	冀	UXL	坚	JCF
徽	TMGT	ji		季	TB	尖	ID
恢	NDO	击	FMK	伎	WFCY	笺	TGR
蛔	JLK	圾	FE	祭	WFI	间	UJ
回	LKD	基	AD	剂	YJJH	煎	UEJO
毁	VA	机	SM	悸	NTB	兼	UVO
悔	NTX	畸	LDS	济	IYJ	肩	YNED
慧	DHDN	稽	TDNJ	寄	PDS	艰	CV
卉	FAJ	积	TKW	寂	PHI	奸	VFH
惠	GJH	箕	TAD	计	YF	缄	XDG
晦	JTX	肌	EM	记	YN	茧	AJU
贿	MDE	饥	QNM	既	VCA	检	SW
秽	TMQ	迹	YOP	忌	NNU	柬	GLI
会	WF	激	IRY	际	BF	碱	DDG
烩	OWF	讥	YMN	妓	VFC	硷	DWGI
汇	IAN	鸡	CQY	继	XO	拣	RANW
讳	YFNH	姬	VAH	纪	XN	捡	RWGI
诲	YTX	绩	XGM	jia		简	TUJ
绘	XWF	缉	XKB	嘉	FKUK	俭	WWGI
hun		吉	FK	枷	SLK	剪	UEJV
荤	APLJ	极	SE	夹	GUW	减	UDG
昏	QAJF	棘	GMII	佳	WFFG	荐	ADH
婚	VQ	辑	LKB	家	PE	槛	SJT
魂	FCR	籍	TDIJ	加	LK	鉴	JTYQ
浑	IPL	集	WYS	荚	AGUW	践	KHG
混	IJX	及	EY	颊	GUWM	贱	MGT
huo		急	QVN	贾	SMU	见	MQB
豁	PDHK	疾	UTD	甲	LHNH	键	QVFP
活	ITD	汲	IEY	钾	QLH	箭	TUE
伙	WO	即	VCB	假	WNH	件	WRH
火	OOOO	嫉	VUT	稼	TPE	健	WVF
获	AQT	级	XE	价	WWJ	舰	TEMQ

续表

字	编码	字	编码	字	编码	字	编码
剑	WGI	角	QE	届	NM	静	GEQ
饯	QNGT	饺	QNUQ	jin		境	FUJ
渐	IL	缴	XRY	巾	MHK	敬	AQK
溅	IMGT	绞	XUQ	筋	TELB	镜	QUJ
涧	IUJG	剿	VJSJ	斤	RTT	径	TCA
建	VFHP	教	FTBT	金	QQQQ	痉	UCA
jiang		酵	SGFB	今	WYNB	靖	UGE
僵	WGL	轿	LTD	津	IVFH	竟	UJQ
姜	UGV	较	LU	襟	PUS	竞	UKQB
将	UQF	叫	KN	紧	JC	净	UQV
浆	UQI	窖	PWTK	锦	QRM	jiong	
江	IA	jie		仅	WCY	炯	OMKG
疆	XFG	揭	RJQ	谨	YAK	窘	PWVK
蒋	AUQ	接	RUV	进	FJ	jiu	
桨	UQS	皆	XXR	靳	AFR	揪	RTO
奖	UQD	秸	TFKG	晋	GOGJ	究	PWV
讲	YFJ	街	TFFH	禁	SSF	纠	XNH
匠	AR	阶	BWJ	近	RP	玖	GQY
酱	UQSG	截	FAW	烬	ONY	韭	DJDG
降	BT	劫	FCLN	浸	IVP	久	QY
jiao		节	AB	尽	NYU	灸	QYO
蕉	AWY	桔	SFK	劲	CAL	九	VT
椒	SHI	杰	SO	jing		酒	ISGG
礁	DWY	捷	RGV	荆	AGA	厩	DVC
焦	WYO	睫	HGV	兢	DQD	救	FIYT
胶	EU	竭	UJQN	茎	ACA	旧	HJ
交	UQ	洁	IFK	睛	HG	臼	VTH
郊	UQB	结	XF	晶	JJJ	舅	VLL
浇	IAT	解	QEV	鲸	QGY	咎	THK
骄	CTDJ	姐	VEG	京	YIU	就	YI
娇	VTDJ	戒	AAK	惊	NYIY	疚	UQY
嚼	KEL	藉	ADI	精	OGE	ju	
搅	RIPQ	芥	AWJ	粳	OGJ	鞠	AFQ
铰	QUQ	界	LWJ	经	X	拘	RQK
矫	TDTJ	借	WAJ	井	FJK	狙	QTEG
侥	WATQ	介	WJ	警	AQKY	疽	UEG
脚	EFCB	疥	UWJ	景	JYI	居	ND
狡	QTU	诫	YAAH	颈	CAD	驹	CQK

续表

字	编码	字	编码	字	编码	字	编码
菊	AQO	jun		抗	RYMN	kou	
局	NNK	均	FQU	亢	YMB	抠	RAQ
咀	KEG	菌	ALT	炕	OYM	口	KKKK
矩	TDA	钧	QQUG	kao		扣	RK
举	IWF	军	PL	考	FTG	寇	PFQC
沮	IEG	君	VTKD	拷	RFT	ku	
聚	BCT	峻	MCW	烤	OFT	枯	SD
拒	RAN	俊	WCW	靠	TFKD	哭	KKDU
据	RND	竣	UCW	ke		窟	PWN
巨	AND	浚	ICWT	坷	FSK	苦	ADF
具	HW	郡	VTKB	苛	ASK	酷	SGTK
距	KHA	骏	CCW	柯	SSK	库	YLD
踞	KHND	**K**		棵	SJS	裤	PUY
锯	QND	字	编码	磕	DFC	kua	
俱	WHW	ka		颗	JSD	夸	DFN
句	QKD	喀	KPT	科	TU	垮	FDFN
惧	NHW	咖	KLK	壳	FPM	挎	RDFN
炬	OAN	卡	HHU	咳	KYNW	跨	KHD
剧	NDJ	咯	KTK	可	SK	胯	EDF
juan		kai		渴	IJQ	kuai	
捐	RKE	开	GA	克	DQ	块	FNW
鹃	KEQ	揩	RXXR	刻	YNT	筷	TNN
娟	VKE	楷	SXX	客	PT	侩	WWFC
倦	WUD	凯	MNM	课	YJS	快	NNW
眷	UDHF	慨	NVC	ken		kuan	
卷	UDBB	kan		肯	HE	宽	PA
绢	XKE	刊	FJH	啃	KHE	款	FFI
jue		堪	FAD	垦	VEF	kuang	
撅	RDUW	勘	ADWL	恳	VENU	匡	AGD
攫	RHH	坎	FQW	keng		筐	TAG
抉	RNWY	砍	DQW	坑	FYM	狂	QTG
掘	RNBM	看	RHF	吭	KYM	框	SAGG
爵	ELV	kang		kong		矿	DYT
觉	IPMQ	康	YVI	空	PW	眶	HAG
决	UN	慷	NYV	恐	AMYN	旷	JYT
诀	YNWY	糠	OYVI	孔	BNN	况	UKQ
绝	XQC	扛	RAG	控	RPW	kui	

续表

字	编码	字	编码	字	编码	字	编码
亏	FNV	栏	SUF	磊	DDD	俐	WTJ
盔	DOL	拦	RUF	累	LX	痢	UTJ
岿	MJV	篮	TJTL	儡	WLL	立	UU
窥	PWFQ	阑	UGLI	垒	CCCF	粒	OUG
葵	AWG	兰	UFF	擂	RFL	沥	IDL
奎	DFFF	澜	IUGI	肋	EL	隶	VII
魁	RQCF	谰	YUG	类	OD	力	LT
傀	WRQ	揽	RJT	泪	IHG	璃	GYB
馈	QNK	览	JTYQ	leng		哩	KJF
愧	NRQ	懒	NGKM	棱	SFW	lia	
溃	IKH	缆	XJT	楞	SL	俩	WGM
kun		烂	OUFG	冷	UWYC	lian	
坤	FJHH	滥	IJT	li		联	BU
昆	JX	lang		厘	DJFD	莲	ALP
捆	RLS	琅	GYV	梨	TJS	连	LPK
困	LS	榔	SYV	犁	TJR	镰	QYUO
kuo		狼	QTY	黎	TQT	廉	YUVO
括	RTD	廊	YYV	篱	TYB	怜	NWYC
扩	RY	郎	YVCB	狸	QTJF	涟	ILP
廓	YYBB	朗	YVC	离	YB	帘	PWM
阔	UIT	浪	IYV	漓	IYBC	敛	WGIT
L		lao		理	GJ	脸	EW
字	编码	捞	RAP	李	SB	链	QLP
la		劳	APL	里	JFD	恋	YON
垃	FUG	牢	PRH	鲤	QGJF	炼	OANW
拉	RU	老	FTX	礼	PYNN	练	XAN
喇	KGK	佬	WFT	莉	ATJ	liang	
蜡	JAJ	姥	VFT	荔	ALL	粮	OYV
腊	EAJ	酪	SGTK	吏	GKQ	凉	UYIY
辣	UGK	烙	OTK	栗	SSU	梁	IVW
啦	KRU	涝	IAP	丽	GMY	粱	IVWO
lai		le		厉	DDN	良	YV
莱	AGO	勒	AFL	励	DDNL	两	GMWW
来	GO	乐	QI	砾	DQI	辆	LGM
赖	GKIM	lei		历	DL	量	JG
lan		雷	FLF	利	TJH	晾	JYIY
蓝	AJT	镭	QFL	傈	WSS	亮	YPM
婪	SSV	蕾	AFLF	例	WGQ	谅	YYI

续表

字	编码	字	编码	字	编码	字	编码
liao		铃	QWYC	陋	BGM	峦	YOM
撩	RDU	伶	WWYC	lu		挛	YOR
聊	BQT	羚	UDWC	芦	AYNR	孪	YOB
僚	WDU	凌	UFW	卢	HN	滦	IYOS
疗	UBK	灵	VO	颅	HNDM	卵	QYT
燎	ODUI	陵	BFW	庐	YYNE	乱	TDN
寥	PNW	岭	MWYC	炉	OYN	lüe	
辽	BP	领	WYCM	掳	RHA	掠	RYIY
潦	IDUI	另	KL	卤	HL	略	LTK
了	B	令	WYC	虏	HALV	lun	
撂	RLT	liu		鲁	QGJ	抡	RWX
镣	QDU	溜	IQYL	麓	SSYX	轮	LWX
廖	YNW	琉	GYC	碌	DVI	伦	WWX
料	OU	榴	SQY	露	FKHK	仑	WXB
lie		硫	DYC	路	KHT	沦	IWX
列	GQ	馏	QNQL	赂	MTK	纶	XWX
裂	GQJE	留	QYVL	鹿	YNJ	论	YWX
烈	GQJO	刘	YJH	潞	IKHK	luo	
劣	ITL	瘤	UQYL	禄	PYV	萝	ALQ
猎	QTA	流	IYC	录	VI	螺	JLX
lin		柳	SQT	陆	BFM	罗	LQ
琳	GSS	六	UY	戮	NWE	逻	LQP
林	SS	long		lü		锣	QLQ
磷	DOQ	龙	DX	驴	CYN	箩	TLQ
霖	FSS	聋	DXB	吕	KK	骡	CLX
临	JTY	咙	KDX	铝	QKK	裸	PUJS
邻	WYCB	笼	TDX	侣	WKK	落	AIT
鳞	QGO	窿	PWB	旅	YTEY	洛	ITK
淋	ISS	隆	BTG	履	NTT	骆	CTK
凛	UYL	垄	DXF	屡	NO	络	XTK
赁	WTFM	拢	RDX	缕	XOV	**M**	
吝	YKF	陇	BDX	虑	HAN	字	编码
拎	RWYC	lou		氯	RNV	ma	
ling		楼	SOV	律	TVFH	妈	VCG
玲	GWY	娄	OV	率	YX	麻	YSS
菱	AFWT	搂	ROV	滤	IHA	玛	GCG
零	FWYC	篓	TOV	绿	XV	码	DCG
龄	HWBC	漏	INFY	luan		蚂	JCG

续表

字	编码	字	编码	字	编码	字	编码
马	CN	帽	MHJ	靡	YSSD	敏	TXGT
骂	KKC	貌	EERQ	糜	YSSO	悯	NUY
嘛	KYS	贸	QYV	迷	OP	闽	UJI
吗	KCG	mo		谜	YOPY	ming	
mai		么	TC	弥	XQI	明	JE
埋	FJF	mei		米	OY	螟	JPJ
买	NUDU	玫	GT	秘	TN	鸣	KQY
麦	GTU	枚	STY	觅	EMQ	铭	QQK
卖	FNUD	梅	STX	泌	INT	名	QK
迈	DNP	酶	SGTU	蜜	PNTJ	命	WGKB
脉	EYNI	霉	FTXU	密	PNT	miu	
man		煤	OAF	幂	PJD	谬	YNWE
瞒	HAGW	没	IM	mian		mo	
馒	QNJC	眉	NHD	棉	SRM	摸	RAJD
蛮	YOJ	媒	VAF	眠	HNA	摹	AJDR
螨	JAGW	镁	QUG	绵	XRM	蘑	AYS
蔓	AJL	每	TXG	冕	JQKQ	模	SAJ
曼	JLC	美	UGDU	免	QKQ	膜	EAJD
慢	NJL	昧	JFI	勉	QKQL	磨	YSSD
漫	IJLC	寐	PNHI	娩	VQK	摩	YSSR
谩	YJL	妹	VFI	缅	XDMD	魔	YSSC
mang		媚	VNH	面	DM	抹	RGS
芒	AYN	men		miao		末	GS
茫	AIY	门	UYH	苗	ALF	莫	AJD
盲	YNH	闷	UNI	描	RAL	墨	LFOF
氓	YNNA	们	WU	瞄	HAL	默	LFOD
忙	NYNN	meng		藐	AEE	沫	IGS
莽	ADA	萌	AJE	秒	TI	漠	IAJ
mao		蒙	APG	渺	IHIT	寞	PAJ
猫	QTAL	檬	SAP	庙	YMD	陌	BDJ
茅	ACBT	盟	JEL	妙	VIT	mou	
锚	QAL	锰	QBL	mie		谋	YAF
毛	TFN	猛	QTBL	蔑	ALDT	牟	CRH
矛	CBT	梦	SSQ	灭	GOI	某	AFS
铆	QQT	孟	BLF	min		mu	
卯	QTBH	mi		民	N	拇	RXG
茂	ADN	眯	HO	抿	RNA	牡	YRFG
冒	JHF	醚	SGO	皿	LHN	亩	YLF

续表

字	编码	字	编码	字	编码	字	编码
姆	VXG	闹	UYM	聂	BCCU	懦	NFDJ
母	XGU	淖	IHJ	孽	AWNB	糯	OFD
墓	AJDF	ne		啮	KHWB	诺	YAD
暮	AJDJ	呢	KNX	镊	QBC	**O**	
幕	AJDH	nei		镍	QTH	字	编码
募	AJDL	馁	QNE	涅	IJFG	o	
慕	AJDN	内	MW	nin		哦	KTR
木	SSSS	nen		您	WQIN	ou	
目	HHHH	嫩	VGK	ning		欧	AQQ
睦	HF	neng		柠	SPS	鸥	AQQG
牧	TRT	能	CE	狞	QTP	殴	AQM
穆	TUI	ni		凝	UXT	藕	ADIY
N		妮	VNX	宁	PS	呕	KAQY
字	编码	霓	FVQ	拧	RPS	偶	WJM
na		倪	WVQ	泞	IPS	沤	IAQ
拿	WGKR	泥	INX	niu		**P**	
哪	KV	尼	NX	牛	RHK	字	编码
呐	KMW	拟	RNY	扭	RNF	pa	
钠	QMW	你	WQ	钮	QNF	啪	KRR
那	VFB	匿	AADK	纽	XNF	趴	KHW
娜	VVF	腻	EAF	nong		爬	RHYC
纳	XMW	逆	UBT	脓	EPE	帕	MHR
nai		溺	IXU	浓	IPE	怕	NR
氖	RNE	nian		农	PEI	琶	GGC
乃	ETN	蔫	AGHO	弄	GAJ	pai	
奶	VE	拈	RHKG	nu		拍	RRG
耐	DMJF	年	RH	奴	VCY	排	RDJ
奈	DFI	碾	DNA	努	VCL	牌	THGF
nan		撵	RFWL	怒	VCN	徘	TDJD
南	FM	捻	RWYN	nü		湃	IFD
男	LL	念	WYNN	女	VVV	派	IRE
难	CW	niang		nuan		pan	
nang		娘	VYV	暖	JEF	攀	SQQR
囊	GKH	酿	SGYE	nüe		潘	ITOL
nao		鸟	QYNG	虐	HAA	盘	TEL
挠	RATQ	尿	NII	疟	UAGD	磐	TEMD
脑	EYB	nie		nuo		盼	HWV
恼	NYB	捏	RJFG	挪	RVF	畔	LUF

续表

字	编码	字	编码	字	编码	字	编码
判	UDJH	篷	TTDP	拼	RUA	浦	IGEY
叛	UDRC	膨	EFK	频	HIDM	谱	YOU
pang		朋	EE	贫	WVM	曝	JJAI
乓	RGY	鹏	EEQ	品	KKK	瀑	IJAI
庞	YDX	捧	RDW	聘	BMGN	**Q**	
旁	UPY	碰	DUO	ping		字	编码
耪	DIUY	pi		乒	RGT	qi	
胖	EUF	坯	FGIG	坪	FGU	期	ADWE
pao		砒	DXX	苹	AGU	欺	ADWW
抛	RVL	霹	FNK	萍	AIGH	栖	SSG
咆	KQN	批	RX	平	GU	戚	DHI
刨	QNJH	披	RHC	凭	WTFM	妻	GV
炮	OQN	劈	NKUV	瓶	UAG	七	AG
袍	PUQ	琵	GGX	评	YGU	凄	UGVV
跑	KHQ	毗	LXX	屏	NUA	漆	ISW
泡	IQN	啤	KRT	po		柒	IAS
pei		脾	ERT	坡	FHC	沏	IAV
呸	KGI	疲	UHC	泼	INTY	其	ADW
胚	EGI	皮	HC	颇	HCD	棋	SAD
培	FUK	匹	AQV	婆	IHCV	奇	DSKF
裴	DJDE	痞	UGI	破	DHC	歧	HFC
赔	MUK	僻	WNK	魄	RRQC	畦	LFF
陪	BUK	屁	NXX	迫	RPD	崎	MDS
配	SGN	譬	NKUY	粕	ORG	脐	EYJ
佩	WMG	pian		pou		齐	YJJ
沛	IGMH	篇	TYNA	剖	UKJ	旗	YTA
pen		偏	WYNA	pu		祈	PYR
喷	KFA	片	THG	扑	RHY	祁	PYB
盆	WVL	骗	CYNA	铺	QGE	骑	CDS
peng		piao		仆	WHY	起	FHN
砰	KGU	飘	SFIQ	莆	AGE	岂	MN
抨	RGUH	漂	ISF	葡	AQGY	乞	TNB
烹	YBO	瓢	SFIY	菩	AUK	企	WHF
澎	IFKE	票	SFIU	蒲	AIGY	启	YNK
彭	FKUE	pie		埔	FGEY	契	DHV
蓬	ATDP	撇	RUMT	朴	SHY	砌	DAV
棚	SEE	瞥	UMIH	圃	LGEY	器	KKD
硼	DEE	pin		普	UO	气	RNB

续表

字	编码	字	编码	字	编码	字	编码
迄	TNP	蔷	AFU	青	GEF	去	FCU
弃	YCA	强	XK	轻	LCA	quan	
汽	IRN	抢	RWB	氢	RNC	圈	LUD
泣	IUG	qiao		倾	WXD	颧	AKK
讫	YTNN	橇	STF	卿	QTVB	权	SC
qia		锹	QTO	清	IGE	醛	SGAG
掐	RQV	敲	YMKC	擎	AQKR	泉	RIU
恰	NWGK	悄	NI	晴	JGE	全	WG
洽	IWG	桥	STD	氰	RNGE	痊	UWG
qian		瞧	HWY	情	NGE	拳	UDR
牵	DPR	乔	TDJ	顷	XD	犬	DGTY
扦	RTFH	侨	WTD	请	YGE	券	UDV
钎	QTF	巧	AGNN	庆	YD	劝	CL
铅	QMK	鞘	AFIE	qiong		que	
千	TFK	撬	RTFN	琼	GYIY	缺	RMN
迁	TFP	翘	ATGN	穷	PWL	炔	ONW
签	TWGI	峭	MI	qiu		瘸	ULKW
仟	WTFH	俏	WIE	秋	TO	却	FCB
谦	YUV	窍	PWAN	丘	RGD	鹊	AJQG
乾	FJT	qie		邱	RGB	榷	SPWY
黔	LFON	切	AV	球	GFI	确	DQE
钱	QG	茄	ALKF	求	FIY	雀	IWYF
钳	QAF	且	EG	囚	LWI	qun	
前	UE	怯	NFCY	酋	USGF	裙	PUVK
潜	IFW	窃	PWAV	泅	ILW	群	VTK
遣	KHGP	qin		qu		**R**	
浅	IGT	钦	QQW	趋	FHQV	字	编码
谴	YKHP	侵	WVP	区	AQ	ran	
堑	LRF	亲	US	蛆	JEGG	然	QD
嵌	MAF	秦	DWT	曲	MA	燃	OQDO
欠	QW	琴	GGW	躯	TMDQ	冉	MFD
歉	UVOW	勤	AKGL	屈	NBM	染	IVS
qiang		芹	ARJ	驱	CAQ	rang	
枪	SWB	擒	RWYC	渠	IANS	瓤	YKKY
呛	KWB	禽	WYB	取	BC	壤	FYK
腔	EPW	寝	PUVC	娶	BCV	攘	RYK
羌	UDNB	沁	IN	龋	HWBY	嚷	KYK
墙	FFUK	qing		趣	FHB	让	YH

续表

字	编码	字	编码	字	编码	字	编码
rao		ru		伞	WUH	煽	OYNN
饶	QNA	茹	AVK	散	AET	衫	PUE
扰	RDN	蠕	JFDJ	sang		闪	UW
绕	XAT	儒	WFD	桑	CCCS	陕	BGU
re		孺	BFD	嗓	KCC	擅	RYL
惹	ADKN	如	VK	丧	FUE	赡	MQD
热	RVYO	辱	DFEF	sao		膳	EUDK
ren		乳	EBN	搔	RCYJ	善	UDUK
壬	TFD	汝	IVG	骚	CCYJ	汕	IMH
仁	WFG	入	TY	扫	RV	扇	YNND
人	W	褥	PUDF	嫂	VVH	缮	XUD
忍	VYNU	ruan		se		shang	
韧	FNHY	软	LQW	瑟	GGN	墒	FUM
任	WTF	阮	BFQ	色	QC	伤	WTL
认	YW	rui		涩	IVY	商	UMW
刃	VYI	蕊	ANN	sen		赏	IPKM
妊	VTF	瑞	GMD	森	SSS	晌	JTM
纫	XVY	锐	QUK	seng		上	H
reng		run		僧	WUL	尚	IMKF
扔	RE	闰	UG	sha		裳	IPKE
仍	WE	润	IUGG	莎	AIIT	shao	
ri		ruo		砂	DIT	梢	SIE
日	JJJJ	若	ADK	杀	QSU	捎	RIE
rong		弱	XUX	刹	QSJ	稍	TIE
戎	ADE	S		沙	IIT	烧	OAT
茸	ABF	字	编码	纱	XIT	芍	AQY
蓉	APW	sa		傻	WTLT	勺	QYI
荣	APS	撒	RAE	啥	KWFK	韶	UJV
融	GKM	洒	IS	煞	QVT	少	IT
熔	OPW	萨	ABU	shai		哨	KIE
溶	IPWK	sai		筛	TJGH	邵	VKB
容	PWW	腮	ELNY	晒	JSG	绍	XVK
绒	XAD	鳃	QGL	shan		she	
冗	PMB	塞	PFJF	珊	GMM	奢	DFT
rou		赛	PFJM	苫	AHK	赊	MWF
揉	RCBS	san		杉	SET	蛇	JPX
柔	CBTS	三	DG	山	MMM	舌	TDD
肉	MWW	叁	CDD	删	MMGJ	舍	WFK

续表

字	编码	字	编码	字	编码	字	编码
赦	FOT	失	RW	饰	QNTH	黍	TWI
摄	RBCC	狮	QTJH	氏	QA	鼠	VNU
射	TMDF	施	YTB	市	YMHJ	属	NTK
慑	NBC	湿	IJO	恃	NFF	术	SY
涉	IHI	诗	YFF	室	PGC	述	SYP
社	PY	尸	NNGT	视	PYM	树	SCF
设	YMC	虱	NTJI	试	YAA	束	GKI
shen		十	FGH	shou		戍	DYNT
砷	DJH	石	DGTG	收	NHT	竖	JCU
申	JHK	拾	RWGK	手	RTG	墅	JFCF
呻	KJH	时	JF	首	UTH	庶	YAO
伸	WJH	什	WFH	守	PF	数	OVT
身	TMD	食	WYV	寿	DTF	漱	IGKW
深	IPW	蚀	QNJ	授	REP	恕	VKN
娠	VDF	实	PUD	售	WYK	shua	
绅	XJH	识	PKW	受	EPC	刷	NMH
神	PYJ	史	KQ	瘦	UVH	耍	DMJV
沈	IPQ	矢	TDU	兽	ULG	shuai	
审	PJH	使	WGKQ	shu		摔	RYX
婶	VPJ	屎	NOI	蔬	ANH	衰	YKGE
甚	ADWN	驶	CKQY	枢	SAQ	甩	EN
肾	JCE	始	VCK	梳	SYC	帅	JMH
慎	NFH	式	AA	殊	GQR	shuan	
渗	ICD	示	FI	抒	RCB	栓	SWG
sheng		世	AN	输	LWG	拴	RWG
声	FNR	柿	SYMH	叔	HIC	shuang	
生	TG	事	GK	舒	WFKB	霜	FSH
甥	TGLL	拭	RAA	淑	IHIC	双	CC
牲	TRTG	誓	RRYF	疏	NHY	爽	DQQ
升	TAK	逝	RRP	书	NNH	shui	
绳	XKJN	势	RVYL	赎	MFN	谁	YWYG
省	ITH	是	J	孰	YBVY	水	II
盛	DNNL	嗜	KFTJ	熟	YBV	睡	HTG
剩	TUXJ	噬	KTA	薯	ALFJ	税	TUK
胜	ETG	适	TDP	暑	JFT	shun	
圣	CFF	仕	WFG	曙	JLFJ	吮	KCQ
shi		侍	WFF	署	LFTJ	瞬	HEP
师	JGM	释	TOC	蜀	LQJ	顺	KDM

续表

字	编码	字	编码	字	编码	字	编码
舜	EPQH	su		缩	XPW	谭	YSJ
shuo		苏	ALW	琐	GIM	谈	YOO
说	YU	酥	SGTY	索	FPX	坦	FJG
硕	DDM	俗	WWWK	锁	QIM	毯	TFNO
朔	UBTE	素	GXI	所	RN	袒	PUJG
烁	OQI	速	GKIP	**T**		碳	DMD
si		粟	SOU	字	编码	探	RPWS
斯	ADWR	僳	WSO	ta		叹	KCY
撕	RAD	塑	UBTF	塌	FJN	炭	MDO
嘶	KAD	溯	IUB	他	WB	tang	
思	LV	宿	PWDJ	它	PX	汤	INR
私	TCY	诉	YRY	她	VBN	塘	FYV
司	NGK	肃	VIJ	塔	FAWK	搪	RYV
丝	XXG	suan		獭	QTGM	堂	IPKF
死	GQX	酸	SGC	挞	RDP	棠	IPKS
肆	DVF	蒜	AFI	蹋	KHJN	膛	EIP
寺	FFU	算	THA	踏	KHIJ	唐	YVH
嗣	KMA	sui		tai		糖	OYV
四	LHNG	虽	KJ	胎	ECK	倘	WIM
伺	WNG	隋	BDA	苔	ACK	躺	TMDK
似	WNY	随	BDE	抬	RCK	淌	IIM
饲	QNNK	绥	XEV	台	CK	趟	FHI
巳	NNGN	髓	MED	泰	DWIU	烫	INRO
song		碎	DYW	酞	SGDY	tao	
松	SWC	岁	MQU	太	DY	掏	RQR
耸	WWB	穗	TGJN	态	DYN	涛	IDT
怂	WWN	遂	UEP	汰	IDY	滔	IEV
颂	WCD	隧	BUE	tan		绦	XTS
送	UDP	祟	BMF	坍	FMYG	萄	AQR
宋	PSU	sun		摊	RCW	桃	SIQ
讼	YWC	孙	BIY	贪	WYNM	逃	IQP
诵	YCEH	损	RKM	瘫	UCWY	洮	IQR
sou		笋	TVT	滩	ICW	陶	BQR
搜	RVH	suo		坛	FFC	讨	YFY
艘	TEVC	蓑	AYK	檀	SYL	套	DDU
擞	ROVT	梭	SCW	痰	UOO	te	
嗽	KGKW	唆	KCW	潭	ISJ	特	TRF

续表

字	编码	字	编码	字	编码	字	编码
teng		帖	MHHK	涂	IWT	娃	VFF
藤	AEU	ting		屠	NFT	瓦	GNY
腾	EUD	厅	DS	土	FFFF	袜	PUG
疼	UTU	听	KR	吐	KFG	wai	
誊	UDYF	烃	OC	兔	QKQY	歪	GIG
ti		汀	ISH	tuan		外	QH
梯	SUX	廷	TFPD	湍	IMD	wan	
剔	JQRJ	停	WYP	团	LFT	豌	GKUB
踢	KHJ	亭	YPS	tiu		弯	YOX
锑	QUX	庭	YTFP	推	RWYG	湾	IYO
提	RJ	挺	RTFP	颓	TMDM	玩	GFQ
题	JGHM	艇	TET	腿	EVE	顽	FQD
啼	KUPH	tong		蜕	JUK	丸	VYI
体	WSG	通	CEP	褪	PUVP	烷	OPF
替	FWF	桐	SMGK	退	VEP	完	PFQ
嚏	KFPH	酮	SGMK	tun		碗	DPQ
惕	NJQ	瞳	HUJ	吞	GDK	挽	RQKQ
涕	IUXT	同	M	屯	GBN	晚	JQK
剃	UXHJ	铜	QMGK	臀	NAWE	皖	RPF
屉	NAN	彤	MYE	tuo		惋	NPQB
tian		童	UJFF	拖	RTB	宛	PQB
天	GD	桶	SCE	托	RTA	婉	VPQ
添	IGD	捅	RCE	脱	EUK	万	DNV
填	FFH	筒	TMG	舵	TEPX	腕	EPQ
田	LLL	统	XYC	陀	BPX	wang	
甜	TDAF	痛	UCE	驮	CDY	汪	IG
恬	NTD	tou		驼	CPX	王	GGG
舔	TDGN	偷	WWGJ	椭	SBD	亡	YNV
腆	EMA	投	RMC	妥	EVF	枉	SGG
tiao		头	UDI	拓	RDG	网	MQQ
挑	RIQ	透	TEP	唾	KTG	往	TYG
条	TS	tu		**W**		旺	JGG
迢	VKP	凸	HGM	字	编码	望	YNEG
眺	HIQ	秃	TMB	wa		忘	YNNU
跳	KHI	突	PWD	挖	RPWN	妄	YNVF
tie		图	LTU	哇	KFF	wei	
贴	MHKG	徒	TFHY	蛙	JFF	威	DGV
铁	QR	途	WTP	洼	IFFG	巍	MTV

续表

字	编码	字	编码	字	编码	字	编码
微	TMG	吻	KQR	侮	WTX	席	YAM
危	QDB	稳	TQV	坞	FQNG	习	NU
韦	FNH	紊	YXIU	戊	DNY	媳	VTHN
违	FNHP	问	UKD	雾	FTL	喜	FKU
桅	SQD	weng		晤	JGK	铣	QTFQ
围	LFNH	嗡	KWC	物	TR	洗	ITF
唯	KWYG	翁	WCN	勿	QRE	系	TXI
惟	NWY	瓮	WCG	务	TL	隙	BIJ
为	O	wo		悟	NGKG	戏	CA
潍	IXW	挝	RFP	误	YKG	细	XL
维	XWY	蜗	JKM	**X**		xia	
苇	AFN	涡	IKM	字	编码	瞎	HP
萎	ATV	窝	PWKW	xi		虾	JGHY
委	TV	我	Q	昔	AJF	匣	ALK
伟	WFN	斡	FJWF	熙	AHKO	霞	FNHC
伪	WYL	卧	AHNH	析	SR	辖	LPD
尾	NTF	握	RNG	西	SGHG	暇	JNH
纬	XFNH	沃	ITDY	硒	DSG	峡	MGU
未	FII	wu		矽	DQY	侠	WGU
蔚	ANF	巫	AWW	晰	JSR	狭	QTGW
味	KFI	呜	KQNG	嘻	KFK	下	GH
畏	LGE	钨	QQN	吸	KEY	厦	DDH
胃	LE	乌	QNG	锡	QJQ	夏	DHT
喂	KLGE	污	IFN	牺	TRS	吓	KGH
魏	TVR	诬	YAW	稀	TQD	xian	
位	WUG	屋	NGC	息	THN	掀	RRQ
渭	ILE	无	FQ	希	QDM	锨	QRQ
谓	YLE	芜	AFQB	悉	TON	先	TFQ
尉	NFIF	梧	SGK	膝	ESW	仙	WM
慰	NFI	吾	GKF	夕	QTNY	鲜	QGU
卫	BG	吴	KGD	惜	NAJG	纤	XTF
wen		毋	XDE	熄	OTHN	咸	DGK
瘟	UJL	乌	QNG	烯	OQD	贤	JCM
温	IJL	五	GG	溪	IEX	衔	TQF
蚊	JYY	捂	RGKG	汐	IQY	舷	TEYX
文	YYGY	午	TFJ	犀	NIR	闲	USI
闻	UB	舞	RLG	檄	SRY	涎	ITHP
纹	XYY	伍	WGG	袭	DXY	弦	XYX

续表

字	编码	字	编码	字	编码	字	编码
嫌	VU	校	SUQ	xing		虚	HAO
显	JO	肖	IE	星	JTG	嘘	KHAG
险	BWG	啸	KV	腥	EJT	须	EDM
现	GM	笑	TTD	猩	QTJG	徐	TWT
献	FMUD	效	UQT	惺	NJT	许	YTF
县	EGC	xie		兴	IW	蓄	AYX
腺	ERI	楔	SDH	刑	GAJH	酗	SGQB
馅	QNQV	些	HXF	型	GAJF	叙	WTC
羡	UGU	歇	JQW	形	GAE	旭	VJ
宪	PTF	蝎	JJQ	邢	GAB	序	YCB
陷	BQV	鞋	AFFF	行	TF	畜	YXL
限	BV	协	FL	醒	SGJ	恤	NTL
线	XG	挟	RGU	幸	FUF	絮	VKX
xiang		携	RWYE	杏	SKF	婿	VNHE
相	SH	邪	AHTB	性	NTG	绪	XFT
厢	DSH	斜	WTUF	姓	VTG	续	XFN
镶	QYK	胁	ELW	xiong		xuan	
香	TJF	谐	YXXR	兄	KQB	轩	LF
箱	TSH	写	PGN	凶	QB	喧	KP
襄	YKK	械	SA	胸	EQ	宣	PGJ
橡	SQK	卸	RHB	匈	QQB	悬	EGCN
像	WQJ	蟹	QEVJ	汹	IQBH	旋	YTN
向	TMK	懈	NQE	雄	DCW	玄	YXU
象	QKE	泄	IANN	熊	CEXO	选	TFQP
xiao		泻	IPGG	xiu		癣	UQG
萧	AVI	谢	YTM	休	WS	眩	HY
硝	DIE	屑	NIED	修	WHT	绚	XQJ
霄	FIE	xin		羞	UDN	xue	
削	IEJ	薪	AUS	朽	SGNN	靴	AFWX
哮	KFT	芯	ANU	嗅	KTHD	薛	AWNU
嚣	KKDK	锌	QUH	锈	QTEN	学	IP
销	QIE	欣	RQW	秀	TE	穴	PWU
消	IIE	辛	UYGH	袖	PUM	雪	FV
宵	PIE	新	USR	绣	XTEN	血	TLD
淆	IQD	忻	NRH	xu		勋	KML
晓	JAT	心	NY	墟	FHAG	xun	
小	IH	信	WY	戌	DGN	熏	TGL
孝	FTB	衅	TLU	需	FDM	循	TRFH

续表

字	编码	字	编码	字	编码	字	编码
旬	QJ	研	DGA	仰	WQBH	一	G
询	YQJ	蜓	JTHP	痒	UUD	壹	FPG
寻	VF	岩	MDF	养	UDYJ	医	ATD
驯	CKH	延	THP	样	SU	揖	RKB
巡	VP	言	YYY	漾	IUGI	铱	QYE
殉	GQQ	颜	UTEM	yao		依	WYE
汛	INF	阎	UQVD	邀	RYTP	伊	WVT
训	YK	炎	OO	腰	ESV	衣	YE
讯	YNF	沿	IMK	妖	VTD	颐	AHKM
逊	BIP	奄	DJN	瑶	GER	夷	GXW
迅	NFP	掩	RDJN	摇	RER	遗	KHGP
Y		眼	HV	尧	ATGQ	移	TQQ
字	编码	衍	TIF	遥	ER	仪	WYQ
ya		演	IPG	窑	PWR	胰	EGX
压	DFY	艳	DHQ	谣	YER	疑	XTDH
押	RL	堰	FAJV	姚	VIQ	沂	IRH
鸦	AHTG	燕	AUKO	咬	KUQ	宜	PEG
鸭	LQY	厌	DDI	舀	EVF	姨	VG
呀	KA	砚	DMQ	药	AX	彝	XGO
丫	UHK	雁	DWW	要	S	椅	SDS
芽	AAH	唁	KYG	耀	IQNY	蚁	JYQ
牙	AH	彦	UTER	ye		倚	WDS
蚜	JAH	焰	OQV	椰	SBB	已	NNNN
崖	MDFF	宴	PJV	噎	KFP	乙	NNL
衙	TGK	谚	YUT	耶	BBH	矣	CT
涯	IDF	验	CWG	爷	WQB	以	C
雅	AHTY	yang		野	JFC	艺	ANB
哑	KGO	殃	GQM	冶	UCK	抑	RQB
亚	GOG	央	MD	也	BN	易	JQR
讶	YAH	鸯	MDQ	页	DMU	邑	KCB
yan		秧	TMDY	掖	RYW	屹	MTNN
焉	GHG	扬	SNR	业	OG	亿	WN
咽	KLD	佯	WUDH	叶	KF	役	TMC
阉	UDJN	疡	UNR	曳	JXE	臆	EUJ
烟	OL	羊	UDJ	腋	EYWY	逸	QKQP
淹	IDJ	洋	IU	夜	YWT	肄	XTDH
盐	FHL	阳	BJ	液	IYW	疫	UMC
严	GOD	氧	RNU	yi		亦	YOU

续表

字	编码	字	编码	字	编码	字	编码
裔	YEM	缨	XMM	邮	MB	语	YGK
意	UJN	莹	APG	铀	QMG	羽	NNY
毅	UEM	萤	APJ	犹	QTDN	玉	GY
忆	NN	营	APK	油	IMG	域	FAKG
乂	YQ	荧	APO	游	IYTB	芋	AGF
益	UWL	蝇	JK	酉	SGD	郁	DEB
溢	IUW	迎	QBP	有	E	吁	KGFH
诣	YXJ	赢	YNKY	友	DC	遇	JM
议	YYQ	盈	ECL	右	DK	喻	KWGJ
谊	YPE	影	JYIE	佑	WDK	峪	MWWK
译	YCF	颖	XTD	釉	TOM	御	TRH
异	NAJ	硬	JCEH	诱	YTE	愈	WGEN
翼	NLA	映	KYN	又	CCC	欲	WWKW
翌	NUF	yo		幼	XLN	狱	QTYD
绎	XCF	哟	IYNI	yu		育	YCE
yin		yong		迂	GFP	誉	IWYF
茵	ALD	拥	REH	淤	IYWU	浴	IWW
荫	ABE	佣	WEH	于	GF	寓	PJM
因	LD	臃	EYX	盂	GFL	裕	PUW
殷	RVN	痈	UEK	榆	SWGJ	预	CBD
音	UJF	庸	YVEH	虞	HAK	豫	CBQ
阴	BE	雍	YXT	愚	JMHN	驭	CCY
姻	VLD	踊	KHC	舆	WFL	yuan	
吟	KWYN	蛹	JCEH	余	WTU	鸳	QBQ
银	QVE	咏	KYN	俞	WGEJ	渊	ITO
淫	IET	泳	IYNI	逾	WGEP	冤	PQK
寅	PGM	涌	ICE	鱼	QGF	元	FQB
饮	QNQ	永	YNI	愉	NW	垣	FGJG
尹	VTE	恿	CEN	渝	IWGJ	袁	FKE
引	XH	勇	CEL	渔	IQGG	原	DR
隐	BQ	用	ET	隅	BJM	援	REF
印	QGB	you		予	CBJ	辕	LFK
ying		幽	XXM	娱	VKGD	园	LFQ
英	AMD	优	WDN	雨	FGHY	员	KM
樱	SMMV	悠	WHTN	与	GN	圆	LKMI
婴	MMV	忧	NDN	屿	MGN	猿	QTFE
鹰	YWWG	尤	DNV	禹	TKM	源	IDR
应	YID	由	MH	宇	PGF	缘	XXE

续表

字	编码	字	编码	字	编码	字	编码
远	FQP	灾	PO	增	FU	栈	SGT
苑	AQB	宰	PUJ	憎	NUL	占	HKF
愿	DRIN	载	FA	曾	UL	战	HKA
怨	QBN	再	GMF	赠	MU	站	UH
院	BPF	在	D	zha		湛	IAD
yue		zan		扎	RNN	绽	XPG
曰	JHNG	咱	KTH	喳	KSJ	zhang	
约	XQ	攒	RTFM	渣	ISJG	樟	SUJ
越	FHA	暂	LRJ	札	SNN	章	UJJ
跃	KHTD	赞	TFQM	轧	LNN	彰	UJE
钥	QEG	zang		铡	QMJ	漳	IUJ
岳	RGM	赃	MYF	闸	ULK	张	XT
粤	TLO	葬	AGQ	眨	HTP	掌	IPKR
月	EEE	zao		栅	SMM	涨	IXT
悦	NUK	遭	GMAP	榨	SPW	杖	SDY
阅	UUK	糟	OGMJ	咋	KTHF	丈	DYI
yun		凿	OGU	乍	THF	帐	MIIT
耘	DIFC	藻	AIK	炸	OTH	仗	WDYY
云	FCU	枣	GMIU	诈	YTH	胀	ETA
郧	KMB	早	JH	zhai		瘴	UUJK
匀	QU	澡	IK	摘	RUM	障	BUJ
陨	BKM	蚤	CYJ	斋	YDM	zhao	
允	CQ	躁	KHKS	宅	PTA	招	RVK
运	FCP	噪	KKKS	窄	PWTF	昭	JVK
蕴	AXJ	造	TFKP	债	WGMY	找	RAT
酝	SGF	皂	RAB	寨	PFJS	沼	IVK
晕	JP	灶	OF	zhan		赵	FHQ
韵	UJQU	燥	OKK	瞻	HQD	照	JVKO
孕	EBF	ze		毡	TFNK	罩	LHJ
Z		责	GMU	詹	QDW	兆	IQV
字	编码	择	RCF	粘	OHK	肇	YNTH
za		则	MJ	沾	UH	召	VKF
匝	AMH	泽	ICF	盏	GLF	zhe	
砸	DAMH	zei		斩	LRH	遮	YAOP
杂	VS	贼	MADT	辗	LNA	折	RR
zai		zen		崭	MLR	哲	RRK
栽	FAS	怎	THFN	展	NAE	蛰	RVYJ
哉	FAK	zeng		蘸	ASGO	辙	LYC

续表

字	编码	字	编码	字	编码	字	编码
者	FTJ	zhi		质	RFM	猪	QTFJ
锗	QFT	芝	AP	炙	QO	诸	YFT
蔗	AYA	枝	SFC	痔	UFFI	诛	YRI
这	P	支	FCU	滞	IGK	逐	EPI
浙	IRR	吱	KFC	治	ICK	竹	TTG
zhen		蜘	JTDK	窒	PWG	烛	OJ
珍	GWE	知	TDK	zhong		煮	FTJO
斟	ADWF	肢	EFC	中	K	拄	RYG
真	FHW	脂	EXJ	盅	KHL	瞩	HNT
甄	SFGN	汁	IFH	忠	KHN	嘱	KNT
砧	DHKG	之	PP	钟	QKHH	主	Y
臻	GCFT	织	XKW	衷	YKHE	著	AFT
帧	MHHM	职	BKW	终	XTU	柱	SYG
贞	HM	直	FH	种	TKH	助	EGL
针	QF	植	SFHG	肿	EKH	蛀	JYG
侦	WHM	殖	GQF	重	TGJ	贮	MPG
枕	SPQ	执	RVY	仲	WKHH	铸	QDT
疹	UWE	值	WFHG	众	WWW	筑	TAM
诊	YWE	侄	WGCF	zhou		住	WYGG
震	FDF	址	FHG	舟	TEI	注	IYG
振	RDF	指	RXJ	周	MFK	祝	PYK
镇	QFHW	止	HH	州	YTYH	驻	CYG
阵	BL	趾	KHH	洲	IYTH	zhua	
zheng		只	KW	诌	YQV	抓	RRHY
蒸	ABI	旨	XJ	粥	XOX	爪	RHYI
挣	RQVH	纸	XQA	轴	LM	zhuai	
睁	HQV	志	FN	肘	EFY	拽	RJX
征	TGH	挚	RVYR	帚	VPM	zhuan	
狰	QTQH	掷	RUDB	咒	KKM	专	FNY
争	QV	至	CGF	皱	QVHC	砖	DFNY
怔	NGH	致	GCFT	宙	PM	转	LFN
整	GKIH	置	LFHF	昼	NYJ	撰	RNNW
拯	RBI	帜	MHKW	骤	CBC	赚	MUV
正	GHD	峙	MFF	zhu		篆	TXE
政	GHT	制	RMHJ	珠	GRI	zhuang	
症	UGH	智	TDKJ	株	SRI	桩	SYF
郑	UDB	秩	TRW	蛛	JRI	庄	YFD
证	YGH	稚	TWY	朱	RI	装	UFY

续表

字	编码	字	编码	字	编码	字	编码
妆	UVG	Zi		走	FHU	佐	WDA
撞	RUJ	兹	UXX	奏	DWG	柞	STH
壮	UFG	咨	UQWK	揍	RDWD	做	WDT
状	UDY	资	UQWM	zu		作	WT
zhui		姿	UQWV	租	TEGG	坐	WWF
椎	SWY	滋	IUX	足	KHU	座	YWW
锥	QWY	淄	IVL	卒	YWWF		
追	WNNP	孜	BTY	族	YTT		
赘	GQTM	紫	HXX	祖	PYE		
坠	BWF	仔	WBG	诅	YEG		
缀	XCC	籽	OBG	阻	BEGG		
zhun		滓	IPU	组	XEG		
谆	YYBG	子	BB	zuan			
准	UWY	自	THD	钻	QHK		
zhuo		渍	IGM	纂	THDI		
捉	RKH	字	PB	zui			
拙	RBM	zong		嘴	KHX		
卓	HJJ	鬃	DEP	醉	SGY		
桌	HJS	棕	SPF	最	JB		
琢	GEY	踪	KHP	罪	LDJ		
茁	ABM	宗	PFI	zun			
酌	SGQ	综	XPF	尊	USG		
啄	KEYY	总	UKN	遵	USGP		
着	UDH	纵	XWW	zuo			
灼	OQY	zou		昨	JT		
浊	IJY	邹	QVB	左	DA		

附录二　五笔字型词组速查表

词组	编码	词组	编码	词组	编码	词组	编码	词组	编码
阿姨	bsvg	衰悼	yenh	衰乐	yeqi	衰求	yefi	衰伤	yewt
哀思	yeln	哀叹	yekc	癌症	ukug	爱戴	epfa	爱国	eplg
爱好	epvb	爱护	epry	爱惜	epna	爱慕	epaj	爱情	epng
安定	pvpg	安徽	pvtm	安静	pvge	安排	pvrd	安全	pvwg
安危	pvqd	安慰	pvnf	安稳	pvtq	安息	pvth	安详	pvyu
安心	puny	安置	pvlf	安葬	pvag	安装	pvuf	按摩	rpys
按期	rpad	按时	rpjf	按语	rpyg	按照	rpjv	案件	pvwr
案情	pvng	暗藏	juad	暗淡	juio	暗伤	juwt	暗示	jufi
黯然	lfqd	肮脏	eyey	昂贵	jqkh	遨游	gqiy	翱翔	rdud
傲慢	wgnj	奥秘	tmtn	奥妙	tmvi	澳门	ituy	澳洲	itiy
八月	wtee	巴黎	cntq	巴西	cnsg	把握	rcrn	爸爸	wqwq
罢工	lfaa	罢课	lfyj	罢免	lfqk	霸权	fasc	霸占	fahk
白菜	rrae	白发	rrnt	白桦	rrsw	白酒	rris	白布	rrdm
白糖	rroy	白天	rrgd	白杨	rrsn	白银	rrqv	百般	djte
百倍	djwu	百分	djwv	百货	djwx	百家	djpe	百科	djtu
百米	djoy	百年	djrh	百日	djjj	百姓	djvt	柏林	srss
柏树	srsc	柏油	srim	摆布	rldm	摆设	rlym	摆脱	rleu
败坏	mtfg	败类	mtod	拜拜	rdrd	拜访	rdyy	拜会	rdwf
拜见	rdmq	拜年	rdrh	拜托	rdrt	拜谢	rdyt	班长	gyta
班次	gyuq	班机	gysm	班组	gyxe	颁发	wvnt	颁奖	wvuq
斑点	gyhk	斑痕	gyuv	斑马	gycn	搬家	rtpe	搬迁	rfft
搬运	rtfc	板报	srrb	板车	srlg	板凳	srwg	版本	thsg
版面	thdm	版权	thsc	版式	thaa	版税	thtu	版图	thlt
办法	lwif	办公	lwwc	办事	lwgk	办学	lwip	半边	uflp
半岛	ufqy	半点	ufhk	半价	ufww	半截	uffa	半径	uftc
半路	jrkh	半年	ufrh	半球	ufgf	半日	ufjj	半天	ufgd
半晌	ufkt	半夜	ufyw	伴侣	wuwk	伴随	wubd	伴奏	wudw
扮演	rwip	帮忙	dtny	帮派	dtir	帮助	dteg	绑架	xdlk
榜样	susu	傍晚	wujq	包办	qnlw	包庇	qnyx	包产	qnut
包袱	qnpu	包工	qnaa	包裹	qnyj	包含	qnwy	包括	qnrt
包围	qnlf	包修	qnwh	宝贝	pgmh	宝钢	pgqm	保安	wkpv
保持	wkrf	保存	wkdh	保管	wktp	保护	wkry	保健	wkwv
保留	wkqy	保密	wkpn	保守	wkpf	保卫	wkbg	保温	wkij
保险	wkbw	保修	wkwh	保养	wkud	保佑	wkwd	保障	wkbu

续表

词组	编码	词组	编码	词组	编码	词组	编码	词组	编码
保证	wkyg	保重	wktg	堡垒	wkcc	报到	rbgc	报表	rbge
报偿	rbwi	报酬	wbsg	报答	rbtw	报导	rbnf	报国	rblg
报刊	rbfj	报考	rbft	报名	rbqk	报批	rbrx	报社	rbpy
报送	rbud	报务	rbtl	报销	rbqi	报纸	rbxq	抱负	rqqm
抱歉	rquv	抱怨	rqqb	暴动	jafc	暴发	jant	暴风	jamq
暴光	jaiq	暴利	jatj	暴露	jafk	暴乱	jatd	暴徒	jatf
爆发	ojnt	爆炸	ojot	爆竹	ojtt	卑鄙	rtkf	卑劣	rtit
杯子	sgbb	悲哀	djye	悲惨	djnc	悲愤	djnf	悲观	djcm
悲伤	djwt	悲痛	djuc	悲壮	djuf	北部	uxuk	北方	uxyy
北风	uxmq	北国	uxlg	北海	uxit	北极	uxse	北京	uxyi
北美	uxug	北面	uxdm	北纬	uxxf	北约	uxxq	贝壳	mhfp
备案	tlpv	备荒	tlay	备件	tlwr	备考	tlft	备课	tlyj
备料	tlou	备用	tlet	备战	tlhk	备注	tliy	背后	uxrg
背景	uxjy	背离	uxyb	背叛	uxud	背诵	uxyc	背心	uxny
倍数	wuov	被动	pufc	被迫	purp	被子	pubb	奔波	dfih
奔驰	dfcb	奔放	dfyt	奔流	dfiy	奔跑	dfkh	奔腾	dfeu
本报	sgrb	本国	sglg	本来	sggo	本领	sgwy	本能	sgce
本年	sgrh	本色	sgqc	本身	sgtm	本位	sgwu	本文	sgyy
本性	sgnt	本月	sgee	本职	sgbk	本质	sgrf	笨重	tstg
崩溃	meik	鼻涕	thiu	鼻炎	thoo	匕首	xtut	比方	xxyy
比分	xxwv	比价	xxww	比较	xxlu	比例	xxwg	比率	xxyx
比如	xxvk	比赛	xxpf	比喻	xxkw	比值	xxwf	比重	xxtg
彼岸	thmd	彼此	thhx	笔锋	ttqt	笔迹	ttyo	笔记	ttyn
笔名	ttqk	笔试	ttya	必然	ntqd	必须	nted	必需	ntfd
必定	ntpg	必要	ntsv	毕竟	xxuj	毕业	xxog	闭会	ufwf
闭幕	ufaj	庇护	yxry	陛下	bxgh	弊病	umug	弊端	umum
碧绿	grxv	避开	ukga	避免	nkqk	边防	lpby	边际	lpbf
边疆	lpxf	边界	lplw	边境	lpfu	边区	lpaq	边远	lpfq
编程	xytk	编导	xynf	编队	xybw	编号	xykg	编辑	xylk
编剧	xynd	编码	xydc	编排	xyrd	编审	xypj	编外	xyqh
编委	xytv	编写	xypg	编译	xyyc	编印	xyqg	编造	xytf
编者	xyft	编制	xyrm	编著	xyaf	编组	xyxe	蝙蝠	jyjg
鞭策	aftg	贬低	mtwq	贬值	mtwf	便函	wgbi	便利	wgtj
便条	wgts	便衣	wgye	便宜	wgpe	便于	wggf	变成	yodn
变得	yotj	变动	yofc	变法	yoif	变革	yoaf	变更	yogj
变化	yowx	变幻	yoxn	变换	yorq	变量	yojg	变迁	yotf
变色	yoqc	变速	yogk	变通	yoce	变相	yosh	变形	yoga
变质	yorf	变种	yotk	遍布	yndm	遍地	ynfb	遍及	yney

续表

词组	编码	词组	编码	词组	编码	词组	编码	词组	编码
辨别	uykl	辨识	uyyk	辩护	uyry	辩解	uyqe	辨认	uyyw
辩论	uyyw	辩证	uyyg	标榜	sfsu	标本	sfsg	标兵	sfrg
标点	sfhk	标记	sfyn	标价	sfww	标明	sfje	标签	sftw
标题	sfjg	标语	sfyg	标致	sfgc	标准	sfuw	表白	gerr
表达	gedp	表哥	gesk	表格	gest	表功	geal	表决	geun
表露	gefk	表率	geyx	表面	gedm	表明	geje	表情	geng
表示	gefi	表态	gedy	表现	gegm	表演	geip	表扬	gern
表语	geyg	表彰	geuj	别扭	klrn	别墅	kljf	宾馆	prqn
宾客	prpt	濒临	ihjt	冰雹	uifq	冰冻	uiua	冰棍	uisj
冰冷	uiuw	冰山	uimm	冰霜	uifs	冰糖	uioy	冰箱	uits
冰雪	uifc	兵力	rglt	兵士	rgfg	兵团	rglf	兵种	rgtk
禀报	ylrb	并非	uadj	并举	uaiw	并联	uabu	并列	uagq
并且	uaeg	并行	uatf	并重	uatg	病变	ugyo	病毒	uggx
病房	ugyn	病故	ugdt	病害	ugpd	病号	ugkg	病假	ugwn
病菌	ugal	病况	uguk	病理	uggj	病历	ugdl	病例	ugwg
病情	ugng	病人	ugww	病逝	ugrr	病死	uggq	病态	ugdy
病痛	uguc	病危	ugqd	病休	ugws	病因	ugld	病症	ugug
拨款	rnff	波长	ihta	波动	ihfc	波段	ihwd	波澜	ihiu
波浪	ihiy	波涛	ihid	波纹	ihxy	波折	ihrr	玻璃	ghgy
剥夺	vidf	剥削	viie	菠菜	aiae	播放	rtyt	播送	rtud
播音	rtuj	播种	rttk	伯伯	wrwr	伯父	wrwq	伯乐	wrqi
伯母	wrxg	驳斥	cqry	驳倒	cqwg	驳回	cqlk	博爱	fgep
博览	fgjt	博士	fgfg	博学	fgip	搏斗	rguf	薄弱	aixu
补充	puyc	补救	pufi	补贴	pumh	补助	pueg	哺育	kgyc
捕获	rgaq	捕捞	rgra	捕鱼	rgqg	捕捉	rgrk	不安	gipv
不必	gint	不便	giwg	不成	didn	不错	giqa	不对	gicf
不多	giqq	不妨	givy	不分	giwv	不该	giyy	不敢	ginb
不够	giqk	不顾	gidb	不管	gitp	不过	gifp	不解	geqe
不仅	giwc	不禁	giss	不久	giqy	不可	gisk	不利	gitj
不良	giyv	不料	giou	不满	giia	不难	gicw	不能	gice
不怕	ginr	不平	gigu	不然	giqd	不容	gipw	不如	givk
不慎	ginf	不时	gijf	不是	gijg	不停	giwy	不同	gimg
不息	gith	不息	gith	不懈	ginq	不行	gitf	不幸	gifu
不许	giyt	不要	gisv	不宜	gipe	不易	gijq	不用	giet
不知	gitd	不止	gihh	不只	gikw	不准	giuw	不足	gikh
布告	dmtf	布景	dmjy	布局	dmnn	布料	dmou	布鞋	dmaf
布置	dmlf	步兵	hirg	步伐	hiwa	步履	hint	步枪	hisw
步行	hitf	步骤	hicb	步子	hibb	部标	uksf	部长	ukta

续表

词组	编码	词组	编码	词组	编码	词组	编码	词组	编码
部队	ukbw	部分	ukwv	总价	ukww	部件	ukwr	部门	ukuy
部首	ukut	部署	uklf	部委	uktv	部位	ukwu	部下	ukgh
部属	uknt	猜测	qtim	猜想	qtsh	才干	ftfg	才华	ftwx
才能	ftce	才智	fttd	材料	sfou	财产	mfut	财富	mfpg
财会	mfwf	财经	mfxc	财贸	mfqy	财权	mfsc	财务	mftl
财物	mftr	财政	mfgh	财主	mfyg	裁定	fapg	裁剪	faue
裁决	faun	裁军	fapl	裁判	faud	采访	esyy	采购	esmq
采集	eswy	采矿	esdy	采纳	esxm	采取	esbc	彩灯	esos
彩电	esjn	彩虹	esja	彩色	esqc	彩霞	esfn	彩照	esjv
菜场	aefn	菜刀	aevn	参观	cdcm	参加	cdlk	参见	cdmq
参军	cdpl	参看	cdrh	参考	cdft	参谋	cdya	参赛	cdpf
参与	cdgn	参预	cdcb	参阅	cduu	参赞	cdtf	参展	cdna
参战	cdhk	参照	cdjv	参政	cdgh	餐费	hqxj	餐馆	hqqn
餐具	hqhw	残暴	gqja	残废	gqyn	残疾	gqut	残酷	gqsg
残忍	gqvy	残余	gqwt	残渣	gqis	蚕丝	gdxx	惭愧	nlnr
惨案	ncpv	惨淡	ncio	惨痛	ncuc	惨遭	ncgm	灿烂	omou
仓促	wbwk	仓皇	wbrg	仓库	wbyl	沧海	iwit	苍白	awrr
苍茫	awai	藏族	adyt	操场	rkfn	操练	rkxa	操心	rkny
操纵	rkxw	操作	rkwt	嘈杂	kgvs	草案	ajpv	草地	ajfb
草率	ajyx	草帽	ajmh	草拟	ajrn	草图	ajlt	草鞋	ajaf
草药	ajax	册子	mmbb	侧面	wmdm	侧重	wmtg	厕所	dmrn
测定	impg	测绘	imxw	测量	imjg	测试	imya	测验	imcw
策略	tglt	层次	nfuq	插队	rtbw	插曲	rtma	插入	rtty
插图	rtlt	插页	rtdm	查办	sjlw	查抄	sjri	查处	sjth
查对	sjcf	查封	sjff	查获	sjaq	查看	sjrh	查明	sjje
查清	sjig	查收	sjnh	查问	sjuk	查询	sjyq	查阅	sjuu
查找	sjra	查证	sjyg	茶杯	awsg	茶馆	awqn	茶花	awaw
茶具	awhw	茶叶	awkf	茶座	awyw	诧异	ypna	差别	udkl
差错	udqa	差点	udhk	差额	udpt	差距	udkh	差异	udna
拆除	rrbw	拆毁	rrva	拆建	rrvf	拆洗	rrit	拆卸	rrrh
柴油	hxim	豺狼	eeqt	缠绵	xyxr	产地	utfb	产量	utjg
产品	utkk	产区	utaq	产权	utsc	产生	uttg	产物	uttr
产销	utqi	产业	utog	产值	utwf	谄害	yqpd	阐明	uuje
阐述	uusy	忏悔	ntnt	颤动	ylfc	颤抖	ylru	昌盛	jjdn
长安	tapv	长辈	tadj	长城	tafd	长处	tath	长度	taya
长短	tatd	长方	tayy	长工	taaa	长官	tapn	长江	taia
长久	taqy	长年	tarh	长跑	takh	长篇	taty	长期	taad
长沙	taii	长寿	tadt	长途	tawt	长远	tafq	长征	tatg

续表

词组	编码	词组	编码	词组	编码	词组	编码	词组	编码
偿还	wigi	常常	ipip	常规	ipfw	常年	iprh	常任	ipwt
常识	ipyk	常数	ipov	常委	iptv	常务	iptl	常用	ipet
常有	ipde	常驻	ipcy	嫦娥	vivt	厂长	dgta	厂家	dgpe
厂矿	dgdy	厂商	dgum	厂址	dgfh	厂主	dgyg	场地	fnfb
场合	fnwg	场面	fndm	场所	fnrn	场院	fnbp	畅通	jhce
畅销	jhqi	倡导	wjnf	唱歌	kjsk	唱片	kjth	抄录	rivi
抄送	riud	抄袭	ridx	抄写	ripg	钞票	qisf	超产	fhut
超出	fhbm	超导	fhnf	超额	fhpt	超过	fhfp	超级	fhxe
超龄	fhhw	超期	fhad	超前	fhue	超时	fhjf	超速	fhgk
超脱	fheu	超载	fhfa	超支	fhfc	超重	fhtg	朝代	fjwa
朝气	fjrn	朝夕	fjqt	朝霞	fjfn	朝鲜	fjqg	朝向	fjtm
朝阳	fjbj	嘲笑	kftt	潮流	ifiy	潮湿	ifij	吵架	kilk
吵闹	kiuy	炒菜	oiae	车床	lgys	车次	lguq	车队	lgbw
车费	lgxj	车夫	lgfw	车工	lgaa	车间	lguj	车辆	lglg
车轮	lglw	车皮	lghc	车票	lgsf	车速	lggk	车厢	lgds
车站	lguh	彻底	tayq	撤换	ryrq	撤回	rylk	撤离	ryyb
撤退	ryve	撤消	ryii	撤销	ryqi	撤职	rybk	澈底	iyyq
尘土	ifff	沉静	ipge	沉没	ipim	沉闷	ipun	沉默	iplf
沉痛	ipuc	沉着	ipud	陈旧	bahj	陈列	bagq	陈设	baym
陈述	basy	晨曦	jdju	衬衫	pupu	衬托	purt	衬衣	puye
称霸	tqfa	称号	tqkg	称呼	tqkt	称谓	tqyl	称赞	tqtf
称职	tqbk	趁机	fhsm	撑腰	ries	成败	dnmt	成倍	dnwu
成本	dnsg	成才	dnft	成材	dnsf	成长	dnta	成都	dnft
成份	dnww	成立	dnuu	成名	dnqk	成年	dnrh	成品	dnkk
成全	dnwg	成人	dnww	成熟	dnyb	成套	dndd	成为	dnyl
成文	dnyy	成效	dmuq	成因	dnld	成语	dnyg	成员	dnkm
呈报	kgrb	呈请	kgyg	呈现	kggm	承办	bdlw	承包	bdqn
承担	bdrj	承建	bdvf	承诺	bdya	承认	bdyw	诚恳	ydve
诚然	ydqd	诚实	ydpu	诚心	ydny	诚意	yduj	诚挚	ydrv
城建	fdvf	城郊	fduq	城市	fdym	城乡	fdxt	城镇	fdqf
乘车	tulg	乘除	tubw	乘船	tute	乘法	tuif	乘方	tuyy
乘机	tusm	乘积	tutk	乘客	tupt	惩办	tglw	惩罚	tgly
惩治	tgic	程度	tkya	程控	tkrp	程序	tkyc	澄清	iwig
吃饭	ktqn	吃惊	ktny	吃亏	ktfn	痴情	utng	池塘	ibfy
驰骋	cbcm	迟到	nygc	迟钝	nyqg	迟缓	nyxe	迟早	nyjh
持久	rfqy	持续	rfxf	尺寸	nyfg	齿轮	hwlw	耻辱	bhdf
斥责	rygm	赤道	fout	炽热	okrv	翅膀	fceu	充当	yciv
充电	ycjn	充分	ycwv	充满	ycia	充实	ycpu	充足	yckh

续表

词组	编码	词组	编码	词组	编码	词组	编码	词组	编码
冲动	ukfc	冲锋	ukqt	冲击	ukfm	冲剂	ukyj	冲破	ukdh
冲刷	uknm	憧憬	nunj	虫害	jhpd	虫灾	jhpo	崇拜	mprd
崇高	mpym	崇敬	mpaq	宠爱	pdep	抽查	rmsj	抽空	rmpw
抽签	rmtw	抽象	rmqj	抽烟	rmol	仇敌	wvtd	仇恨	wvnv
仇视	wvpy	绸缎	xmxw	稠密	tmpn	筹办	tdlw	筹备	tdtl
筹划	tdaj	筹建	tdvf	酬金	sgqq	丑恶	nfgo	丑陋	nfbg
臭氧	thrn	出版	bmth	出差	bmud	出产	bmut	出厂	bmdg
出错	bmqa	出动	bmfc	出发	bmnt	出国	bmlg	出境	bmfu
出口	bmkk	出来	bmgo	出力	bmlt	出路	bmkh	出门	bmuy
出面	bmdm	出名	bmqk	出纳	bmxm	出钱	bmqg	出勤	bmak
出去	bmfc	出入	bmty	出色	bmqc	出身	bmtm	出生	bmtg
出世	bman	出事	bmgk	出售	bmwy	出台	bmck	出题	bmjg
出庭	bmyt	出席	bmya	出现	bmgm	出游	bmiy	出于	bmgf
出院	bmbp	出诊	bmyw	出众	bmww	出资	bmuq	出租	bmte
初步	puhi	初稿	puty	初级	puxe	初期	puad	初中	pukh
初衷	puyk	除法	bwif	除非	bwdj	除名	bwqk	除外	bwqh
除夕	bwqt	厨房	dgyn	厨师	dgjg	橱窗	sdpw	储备	wytl
储藏	wyad	储存	wydh	储蓄	wyay	处长	thta	处罚	thly
处分	thwv	处理	thgj	处方	thyy	传遍	wfyn	传播	wfrt
传呼	wfkt	传记	wfyn	传教	wfft	传略	wflt	传奇	wfds
传染	wfiv	传授	wfre	传说	wfyu	传送	wfud	传颂	wfwc
传统	wfxy	传闻	wfub	传阅	wfuu	传真	wffh	船舶	tete
船长	teta	船票	tesf	船头	teud	船员	tekm	串联	kkbu
窗户	pwyn	窗口	pwkk	窗帘	pwpw	窗台	pwck	床铺	ysqg
床位	yswu	创办	wblw	创汇	wbia	创见	wbmq	创建	wbvf
创举	wbiw	创刊	wbfj	创立	wbuu	创伤	wbwt	创始	wbvc
创新	wbus	创业	wbog	创造	wbtf	创作	wbwt	炊具	oqhw
炊事	oqgk	垂直	tgfh	春风	dwmq	春光	dwiq	春季	dwtb
春节	dwab	春联	dwbu	春秋	dwto	春色	dwqc	春游	dwiy
春雨	dwfg	椿树	sdsc	纯粹	xgoy	纯洁	xgif	纯净	xguq
纯朴	xgsh	纯正	xggh	词汇	ynia	词句	ynqk	词库	ynyl
词类	ynod	词语	ynyg	词组	ynxe	慈祥	uxpy	辞别	tdkl
辞典	tdma	辞海	tdit	辞退	tdve	辞职	tdbk	磁场	dufn
磁带	dugk	磁疗	duub	磁盘	dute	磁铁	duqr	磁性	dunt
磁针	duqf	此后	hxrg	此刻	hxyn	此时	hxjf	此事	hxgk
此刻	hxyn	此时	hxjf	此事	hxgk	此致	hxgc	次序	uqyc
次要	uqsv	刺激	gmir	从此	wwhx	从而	wwdm	从今	wwwy
从来	wwgo	从前	wwue	从容	wwpw	从事	wwgk	从严	wwgo

续表

词组	编码	词组	编码	词组	编码	词组	编码	词组	编码
从优	wwwd	从政	wwgh	从属	wwnt	匆匆	qrqr	匆忙	qrny
聪明	buje	丛林	wwss	丛书	wwnn	凑合	udwg	凑巧	udag
粗暴	oeja	粗糙	oeot	粗犷	oeqt	粗鲁	oeqg	粗细	oexl
粗心	oeny	粗壮	oeuf	促成	wkdn	促进	wkfj	促使	wkwg
篡夺	thdf	篡位	thwu	催促	wmwk	催还	wmgi	催款	wmff
摧残	rmgq	摧毁	rmva	脆弱	eqxu	村庄	sfyf	存储	dhwy
存档	dhsi	存根	dhsv	存货	dhwx	存款	dhff	存折	dhrr
存贮	dhmp	磋商	duum	挫折	rwrr	措施	rayt	错误	qayk
搭配	rasg	达成	dpdn	达到	dpgc	答案	twpv	答辩	twuy
答复	twtj	答卷	twud	答谢	twyt	答应	twyi	打扮	rsrw
打动	rsfc	打断	rson	打击	rsfm	打开	rsga	打破	rsdh
打扰	rsrd	打扫	rsrv	打算	rsth	打印	rsqg	打仗	rswd
打字	rspb	大概	ddsv	大海	ddit	大家	ddpe	大街	ddtf
大局	ddnn	大力	ddlt	大量	ddjg	大陆	ddbf	大脑	ddey
大批	ddrx	大事	ddgk	大体	ddws	大小	ddih	大学	ddip
大约	ddxq	大致	ddgc	大专	ddfn	代表	wage	代购	wamq
代管	watp	代价	waww	代码	wadc	代替	wafw	代销	waqi
带动	gkfc	带来	gkgo	带头	ukud	待业	tfog	待遇	tfjm
怠慢	cknj	逮捕	virg	单纯	ujxg	单词	ujyn	单调	ujym
单独	ujqt	单价	ujww	单位	ujwu	担负	rjqm	担任	rjwt
担心	rjny	担忧	rjnd	耽搁	bpru	耽误	bpyk	胆量	ejjg
胆略	ejlt	胆怯	ejnf	胆识	ejyk	弹簧	xuta	弹力	xult
弹琴	xugg	弹头	xuud	弹性	xunt	弹药	xuax	弹奏	xudw
淡薄	ioai	淡淡	ioio	淡化	iowx	淡季	iotb	蛋白	nhrr
蛋糕	nhou	氮肥	rnec	当场	ivfn	当成	ivdn	当初	ivpu
当代	ivwa	当地	ivfb	当家	ivpe	当今	ivwy	当面	ivdm
当前	ivue	当然	ivqd	当日	ivjj	当时	ivjf	当天	ivgd
当心	ivny	当作	ivwt	当做	ivwd	党费	ipxj	党纲	ipxm
党籍	iptd	党课	ipyj	党龄	iphw	党内	ipmw	党派	ipir
党旗	ipyt	党外	ipqh	党委	iptv	党校	ipsu	党性	ipnt
党章	ipuj	荡漾	aiiu	档案	sipv	刀具	vnhw	刀枪	vnsw
叨唠	kvka	导弹	nfxu	导电	nfjn	导航	nfte	导论	nfyw
导师	nfjg	导体	nfws	导线	nfxg	导向	nftm	导言	nfyy
导演	nfip	导游	nfiy	导致	nfgc	岛屿	qymg	倒闭	wguf
倒流	wgiy	倒霉	wgft	倒塌	wgfj	倒台	wgck	倒退	wgve
捣蛋	rqnh	捣毁	rqva	捣乱	rqtd	到场	gcfn	到处	gcth
到达	gcdp	到底	gcyq	到点	gchk	到会	gcwf	到家	gcpe
到来	gcgo	到期	gcad	悼词	nhyn	盗卖	uqfn	盗窃	uqpw

续表

词组	编码	词组	编码	词组	编码	词组	编码	词组	编码
盗用	uqet	盗贼	uqma	道德	uttf	道理	utgj	道路	utkh
道歉	utuv	道谢	utyt	道义	utyq	稻草	teaj	稻谷	teww
稻米	teoy	稻田	tell	得当	tjiv	得到	tjgc	得法	tjif
得分	tjwv	得奖	tjuq	得力	tjlt	得失	tjrw	得体	tjws
得以	tjny	得意	tjuj	德国	tflg	德行	tftf	德语	tfyg
德育	tfyc	的确	rqdq	的士	rqfg	灯光	osiq	灯火	osoo
灯具	oshw	灯笼	ostd	灯泡	osiq	登报	wgrb	登高	wgym
登记	wgyn	登陆	wgbf	登录	wgvi	登山	wgmm	等待	tftf
等到	tfgc	等候	tfwh	等级	tfxe	等价	tfww	等外	tfqh
等效	tfuq	等于	tfgf	低潮	wqif	低档	wqsi	低度	wqya
低级	wqxe	低价	wqww	低廉	wqyu	低劣	wqit	低落	wqai
低能	wqce	低频	wqhi	低温	wqij	低薪	wqau	低压	wqdf
堤坝	fjfm	敌对	tdcf	敌后	tdrg	敌机	tdsm	敌军	tdpl
敌情	tdng	敌人	tdww	敌视	tdpy	敌意	tduj	涤纶	itxw
底版	yqth	底层	yqnf	底稿	yqty	底片	yqth	底细	yqxl
抵触	rqqe	抵达	rqdp	抵挡	rpri	抵抗	rqry	抵赖	rqgk
抵消	rqii	抵押	rqrl	抵御	rqtr	抵债	rqwg	地板	fbsr
地步	fbhi	地产	fbut	地带	fbgk	地点	fbhk	地段	fbwd
地雷	fbfl	地理	fbgj	地面	fbdm	地名	fbqk	地球	fbgf
地区	fbaq	地势	fbrv	地毯	fbtf	地铁	fbqr	地图	fblt
地委	fbtv	地位	fbwu	地下	fbgh	地线	fbxg	地形	fbga
地震	fbfd	地址	fbfh	地质	fbrf	弟弟	uxux	弟妹	uxvf
帝国	uplg	递补	uxpu	递交	uxuq	递增	uxfu	第八	txwt
缔结	xuxf	缔约	xuxq	缔造	xutf	颠簸	fhta	颠倒	fhwg
颠覆	fhst	典范	maai	典礼	mapy	典型	maga	点燃	hkoq
点头	hkud	点缀	hkxc	电报	jnrb	电表	jnge	电波	jnih
电场	jnfn	电车	jnlg	电池	jnib	电磁	jndu	电大	jndd
电灯	jnos	电动	jnfc	电镀	jnqy	电告	jntf	电工	jnaa
电话	jnyt	电汇	jnia	电机	jnsm	电教	jnft	电缆	jnxj
电力	jnlt	电疗	jnub	电料	jnou	电流	jniy	电炉	jnoy
电路	jnkh	电码	jndc	电脑	jney	电视	jnpy	电台	jnck
电梯	jnsu	电网	jnmq	电文	jnyy	电线	jnxg	电讯	jnyn
电压	jndf	电影	jnjy	电源	jnid	电站	jnuh	电子	jnbb
电阻	jnbe	店铺	yhqg	店员	yhkm	惦记	nyyn	奠定	uspg
奠基	usad	刁难	ngcw	凋谢	umyt	碉堡	dmwk	雕刻	mfyn
雕塑	mfub	雕像	mfwq	调查	ymsj	调动	ymfc	调和	ymtk
调换	ymrq	调价	ymww	调节	ymab	调解	ymqe	调离	ymyb
调理	ymgj	调料	ymou	调配	ymsg	调皮	ymhc	调频	ymhi

续表

词组	编码	词组	编码	词组	编码	词组	编码	词组	编码
调遣	ymkh	调任	ymwt	调协	ymfl	调谐	ymyx	调研	ymdg
调养	ymud	调用	ymet	调整	ymgk	调职	ymbk	爹妈	wqvc
叮咛	kskp	叮嘱	kskn	钉子	qsbb	顶点	sdhk	顶峰	sdmt
顶替	sdfw	订单	ysuj	订婚	ysvq	订货	yswx	订阅	ysuu
定产	pgut	定单	pguj	定额	pgpt	定稿	pgty	定货	pgwx
定价	pgww	定居	pgnd	定局	pgnn	定理	pggj	定律	pgtv
定期	pgad	定时	pgjf	定位	pgwu	定向	pgtm	定型	pgga
定性	pgnt	定义	pgyq	定于	pggf	丢失	tfrw	东北	aiux
东边	ailp	东部	aiuk	东方	aiyy	东风	aimq	东京	aiyi
东面	aidm	东南	aifm	东欧	aiaq	东西	aisg	冬瓜	turc
冬季	tutb	冬眠	tuhn	冬天	tugd	董事	atgk	懂得	natj
懂事	nagk	动词	fcyn	动荡	fcai	动工	fcaa	动机	fcsm
动静	fcge	动力	fclt	动脉	fcey	动身	fctm	动手	fcrt
动态	fcdy	动听	fckr	动物	fctr	动摇	fcre	动员	fckm
动作	fcwt	冻结	uaxf	栋梁	saiv	都城	ftfd	都市	ftym
都要	ftsv	都有	ftde	斗争	ufqv	斗志	uffn	抖动	rufc
豆腐	gkyw	逗号	gkkg	逗留	gkqy	督促	hiwk	毒草	gxaj
毒害	gxpd	毒辣	gxug	毒素	gxgx	毒性	gxnt	读报	yfrb
读书	yfnn	读物	yftr	读音	yfuj	读者	yfft	渎职	ifbk
独白	qtrr	独裁	qtfa	独创	qtwb	独立	qtuu	独特	qttr
独自	qtth	堵塞	ffpf	赌博	mffg	赌徒	mftf	妒忌	vynn
杜鹃	sfke	杜绝	sfxq	肚皮	efhc	肚子	efbb	度过	yafp
度假	yawn	度数	yaov	渡过	iyfp	渡海	iyit	渡河	iyis
渡假	iywn	渡江	iyia	渡口	iykk	镀金	qyqq	镀锌	qyqu
端详	umyu	端正	umgh	短波	tdih	短程	tdtk	短促	tdwk
短工	tdaa	短路	tdkh	短评	tdyg	短期	tdad	短文	tdyy
短暂	tdlr	短暂	tdlr	段落	wdai	断定	onpg	断绝	onxq
锻炼	qwoa	锻造	qwtf	队长	bwta	队列	bwgq	队伍	bwwg
队形	bwga	队员	bwkm	对比	cfxx	对策	cftg	对称	cftq
对待	cftf	对方	cfyy	对付	cfwf	对话	cfyt	对换	cfrq
对立	cfuu	对联	cfbu	对流	cfiy	对门	cfuy	对面	cfdm
对内	cfmw	对手	cfrt	对外	cfqh	对象	cfqj	对于	cfgf
对照	cfjv	兑现	ukgm	顿时	gbjf	多变	qqyo	多彩	qqes
多次	qquq	多久	qqqy	多么	qqtc	多少	qqit	多数	qqov
多种	qqtk	夺取	dfbc	躲避	tmnk	躲藏	tmad	堕落	bdai
俄国	wtlg	额定	ptpg	额外	ptqh	扼杀	rdqs	扼要	rdsv
恶霸	gofa	恶毒	gogx	恶果	gojs	恶化	gowx	恶劣	goit
恶习	gonu	恶意	gouj	噩耗	gkdi	恩爱	ldep	恩赐	ldmj

续表

词组	编码	词组	编码	词组	编码	词组	编码	词组	编码
恩情	ldnf	儿女	qtvv	而且	dmeg	耳朵	bgms	耳环	bggg
耳闻	bgub	发表	ntge	发布	ntdm	发出	ntbm	发达	ntdp
发电	ntjn	发愤	ntnf	发火	ntoo	发货	ntwx	发觉	ntip
发明	ntje	发现	ntgm	发型	ntga	发扬	ntrn	发音	ntuj
发育	ntyc	发源	ntid	发展	ntna	发作	ntwt	罚款	lyff
法宝	ifpg	法定	ifpg	法官	ifpn	法规	iffw	法国	iflg
法令	ifwy	法律	iftv	法人	ifww	法庭	ifyt	法语	ifyg
法院	ifbp	法则	ifmj	法制	ifrm	法治	ific	番茄	toal
翻案	topv	翻版	toth	翻身	totm	翻腾	toeu	翻新	tous
翻译	toyc	翻阅	touu	凡事	mygk	凡是	myjg	烦闷	odun
烦恼	odny	烦琐	odgi	烦躁	odkh	繁多	txqq	繁华	txwx
繁忙	txny	繁荣	txap	繁体	txws	繁杂	txvs	繁重	txtg
反比	rcxx	反驳	rccq	反常	rcip	反动	rcfc	反对	rccf
反而	rcdm	反复	rctj	反感	rcdg	反攻	rcat	反共	rcaw
反华	rcwx	反悔	rcnt	反击	rcfm	反抗	rcry	反馈	rcqn
反面	rcdm	反思	rcln	反响	rckt	反向	rctm	返回	rclk
返修	rcwh	犯病	qtug	犯法	qtif	犯规	qtfw	犯罪	qtld
饭菜	qnae	饭店	qnyh	饭后	qnrg	饭碗	qndp	范畴	aild
范例	aiwg	范围	ailf	方案	yypv	方法	yyif	方面	yydm
方式	yyaa	方位	yywu	方向	yytm	方圆	yylk	方针	yyqf
芳香	aytj	防备	bytl	防病	byug	防潮	byif	防弹	byxu
防盗	byuq	防范	byai	防洪	byia	防护	byry	防火	byoo
防空	bypw	防守	bypf	防线	byxg	防汛	byin	防疫	byum
防御	bytr	防震	byfd	防止	byhh	防治	byic	妨碍	vydj
妨害	vypd	房间	ynuj	房屋	ynng	房租	ynte	仿佛	wywx
仿制	wyrm	访问	yyuk	纺织	xyxk	放荡	ytai	放电	ytjn
放火	ytoo	放假	ytwn	放开	ytga	放宽	ytpa	放手	ytrt
放肆	ytdv	放松	ytsw	放心	ytny	放学	ytip	放映	ytjm
放置	ytlf	放纵	ytxw	飞船	nute	飞机	nusm	飞速	nugk
飞翔	nuud	飞行	nutf	飞跃	nukh	非常	djip	非法	djif
非凡	djmy	非洲	djiy	肥胖	eceu	肥沃	ecit	肥皂	ecra
诽谤	ydyu	废除	ynbw	废话	ynyt	废料	ynou	废品	ynkk
废气	ynrn	废弃	ynyc	废物	yntr	沸腾	ixeu	肺部	eguk
费话	xjyt	费用	xjet	分辨	wvuy	分别	wvkl	分部	wvuk
分成	wvdn	分担	wvrj	分工	wvaa	分化	wvwx	分会	wvwf
分解	wvqe	分开	wvga	分类	wvod	分离	wvyb	分裂	wvgq
分秒	wvti	分明	wvje	分配	wvsg	分批	wvrx	分期	wvad
分歧	wvhf	分清	wvif	分散	wvae	分数	wvov	分外	wvqh

续表

词组	编码	词组	编码	词组	编码	词组	编码	词组	编码
分析	wvsr	分行	wvtf	分钟	wvqk	分子	wvbb	吩咐	kwkw
纷纭	xwxf	粉刷	ownm	粉碎	owdy	奋斗	dluf	奋力	dllt
奋起	dlfh	奋战	dlhk	愤慨	nfnv	愤怒	nfvc	丰碑	dhdr
丰采	dhes	丰富	dhpg	丰厚	dhdj	丰满	dhia	丰收	dhnh
丰硕	dhdd	丰姿	dhuq	风暴	mqja	风波	mqih	风采	mqes
风尘	mqif	风度	mqya	风格	mqst	风华	mqwx	风气	mqrn
风趣	mqfh	风沙	mqii	风扇	mqyn	风尚	mqim	风声	mqfn
风湿	mqij	风霜	mqfs	风俗	mqww	风味	mqkf	风险	mqbw
风行	mqtf	风雨	mqfg	风韵	mquj	封闭	ffuf	封底	ffyq
封建	ffvf	封面	ffdm	封锁	ffqi	疯狂	umqt	蜂蜜	jtpn
缝纫	xtxv	讽刺	ymgm	奉承	dwbd	奉命	dwwg	奉劝	dwcl
奉送	dwud	奉献	dwfm	奉行	dwtf	佛教	wxft	否定	gipg
否认	giyw	否则	gimj	夫妇	fwvv	夫妻	fwgv	肤色	efqc
扶持	rfrf	拂晓	rxja	服从	ebww	服饰	ebqn	服务	ebtl
服用	ebet	服装	ebuf	俘虏	weha	浮雕	iemf	浮动	iefc
浮现	iegm	符号	twkg	符合	twwg	幅度	mhya	福建	pyvf
福利	pytj	抚摸	rfra	抚养	rfud	俯视	wypy	辅导	lgnf
辅助	lgeg	腐败	ywmt	腐化	ywwx	腐烂	ywou	腐蚀	ywqn
腐朽	ywsg	父母	wqxg	父亲	wqus	付出	wfbm	付款	wfff
付清	wfig	妇联	vvbu	负担	qmrj	负荷	qmaw	负数	qmov
负载	qmfa	负责	qmgm	附和	bwtk	附加	bwlk	附件	bwwr
附近	bwrp	附录	bwvi	附属	bwnt	复辟	tjnk	复查	tjsj
复合	tjwg	复活	tjit	复习	tjnu	复兴	tjiw	复印	tjqg
复员	tjkm	复杂	tjvs	复制	tjrm	副词	gkyn	副食	gkwy
副职	gkbk	富丽	pggm	富强	pgxk	富饶	pgqn	富有	pgde
富裕	pgpu	赋予	mgcb	腹痛	etuc	覆盖	stug	覆灭	stgo
改编	ntxy	改变	ntyo	改革	ntaf	改建	ntvf	改进	ntfj
改期	ntad	改善	ntud	改造	nttf	改正	ntgh	改装	ntuf
改组	ntxe	盖印	ugqg	盖章	uguj	概况	svuk	概括	svrt
概率	svyx	概略	svlt	概论	svyw	概貌	svee	概念	svwy
概述	svsy	概算	svth	干部	fguk	干活	fgit	干净	fguq
干扰	fgrd	甘肃	afvi	甘心	afny	甘愿	afdr	肝癌	efuk
肝胆	efej	肝炎	efoo	肝脏	efey	尴尬	dndn	赶快	fhnn
敢于	nbgf	感动	dgfc	感激	dgir	感觉	dgip	感慨	dgnv
感冒	dgjh	感情	dgng	感染	dgiv	感受	dgep	感叹	dgkc
感想	dgsh	感谢	dgyt	感应	dgyi	刚才	mqft	刚强	mqxk
刚巧	mqag	岗位	mmwu	纲要	xmsv	钢笔	qmtt	钢材	qmsf
钢筋	qmte	钢琴	qmgg	钢铁	qmqr	港币	iatm	港口	iatt

续表

词组	编码	词组	编码	词组	编码	词组	编码	词组	编码
港商	iaum	港元	iafq	高昂	ymjq	高层	ymnf	高超	ymfh
高潮	ymif	高档	ymsi	高等	ymtf	高低	ymwq	高度	ymya
高峰	ymmt	高喊	ymkd	高级	ymxe	高考	ymft	高明	ymje
高能	ymce	高尚	ymim	高速	ymgk	高效	ymuq	高校	ymsu
高薪	ymau	高中	ymkh	搞好	ryvb	搞活	ryit	搞垮	ryfd
稿费	tyxj	稿件	tywr	稿纸	tyxq	告别	tfkl	告辞	tftd
告急	tfqv	告诫	tfya	告示	tffi	告诉	tfyr	告状	tfud
疙瘩	utua	胳臂	etnk	胳膊	eteg	歌唱	skkj	歌词	skyn
歌剧	sknd	歌曲	skma	歌声	skfn	歌颂	skwc	歌舞	skrl
歌星	skjt	革命	afwg	革新	afus	格局	stnn	格律	sttv
格式	staa	格外	stqh	格言	styy	隔壁	bgnk	隔断	bgon
隔绝	bgxq	隔离	bgyb	个别	whkl	个数	whov	个体	whws
个性	whnt	各地	tkfb	各方	tkyy	各国	tklg	个级	tkxe
各界	tklw	各类	tkod	各位	tkwu	各项	tkad	各自	tkth
各族	tkyt	给予	xwcb	给与	xwgn	根本	svsg	根号	svkg
根据	svrn	根源	svid	根子	svbb	跟随	khbd	跟着	khud
跟踪	khkh	更多	gjqq	更好	gjvb	更换	gjrq	更加	gjlk
更新	gjus	耕种	ditk	哽咽	kgkl	耿直	both	工厂	aadg
工场	aafn	工程	aatk	工地	aafb	工分	aawv	工会	aawf
工龄	aahw	工期	aaad	工人	aaww	工商	aaum	工时	aajf
工事	aagk	工序	aayc	工业	aaog	工艺	aaan	工友	aadc
工种	aatk	工装	aauf	工资	aauq	工作	aawt	公安	wcpv
公报	wcrb	公道	wcut	公德	wctf	公费	wxcj	公分	wcwv
公告	wctf	公共	wcaw	公斤	wcrt	公开	wcga	公里	wcjf
公历	wcdl	公路	wckh	公民	wcna	公平	wcgu	公顷	wcxd
公然	wcqd	公认	wcyw	公社	wcpy	公式	wcaa	公司	wcng
公文	wcyy	公物	wctr	公休	wcws	公演	wcip	公用	wcet
公有	wcde	公园	wclf	公约	wcxq	公章	wcuj	公正	wcgh
公职	wcbk	公众	wcww	功夫	alfw	功课	alyj	功劳	alap
功率	alyx	功名	alqk	功能	alce	功效	aluq	攻读	atyf
攻关	atud	攻击	atfm	攻占	athk	供电	wajn	供给	waxw
供求	wafi	供水	waii	代销	waqi	供需	wafd	恭敬	awaq
恭喜	awfk	巩固	amld	共存	awdh	共和	awtk	共建	awvf
共事	awgk	共同	awmg	共享	awyb	共性	awnt	共用	awet
共有	awde	贡献	amfm	勾结	qcxf	沟通	iqce	构成	sqdn
构思	sqln	构图	aqlt	构造	sqtf	购买	mqnu	购物	mqtr
购置	mqlf	估计	wdyf	估计	wdyf	估算	wdth	姑娘	vdvy
孤单	bruj	孤独	brqt	孤立	bruu	辜负	duqm	古代	dgwa

续表

词组	编码	词组	编码	词组	编码	词组	编码	词组	编码
古典	dgma	古董	dgat	古物	dgtr	股份	emww	股票	emsf
股市	emym	骨干	mefg	骨气	emrn	鼓动	fkfc	鼓励	fkdd
鼓舞	fkrl	鼓掌	fkip	固定	ldpg	固化	ldwx	固体	ldws
固有	ldde	固执	ldrv	故宫	dtpk	故居	dtnd	故事	dtgk
故土	dtff	故乡	dtxt	故意	dtuj	故障	dtbu	顾客	dbpt
顾虑	dbha	顾全	dbwg	顾问	dbuk	雇员	ynkm	瓜分	rcwv
挂历	rfdl	挂牌	tfth	拐骗	rkcy	关闭	uduf	关键	udqv
关节	udab	关门	uduy	关切	udav	关系	udtx	关心	udny
关于	udgf	关照	udjv	关注	udiy	观察	cmpw	观点	cmhk
观光	cmiq	观礼	cmpy	观摩	cmys	观念	cmwy	观赏	cmip
观众	cmww	官兵	pnrg	官僚	pnwd	官司	pnng	官员	pnkm
官职	pnbk	冠军	pfpl	管制	tprm	管理	tpgj	贯彻	xfta
贯穿	xfpw	惯例	nxwg	灌溉	iaiv	灌输	ialw	光彩	iqes
光顾	iqdb	光辉	iqiq	光景	iqjy	光明	iqje	光荣	iqap
光阴	ipbe	光泽	iqic	广播	yyrt	广场	yyfn	广大	yydd
广东	yyai	广度	yyya	广泛	yyit	广告	yytf	广阔	yyui
广州	yyyt	归档	jvsi	归功	jval	归国	jvlg	归类	jvod
归纳	jvxm	归宿	jvpw	归于	jvgf	归属	jvnt	规程	fwtk
规定	fwpg	规范	fwai	规格	fwst	规划	fwaj	规矩	fwtd
规律	fwtv	规模	fwsa	规章	fwuj	轨道	lvut	轨迹	lvuo
诡辩	yquy	诡计	yqyf	贵宾	khpr	贵客	khpt	贵姓	khvt
贵州	khyt	桂花	sfaw	桂林	sfss	滚动	iufc	滚珠	iugr
国宝	lgpg	国策	lgtg	国都	lgft	国防	lgby	国歌	lgsk
国画	lggl	国徽	lgtm	国度	lgya	国际	lgbf	国家	lgpe
国境	lgfu	国货	lgwx	国籍	lgtd	国民	lgna	国旗	lgyt
国情	lgng	国庆	lgyd	国外	lgqh	国营	lgap	国语	lgyg
果断	json	果品	jskk	果然	jsqd	果实	jspu	果真	jsfh
过程	fptk	过错	fpqa	过度	fpya	过渡	fpiy	过分	fpwv
过节	fpab	过境	fpfu	过来	fpgo	过瘾	fpub	过于	fpgf
孩子	bybb	海拔	itrd	海报	itrb	海边	itlp	海滨	itip
海产	itut	海防	itby	海浪	itiy	海关	itud	海疆	itxf
海军	itpl	海浪	itiy	海面	itdm	海内	itmw	海鸥	itaq
海湾	itiy	海峡	itmg	海鲜	itqg	海洋	itiu	海战	ithk
害病	pdug	害虫	pdjh	害怕	pdnr	含义	wyyq	含有	wyde
函授	bire	寒冷	pfuw	寒流	pfiy	汉语	icyg	汉字	icpb
汉族	icyt	旱季	jftb	旱灾	jfpo	杭州	syyt	航空	tepw
航天	tegd	毫米	ypoy	豪华	ypwx	好处	vbth	好感	vbdg
好坏	vbfg	好看	vbrh	好奇	vbds	好象	vbqj	好心	vbny

续表

词组	编码	词组	编码	词组	编码	词组	编码	词组	编码
好转	vblf	号码	kgdc	号召	kgvk	合并	wgua	合成	wgdn
合肥	wgec	合格	wgst	合计	wgyf	合理	wggj	合理	wggj
合同	wgmg	合资	wguq	合作	wgwt	何等	wsth	何况	wsuk
和蔼	tkay	和睦	tkhf	和平	tkgu	和气	tkrn	和谐	tkyx
河北	isux	河流	isiy	核对	sycf	核算	syth	核心	syny
黑板	lfsr	黑色	lfqc	很大	tvdd	很多	tvqq	很高	tvym
很好	tvvb	很冷	tvuw	红旗	xayt	红色	xaqc	宏观	pdcm
后果	rgjs	后悔	rgnt	后期	rgad	后者	rgft	呼吸	ktke
湖北	idux	湖泊	idir	湖南	idfm	糊涂	odiw	互相	gxsh
互助	gxeg	户口	ynkk	护士	ryfg	护照	ryjv	花朵	awms
华北	wxux	华东	wxai	华丽	wxgm	华南	wxfm	华侨	wxwt
化肥	wxec	化学	wxip	化验	wxcw	画报	glrb	画家	glpe
怀念	ngwy	怀疑	ngxt	欢呼	xqkt	欢乐	cqqi	欢送	cqud
欢笑	cqtt	欢迎	cqqb	还价	giww	还清	giig	还要	gisv
还原	gidr	环保	ggwk	环境	ggfu	幻想	xnsh	慌忙	nany
黄河	amis	黄金	amqq	黄色	amqc	恢复	ndtj	辉煌	iqor
回避	lknk	回答	lktw	回顾	lkdb	回家	lkpe	回想	lksh
回忆	lknn	汇报	iarb	会场	wffn	会计	wfyf	会见	wfmq
会谈	wfyo	会议	wfyy	会员	wfkm	绘画	xwgl	贿赂	mdmt
毁灭	vago	婚姻	vqvl	活动	itfc	活泼	itin	火花	ooaw
火焰	oooq	伙伴	wowu	伙计	woyf	伙食	wowy	或许	akyt
或者	akft	货物	wxtr	获得	aqtj	获奖	aquq	获取	aqbc
获胜	aqet	祸害	pypd	机场	smfn	机车	smlg	机床	smys
机电	smjn	机动	smfc	机房	smyn	机构	smsq	机关	smud
机会	smwf	机密	smpn	机器	smkk	机时	smjf	机务	sttl
机械	smsa	机修	smwh	机制	smrm	机智	smtd	肌肉	emmw
鸡蛋	cqnh	迹象	yoqj	积分	tkwv	积极	tkse	积累	tklx
积蓄	tkay	基本	adsg	基础	addb	基地	adfb	基建	advf
基金	adqq	基因	adld	激动	irfc	激发	irnt	激化	irwx
激励	irdd	激烈	irgq	激起	irfh	激情	irng	及格	eyst
及时	eyjf	吉祥	fkpy	级别	xekl	即将	vcuq	即时	vcjf
即使	vcwg	极大	sedd	极点	sehk	极度	seya	极端	seum
极力	selt	极限	sebv	急促	qvwk	急件	qvwr	急流	qviy
急切	qvav	急速	qvgk	急于	qvgf	疾病	utug	疾苦	utad
集成	wydn	集合	wywg	集市	wyym	集体	wyws	集邮	wymb
集中	wykh	籍贯	tdxf	几何	mtws	几乎	mttu	计策	yftg
计划	yfaj	计量	yfjg	计谋	yfya	计算	yfth	记功	ynal
记录	ynvi	记忆	ynnn	记载	ynfa	记者	ynft	纪录	xnvi

续表

词组	编码	词组	编码	词组	编码	词组	编码	词组	编码
纪律	xntv	纪念	xnwy	纪实	xnpu	纪要	xnsv	技能	rfce
技巧	rfag	技术	rfsy	技工	rfaa	既然	vcqd	季节	tbab
季度	tbya	济南	iyfm	继承	xobd	继续	xoxf	寂静	phge
寂寞	phpa	寄送	pdud	寄托	pdrt	寄信	pdwy	寄予	pdcb
寄语	pdyg	加工	lkaa	加紧	lkjc	加剧	lknd	加密	lkpn
加强	lkxk	加深	lkip	加速	lkgk	加重	lktg	佳句	wfqk
佳作	wfwt	家长	peta	家电	penj	家伙	pewo	家具	pehw
家庭	peyt	家务	petl	家用	peet	家属	pent	家务	petl
家乡	pext	嘉宾	fkpr	价格	wwst	价钱	wwqg	价值	wwwf
驾驶	lkck	假定	wnpg	假冒	wnjh	假期	wnad	假日	wnjj
假设	wnym	假说	wnyu	假象	wnqj	假装	wnuf	尖端	idum
坚持	jcrf	坚定	jcpg	坚固	jcld	坚决	jcun	坚强	jcxk
坚实	jcpu	坚守	jcpf	坚信	jcwy	歼击	gqfm	歼灭	gqgo
间断	ujon	间隔	ujbg	间接	ujru	肩膀	yneu	肩负	ynqm
艰巨	cvan	艰苦	cvad	艰难	cvcw	艰险	cvbw	兼任	uvwt
兼容	uvpw	兼职	uvbk	监督	jthi	监视	jtpy	监狱	jtqt
俭朴	wwsh	减产	udut	减低	udwq	减法	udif	减肥	udec
减免	udqk	减轻	udlc	减弱	udxu	减少	udit	减速	udgk
剪彩	uees	检测	swim	检查	swsj	检索	swfp	检修	swwh
检验	swcw	检阅	swuu	简报	turb	简编	tuxy	简便	tuwg
简称	tutq	简单	tuuj	简化	tuwx	简介	tuwj	简历	tudl
简练	tuxa	简陋	tubg	简略	tult	简明	tuje	简朴	tush
简讯	tuyn	简要	tusv	简易	tujq	简装	tuuf	见解	mqqe
见面	mqdm	见识	mqyk	风闻	mqub	见效	mquq	建材	vfsf
建成	vfdn	建党	vfip	建国	vflg	建军	vfpl	建立	vfuu
健康	wvyv	健壮	wvuf	健全	wvwg	健身	wvtm	渐进	ilfj
鉴别	jtkl	江苏	iaal	江西	iasg	将近	uqrp	将军	uqpl
将来	uqgo	将要	uqsv	讲话	yfyt	讲解	yfqe	讲究	yfpw
讲课	yfyj	讲师	yfjg	讲授	yfre	讲述	yfsy	讲学	yfip
讲演	yfip	讲义	yfyq	讲座	yfyw	奖惩	uqtg	奖金	uqqq
奖励	uqdd	奖品	uqkk	奖赏	uqip	奖章	uquj	奖状	uqud
降低	btwq	降价	btww	降临	btjt	降温	btij	降压	btdf
降雨	btfg	降职	btbk	交代	uqwa	交待	uqtf	交互	uqgx
交换	uqrq	交际	uqbf	交接	uqru	交流	uqiy	交纳	uqxm
交情	uqng	交谈	uqyo	交替	uqfw	交通	uqce	交易	uqjq
郊区	uqaq	郊外	uqqh	娇气	vtrn	浇灌	iaia	骄傲	ctwg
胶卷	euud	胶印	euqg	焦点	wyhk	焦急	wyqv	焦虑	wyha
角度	qeya	角色	qeqc	狡猾	qtqt	脚步	efhi	缴纳	xrxm

续表

词组	编码	词组	编码	词组	编码	词组	编码	词组	编码
轿车	ltlg	较多	luqq	较量	lujg	教材	ftsf	教程	fttk
教导	ftnf	教课	ftyj	教练	ftxa	教师	ftjg	教室	ftpg
教授	ftre	教学	ftip	教训	ftyk	教育	ftyc	教员	ftkm
阶层	bwnf	阶段	bwwd	阶级	bwxe	接触	ruqe	接待	rutf
接见	rumq	接洽	ruiw	接受	ruep	揭穿	rjpw	揭发	rjnt
揭开	rjga	街道	tfut	街市	tfym	节俭	abww	节目	abhh
节能	abce	节日	abjj	节省	abit	节水	abii	节约	abxq
节奏	abdw	杰出	sobm	结构	xfsq	结果	xfjs	结合	xfwg
结局	xfnn	结论	xfyw	结实	xfpu	结束	xfgk	结业	xfog
捷报	rgrb	捷径	rgtc	竭力	ujlt	解放	qeyt	解决	qeun
解散	qeae	解释	qeto	解说	qeyu	介绍	wjxv	借据	warn
借用	waet	借助	waeg	今年	wyrh	金额	qqpt	金融	qqgk
金属	qqnt	紧迫	jcrp	紧缺	jcrm	谨慎	yanf	近来	rpgo
进步	fjhi	进度	fjya	进展	fjna	禁忌	ssnn	禁令	sswy
经济	xciy	经贸	xcqy	精辟	ognk	精彩	oges	精度	ogya
精神	ogpy	精致	oggc	景色	jyqc	景物	jytr	警察	aqpw
警惕	aqnj	竞赛	ukpf	竞争	ukqv	敬礼	aqpy	敬意	aquj
境界	fulw	静止	gehh	纠纷	xnxw	纠正	xngh	酒店	isyh
救济	fiiy	居民	ndna	居住	ndwy	拘束	rqgk	举办	iwlw
举例	iwwg	举行	iwtf	矩形	tdga	巨额	anpt	具备	hwtl
据说	rnyu	距离	khyb	剧烈	ndgq	决心	unny	抉择	rnrc
觉悟	ipng	军队	plbw	军民	plna	均匀	fqqu	竣工	ucaa
咖啡	klkd	开辟	gank	开车	galg	开发	gant	开始	gavc
开拓	gard	开展	gana	开学	gaip	楷体	sxws	刊物	fjtr
勘察	adpw	看法	rhif	看见	rhmq	康复	yvtj	抗议	ryyy
考核	ftsy	考虑	ftha	考验	ftcw	科长	tuta	科技	turf
科学	tuip	可观	skcm	可恨	sknv	可亲	skus	可行	sktf
可以	skny	渴望	ijyn	克服	dqeb	刻度	ynya	刻苦	ynad
客户	ptyn	课程	yjtk	课余	yjwt	课文	yjyy	空话	pwyt
恐怖	amnd	恐怕	amnr	控诉	rpyr	控制	rprm	夸耀	dfiq
夸张	dfxt	宽度	paya	矿藏	dyad	矿石	dydg	矿物	dytr
昆明	jxje	困难	lscw	扩充	ryyc	扩张	ryxt	垃圾	fufe
来历	godl	来信	gowy	来源	goid	蓝色	ajqc	蓝图	ajlt
朗读	yvyf	浪潮	iyif	浪费	iyxj	老师	ftjg	乐观	qicm
离开	ybga	礼貌	pyee	礼品	pykk	礼堂	pyip	力学	ltip
历程	dltk	历届	dlnm	立即	uuvc	利害	tjpd	利率	tjyx
利润	tjiu	例如	wgvk	隶属	vint	连接	lpru	联队	bubw
联合	buwg	联欢	bucq	联网	bumq	联系	butx	廉价	yuww

续表

词组	编码	词组	编码	词组	编码	词组	编码	词组	编码
脸色	ewqc	练习	xanu	良好	yvvb	粮库	oyyl	亮度	ypya
谅解	yyqe	林业	ssog	领导	wynf	领土	wyff	领域	wyfa
浏览	iyjt	流程	iytk	流通	iyce	留念	qywy	留校	qysu
硫酸	dysg	龙头	dxud	隆重	bttg	垄断	dxon	楼房	soyn
庐山	yymm	陆续	bfxf	录取	vibc	录像	viwq	路途	khwt
路线	khxg	旅伴	ytwu	旅程	yttk	旅馆	ytqn	旅途	ytwt
旅游	ytiy	履行	nttf	绿茶	xvaw	伦敦	wwyb	论据	ywrn
论述	ywsy	落成	aidn	落实	aipu	埋伏	fjwd	满意	iauj
满足	iakh	矛盾	cbrf	媒介	vawj	美德	ugtf	美观	ugcm
美国	uglg	美好	ugvb	美丽	uggm	美妙	ugvi	门票	uysf
朦胧	eaed	猛然	qtqd	蒙胧	aped	梦想	sssh	弥漫	xqij
迷雾	opft	迷信	opwy	秘密	tnpn	密布	pndm	密码	pndc
免除	qkbw	免费	qkxj	勉励	qkdd	缅怀	xdng	描写	rapg
庙会	ymwf	蔑视	alpy	民航	nate	民警	naaq	名称	qktq
名单	qktj	名额	qkpt	名牌	qkth	名誉	qkiw	明确	jedq
明亮	jepy	明媚	jevn	铭记	qqyn	命令	wgwy	模样	sasu
磨灭	ysgo	魔术	yssy	默契	lfdh	谋害	yapd	谋略	yalt
母亲	xgus	母校	xgsu	牡丹	trmy	目标	hhsf	哪里	kvjf
内科	mwtu	内战	mwhk	那种	vftk	男孩	llby	南方	fmyy
南极	fmse	难办	cwlw	难道	cwut	脑海	eyit	能够	ceqk
能量	cejg	年代	rhwa	年级	rhxe	年度	rhya	年轻	rhlc
年终	rhxt	鸟类	qyod	纽约	xnxq	农村	pesf	农历	pedl
农田	pell	农药	peax	浓度	ipya	女孩	vvby	虐待	hatf
暖和	jetk	诺言	yayy	欧姆	aqvx	欧洲	aqiy	爬山	rhmm
拍摄	rrrb	偶然	wjqd	拍照	rrjv	排列	rdgq	排球	rdgf
牌号	thkg	牌照	thjv	派别	irkl	盘旋	teyt	盘点	tehk
判决	udun	叛变	udyo	叛国	udlg	旁边	uplp	炮弹	oqxu
泡沫	iqig	陪同	bumg	培训	fuyk	培养	fuud	培育	fuyc
赔偿	muwi	赔款	muff	佩服	wmeb	配备	sgtl	配合	sgwg
配件	sgwr	配角	sgqe	配套	sgdd	配音	sguj	配制	sgrm
配置	sglf	喷射	kftm	盆地	wvfb	烹调	ybym	朋友	eedc
澎湃	ifir	膨胀	efet	批发	rxnt	批复	rxtj	批判	rxud
批评	rxyg	批示	rxfi	批语	rxyg	批件	rxwr	批准	rxuw
皮包	hcqn	皮肤	hcef	皮货	hcwx	皮棉	hcsr	疲惫	thtl
疲乏	uhtp	匹配	aqsg	譬如	nkvk	片段	thwd	片断	thon
片刻	thyn	片面	thdm	偏爱	wyep	偏见	wymq	偏旁	wyup
偏僻	wywn	偏向	wytm	篇幅	tymh	篇章	tyuj	飘扬	sfrn
飘逸	asqk	飘荡	sfai	票据	sfrn	票面	sfdm	票价	swff

续表

词组	编码	词组	编码	词组	编码	词组	编码	词组	编码
拼音	ruuj	拼命	ruwg	拼写	rupg	拼搏	rurg	贫乏	wvtp
贫困	wvls	贫富	wvpg	贫苦	wvad	贫困	wvls	贫民	wvna
贫农	wvpe	贫穷	wvpw	贫血	wvtl	频道	hiut	频度	hiya
频繁	hitx	频率	hiyx	品德	kktf	品格	kkst	品质	kkrf
品种	kktk	聘请	bmyg	聘任	bmwt	聘书	bmnn	聘用	bmet
平安	gupv	平常	guip	平淡	guio	平等	gutf	平地	gufb
平凡	gumy	平方	guyy	平房	guyn	平衡	gutq	平价	guww
平静	guge	平局	gunn	平均	gufq	平炉	guoy	平面	gudm
平民	guna	平壤	gufy	平日	gujj	平时	gujf	平台	guck
平坦	gufj	平易	gujq	平原	gudr	平整	gugk	评比	ygxx
评定	ygpg	评分	ygwv	评功	ygal	评估	ygwd	评级	ygxe
评价	ygww	评奖	yguq	评理	yggj	评论	ygyw	评判	ygud
评审	ygpj	评述	ygsy	评选	ygtf	评议	ygyy	评语	ygyg
评阅	yguu	凭借	wtwa	凭据	wtrn	凭空	wtpw	凭证	wtyg
苹果	agjs	屏蔽	nuau	屏幕	nuaj	屏障	nubu	瓶子	uabb
婆婆	ihih	迫害	rppd	迫切	rpav	迫使	rpwg	破案	dhpv
破产	dhut	破除	dhbw	破格	dhst	破坏	dhfg	破获	dhaq
破旧	dhhj	破烂	dhou	破例	dhwg	破裂	dhgq	破灭	dhgo
破碎	dhdy	魄力	rrlt	剖析	uksr	扑克	rhdq	铺张	qgxt
菩萨	auab	葡萄	aqaq	朴素	shgx	普遍	uoyn	普查	uosj
普及	uoey	普通	uoce	普选	uotf	谱曲	yuma	谱写	yupg
瀑布	ijdm	曝露	jjdk	七绝	agxq	七律	agtv	七一	aggg
七月	agee	妻子	gvbb	凄惨	ugnc	凄凉	uguy	期待	adtf
期限	adbv	欺骗	adcy	漆黑	islf	齐备	yjtl	期望	adyn
期货	adwx	期间	aduj	期刊	adfj	期满	adia	齐全	yjwg
其次	aduq	其实	adpu	其他	adwb	其它	adpx	其中	adkh
奇怪	dsnc	奇迹	dsyo	奇妙	dsvi	奇特	dstr	奇闻	dsub
奇异	dsna	歧视	hfpy	歧途	hfwt	祈求	pyfi	崎岖	mdma
骑马	cdcn	旗袍	ytpy	旗帜	ytmh	旗子	ytbb	乞丐	tngh
乞求	tnfi	乞讨	tnyf	企求	whfi	企图	whlt	企业	whog
岂非	mndj	岂敢	mnnb	岂能	mnce	岂止	mnhh	启动	ynfc
启发	ynnt	启蒙	ynap	启示	ynfi	启用	ynet	起草	fhaj
起点	fhhk	起飞	fhnu	起家	fhpe	起劲	fhca	起来	fhgo
起立	fhuu	起码	fhdc	起诉	fhyr	起义	fnyq	起因	fhld
起用	fhet	起源	fhid	气氛	rnrn	气愤	rnnf	气功	rnal
气候	rnwh	气慨	rnnv	气流	rniy	气门	rnuy	气派	rnir
气泡	rniq	气魄	rnrr	气势	rnrv	气体	rnws	气味	rnkf
气温	rnij	气息	rnth	气象	rnqj	气压	rndf	气质	rnrf

续表

词组	编码	词组	编码	词组	编码	词组	编码	词组	编码
弃权	ycsc	汽车	irlg	汽船	irte	汽笛	irtm	汽水	irii
汽油	itim	契约	dhxq	器械	kksa	恰当	nwiv	器件	kkwr
器具	kkhw	器皿	kklh	器官	kkpn	恰好	nwvb	恰恰	nwnw
恰巧	nwag	恰如	nwvk	恰似	nwwn	洽谈	iwyo	千古	tfdg
千金	tfqq	千克	tfdq	千米	tfoy	千秋	tfto	千瓦	tfgn
千周	tfmf	迁居	tfnd	迁移	tftq	牵连	dplp	牵涉	dpih
牵头	dpud	牵线	dpxg	牵引	dpxh	牵制	dprm	铅笔	qmtt
铅印	qmqg	铅字	qmpb	谦让	yuyh	签名	twqk	签收	twnh
签署	twlf	签字	twpb	前辈	uedj	前边	uelp	前程	uetk
前后	uerg	前进	uefj	前景	uejy	前来	uego	前列	uegq
前门	ueuy	前面	uedm	前年	uerh	前期	uead	前人	ueww
前身	uetm	前提	uerj	前头	ueud	前途	uewt	前往	uety
前夕	ueqt	前线	euxg	前言	ueyy	前沿	ueim	前者	ueft
前奏	uedw	钱财	qgmf	钱票	qgsf	钳子	qabb	乾坤	fjfj
乾隆	fjbt	潜伏	ifwd	潜力	iflt	浅显	igjo	谴责	ykgm
欠安	qwpv	欠款	qwff	欠缺	qwrm	欠条	qwts	欠妥	qwev
欠债	qwwg	欠帐	qwmh	歉疚	uvuq	歉收	uvnh	歉意	uvuj
枪毙	swxx	枪弹	swxu	枪杆	swsf	强大	xkdd	强盗	xkuq
强调	xkym	强度	xkya	强制	xkrm	强化	xkwx	强劲	xkca
强烈	xkgq	强迫	xkrp	强弱	xkxu	强盛	xkdn	强硬	xkdg
强者	xkft	强国	xklg	强壮	xkuf	墙报	ffrb	墙壁	ffnk
抢夺	rsdf	抢购	rwmq	抢救	rwfi	抢收	rwnh	抢险	rwbw
抢修	rwwh	抢占	rwhk	悄悄	nini	侨胞	wteq	侨汇	wtia
侨眷	wtud	侨民	wtna	桥墩	stfy	桥梁	stiv	桥牌	stth
巧妙	agvi	巧遇	agjm	俏皮	wihc	窍门	pwuy	切磋	avdu
切断	anon	切割	avpd	切记	avyn	切切	avav	切身	avtm
切实	avpu	窃取	pwbc	亲爱	usep	亲笔	ustt	亲近	usrp
亲热	usrv	亲人	usww	亲戚	usdh	亲切	usav	亲身	ustm
亲密	uspn	亲朋	usee	亲手	usrt	亲王	usgg	亲信	uswy
亲友	usdc	亲属	usnt	亲自	usth	侵犯	wvqt	钦佩	qqwm
秦朝	dwfj	秦岭	dwmw	侵袭	wvdx	侵占	wvhk	侵害	wvpd
侵略	wvlt	侵入	wvty	禽兽	wyul	勤奋	akdl	勤俭	akww
勤恳	akve	勤劳	akap	勤勉	akqk	勤务	aktl	寝室	pupg
青菜	geae	青春	gedw	青岛	geqy	青工	geaa	青海	geit
青年	gerh	青山	gemm	青松	gesw	青天	gegd	青铜	geqm
青蛙	gejf	氢弹	rnxu	轻便	lcwg	轻工	lcaa	轻快	lcnn
轻率	lcyx	轻声	lcfn	轻视	lcpy	轻松	lcsw	轻微	lctm
轻型	lcga	轻易	lcjq	轻重	lctg	轻装	lcuf	倾听	wxkr

续表

词组	编码	词组	编码	词组	编码	词组	编码	词组	编码
倾向	wxtm	倾销	wxqi	倾泄	wxia	清白	igee	清查	igsj
清朝	igfj	清澈	igiy	清晨	igjd	清除	igbw	清楚	igss
清脆	igeq	清单	iguj	清点	ighk	清风	igmq	清高	igym
清官	igpn	清华	igwx	清洁	igif	清净	iguq	清静	igge
清理	iggj	清廉	igyu	清凉	iguy	清明	igje	清贫	igwv
清扫	igrv	清算	igth	清退	igve	清晰	igjs	清洗	igit
清闲	igus	清香	igtj	清醒	igsg	清秀	igte	清早	igjh
清真	igfh	情报	ngrb	情操	ngrk	情调	ngym	情感	ngdg
情节	ngab	情景	ngjy	情况	nguk	情理	ngjg	情形	ngga
情绪	ngxf	情意	nguj	情愿	ngdr	晴朗	jgyv	晴纶	jgxw
晴天	jggd	请便	ygwg	请假	ygwn	请柬	yggl	请教	ygft
请进	ygfj	请客	ygpt	请求	ygfi	请示	ygfi	请问	yguk
请愿	ygdr	请战	yghk	请罪	ygld	庆功	ydal	庆贺	ydlk
庆幸	ydfu	庆祝	ydpy	穷国	pwlg	穷苦	pwad	穷困	pwls
穷人	pwww	丘陵	rgbf	秋波	toih	秋风	tomq	秋季	totb
秋色	toqc	秋收	tonh	秋天	togd	求爱	fiep	求和	fitk
求教	fift	求学	fiip	求援	fire	求知	fitd	求职	fibk
球队	gfbw	球赛	gfpf	区别	aqkl	区长	aqta	区分	aqwv
区划	aqaj	区委	aqtv	区域	aqfa	曲解	maqe	曲谱	mayu
曲线	maxg	曲折	marr	曲直	mafh	曲子	mabb	驱逐	caep
屈服	nbeb	屈辱	nbdf	趋势	fhrv	渠道	iaut	取代	bcwa
取得	bctj	取缔	bcxu	取决	bcun	取胜	bcet	取消	bcii
去年	fcrh	去声	fcfn	去世	fcan	趣味	fhkf	圈套	ludd
圈阅	luuu	圈子	lubb	全部	wguk	全场	wgfn	全景	wgjy
全军	wgpl	全力	wglt	全会	wgwf	全家	wgpe	全程	wgtk
全党	wgip	全副	wggk	全貌	wgee	全面	wgdm	全民	wgna
全能	wgce	全年	wgrn	全盘	wgte	全球	wggf	全权	wgsc
全然	wgqd	全盛	wgdn	全速	wggk	全套	wgdd	全体	wgws
全天	wggd	全文	wgyy	全新	wgus	全优	wgwd	权力	sctl
权利	sctj	权势	scrv	权威	scdg	权限	scbv	权益	scuw
诠注	ywiy	泉水	riii	缺点	rmhk	缺额	rmpt	缺乏	rmtp
缺勤	rmak	缺少	rmit	缺损	rmrk	缺陷	rmbq	确保	dqwk
确定	dqpg	确立	dquu	确切	dqav	确认	dqyw	确实	dqpu
确有	dqde	确凿	dqog	确诊	dqyw	裙带	pugk	群岛	vtqy
群体	vtws	群众	vtww	然而	qddm	然后	qdrg	燃料	oqou
燃烧	oqda	染料	ivou	染色	ivqc	让步	yhhi	扰乱	rdtd
热爱	rvep	热潮	rvif	热忱	rvnp	热诚	rvyd	热带	rvgk
热点	rvhk	热核	rvsy	热浪	rviy	热泪	rvih	热量	rvjg

续表

词组	编码	词组	编码	词组	编码	词组	编码	词组	编码
热烈	rvgq	热门	rvuy	热闹	rvuy	热能	rvce	热气	rvrn
热切	rvav	热情	rvng	热线	rvxg	热心	rvny	热血	rvtl
热源	rvid	热衷	rvyk	人才	wwft	人参	wwcd	人称	wwtq
人道	wwut	人工	wwaa	人家	wwpe	人间	wwuj	人均	wwfq
人口	wwkk	人类	wwod	人力	wwlt	人马	wwcn	人民	wwna
人命	wwwg	人情	wwng	人权	wwsc	人群	wwvt	人身	wwtm
人生	wwtg	人士	wwfg	人世	wwan	人体	wwws	人物	wwtr
人心	wwny	人选	wwtf	人员	wwkm	人证	wwyg	仁义	wgyq
忍耐	vydm	忍受	vyep	认可	ywsk	认清	ywig	认错	ywqa
认得	ywtj	认定	ywpg	认帐	ywmh	认真	ywfh	认罪	ywld
任何	wtws	任免	wtqk	任职	wtkb	妊娠	vtvd	扔掉	rerh
仍旧	wehj	仍然	weqd	日报	jjrb	日常	jjip	日程	jjtk
日光	jjiq	日后	jjrg	日前	jjue	日月	jjee	日子	jjbb
荣获	apaq	荣立	apuu	荣幸	apfu	荣耀	apiq	荣誉	apiw
容量	pwjg	容貌	pwee	容纳	pwxm	容忍	pwvy	容易	pwjq
溶解	ipqe	熔炉	opoy	融洽	gkiw	冗长	pmta	柔和	cbtk
柔情	cbnt	柔软	cblq	肉类	mwod	肉食	mwwy	肉眼	mwhv
如此	vkhx	如果	vkjs	如何	vkws	如今	vkwy	如若	vkad
如实	vkpu	如同	vkmg	如下	vkgh	如意	vkuj	如愿	vkdr
儒家	wfpe	乳房	ebyn	乳牛	ebrh	入场	tyfn	入党	tyip
入境	tyfu	入口	tykk	入门	tyuy	入侵	tywv	入团	tylf
入伍	tywg	入学	tyip	入座	tyyw	软件	lqwr	软盘	lqte
软弱	lqxu	撒谎	raya	瑞士	gmfg	瑞雪	gmfv	润滑	iyim
若干	adfg	若是	adjg	弱点	xuhk	弱小	xuih	弱者	xuft
洒脱	iseu	赛马	pfcn	三月	dgee	伞兵	wurg	散布	aedm
散装	aeuf	丧失	furw	扫荡	rvai	扫盲	rvyn	扫描	rvra
扫墓	rvaj	扫兴	rviw	扫帚	rvvp	色彩	qces	色调	qcym
色情	qcng	色素	qcgx	色样	qcsu	色泽	qcic	森严	ssgo
杀害	qdpd	杀伤	qswt	沙发	iint	沙龙	iidx	沙漠	iiia
沙丘	iirg	沙滩	iiic	沙土	iiff	沙子	iibb	刹车	qslg
刹那	wsvf	傻瓜	wtrc	霎时	ufjf	山川	mmkt	山村	mmsf
山地	mmfb	山东	mmai	山峰	mmmt	山冈	mmmq	山沟	mmiq
山谷	mmww	山河	mmis	山脚	mmef	山水	mmii	山头	mmud
山西	mmsg	山区	mmaq	山势	mmrv	山岭	mmmw	山脉	mmey
山坡	mmfh	山腰	mmes	山庄	mmyf	删除	mmbw	删改	mmnt
删节	mmab	姗姗	vmvm	珊瑚	gmgd	煽动	oyfc	闪电	ywjn
闪闪	uwuw	闪烁	uwoq	闪耀	uwiq	陕西	bgsg	善后	udrg
善良	udyv	善意	uduj	善于	udgd	擅长	ryta	擅自	ryth

续表

词组	编码	词组	编码	词组	编码	词组	编码	词组	编码
膳食	euwy	赡养	mqud	伤感	wtdg	伤害	wtpd	伤痕	wtuv
伤口	wtkk	伤势	wtrv	伤痛	wtuc	伤心	wtny	伤员	wtkm
商标	umsf	商场	umfn	商店	umyh	商贩	ummr	商会	umwf
商量	umjg	商品	umkk	商务	umtl	商行	umtf	商业	umog
商议	umyy	晌午	jttf	赏赐	ipmj	赏罚	iply	上班	hhgy
上报	hhrb	上边	hhlp	上层	hhnf	上当	hhiv	上帝	hhup
上海	hhit	上级	hhxe	上进	hhfj	上课	hhyj	上空	hhpw
上来	hhgo	上马	hhcn	上面	hhdm	上去	hhfc	上任	hhwt
上升	hhta	上述	hhsy	上税	hhtu	上司	hhng	上头	hhud
上午	hhtf	上下	hhgh	上校	hhsu	上学	hhip	上旬	hhqj
上衣	hhye	上游	hhiy	上月	hhee	上涨	hhix	上周	hhmf
烧饭	oqqn	稍许	tiyt	少女	itvv	少数	itov	少尉	itnf
少校	itsu	少许	otyt	少爷	itwq	哨兵	kirg	奢侈	dfwq
舌头	tdud	设备	ymtl	设法	ymif	设防	ymby	设计	ymyf
设立	ymuu	设施	ymyt	设想	ymsh	设宴	ympj	设置	ymlf
社长	pyta	社队	pybq	社会	pywf	社交	pyuq	社论	pyyw
社员	pykm	射击	tmfm	射线	tmxg	涉及	ihey	涉外	ihqh
赦免	foqk	摄氏	rbqa	摄像	rbwq	摄影	rbjy	摄制	rbrm
申报	jhrb	申辩	jhuy	申斥	jhry	申明	jhje	申请	jhyg
申述	jhsy	申诉	jhyr	伸曲	wjma	伸缩	wjxp	伸展	wjna
伸张	wjxt	身边	tmlp	身材	tmsf	身长	tmta	身份	tmww
身高	tmyy	身躯	tmtm	身世	tman	身体	tmws	身子	tmbb
呻吟	kjkw	绅士	xjfg	深奥	iptm	深层	ipnf	深长	ipta
深处	ipth	深浅	ipig	深厚	ipdj	深化	ipwx	深究	ippw
深刻	ipyn	深度	ipya	深切	ipav	深秋	ipto	深入	ipty
深山	ipmm	深受	ipep	深思	ipln	深透	ipte	深信	ipwy
深夜	ipyw	深渊	ipit	深造	iptf	深圳	ipfk	神话	pyyt
神经	pyxc	神秘	pytn	神奇	pyds	神气	pyrn	神情	pyng
神色	pyqc	神圣	pycf	神速	pygk	神态	pydy	神通	pyce
神仙	pywm	神志	pyfn	神州	pyyt	沈阳	ipbj	审查	pjsj
审察	pjpw	审定	pjpg	审稿	pjty	审核	pjsy	审问	pjyk
审校	pjsu	审美	pjug	审判	pjud	审批	pjrx	审计	pjyf
审理	pjgj	审讯	pjyn	审议	pjyy	婶婶	vpvp	肾炎	jcoo
肾脏	jcey	甚好	advb	甚至	adgc	渗透	icte	慎重	nftg
升级	taxe	升学	taip	升值	tawf	生病	tgug	生产	tgut
生长	tgta	生成	tgdn	生存	tgdh	生动	tgfc	生活	tgit
生理	tggj	生命	tgwg	生怕	tgnr	生平	tggu	生气	tgrn
生前	tgue	生日	tgjj	生死	tggq	生态	tgdy	生铁	tgqr

续表

词组	编码	词组	编码	词组	编码	词组	编码	词组	编码
生物	tgtr	生效	tguq	生意	tguj	生育	tgyc	声称	fntq
声调	fnym	声望	fnyn	声明	fnje	声学	fnip	声势	fnrv
声速	fngk	声符	fntw	声响	fnkt	声母	fnxg	声音	fnuj
声誉	fniw	声援	fnre	声张	fnxt	牲畜	tryx	胜败	etmt
胜地	etfb	胜负	etqm	胜利	ettj	胜任	etwt	胜似	etwn
胜诉	etyr	胜仗	etwd	绳索	xkfp	绳子	xkbb	省长	itta
省城	itfd	省得	ittj	省份	itww	省府	ityw	省级	itxe
省略	itlt	省事	itgk	省委	ittv	省悟	itng	圣地	cffb
圣经	cfxc	圣人	cfww	圣贤	cfjc	圣旨	cfxj	盛产	dnut
盛大	dndd	盛典	dnma	盛会	dnwf	盛开	dnga	盛况	dnuk
盛情	dnng	盛夏	dndh	盛行	dntf	盛宴	dnpj	盛誉	dniw
盛装	dnuf	剩余	tuwt	尸体	nnws	失败	rwmt	失策	rwtg
失掉	rwrh	失火	rwoo	失控	rwrp	失利	rwtj	失恋	rwyo
失灵	rwvo	失落	rwai	失眠	rwhn	失误	rwyk	失效	rwuq
失学	rwip	失业	rwog	失真	rwfh	失踪	rwkh	师长	jgta
师大	jgdd	师范	jgai	师父	jgwq	师傅	jgwg	师生	jgtg
师徒	jgtf	师专	jgfn	师资	jguq	诗词	yfyn	诗歌	yfsk
诗集	yfwy	诗句	yfqk	诗刊	yffj	诗人	yfww	诗意	yfuj
施肥	ytec	施工	ytaa	施加	ytlk	施舍	ytwf	施行	yttf
施用	ytet	施展	ytna	湿度	ijya	湿润	ijiu	十倍	fgwu
十成	fgdn	十分	fgwv	十月	dgee	什锦	wfqr	什么	wftc
石板	dgsr	石碑	dgdr	石膏	dgyp	石灰	dgdo	石匠	dgar
石料	dgou	石器	dgkk	石头	dgud	石油	dgim	时差	jfud
时光	jfiq	时常	jfip	时代	jfwa	时分	jfwv	时局	jfnn
时势	jfrv	时机	jfsm	时间	jfuj	时节	jfab	时速	jfgk
时效	jfuq	时髦	jfde	时期	jfad	时时	jfjf	时装	jfuf
识别	ykkl	识破	ykdh	识字	ykpb	实干	pufg	实惠	pugj
实际	pubf	实践	pukh	实况	puuk	实力	pult	实例	puwg
实权	pusc	实施	puyt	实物	putr	实习	punu	实现	pugm
实效	pupq	实心	puny	实验	pucw	实业	puog	实在	pudh
拾零	rwfw	食粮	wyoy	世间	anuj	世界	anlw	世面	andm
世事	angk	世俗	anww	始终	vcxt	士兵	fgrg	士气	fgrn
世故	andt	世纪	anxn	世态	andy	世袭	andx	世族	anyt
市长	ymta	市场	ymfn	市尺	ymny	市府	ymyw	市郊	ymuq
市斤	ymrt	市民	ymna	市亩	ymyl	市内	ymmw	市区	ymaq
市容	ympw	市委	ymtv	市镇	ymqf	市政	ymgh	市制	ymrm
示范	fiai	示例	fiwg	示弱	fixu	示威	fifg	示意	fiuj
式样	aasu	事端	gkum	事故	gkdt	事后	gkrg	事迹	gkyo

续表

词组	编码	词组	编码	词组	编码	词组	编码	词组	编码
事件	gkwt	事例	gkwg	事前	gkue	事情	gkng	事实	gkpu
事态	gkdy	事务	gktl	事物	gktr	事先	gktf	事项	gkad
事业	gkog	事宜	gkpe	侍候	wfwh	势必	rvnt	势力	rvlt
势利	rvtj	视察	pypw	视野	pyjf	试车	yalg	试点	yahk
试飞	yanu	试卷	yaud	试看	yarh	试探	yarp	试题	yajg
试问	yauk	试想	yash	试销	yaqi	试行	yatf	试验	yacw
试用	yaet	试制	yarm	室外	pgqh	是非	jgdj	是否	jggi
适当	tdiv	适度	tdya	适应	tdyi	适用	tdet	适中	tdhw
逝世	tdjf	释放	toyt	适合	tdwg	适量	tdjg	适龄	tdhw
适时	tdjf	适宜	tdpe	嗜好	kfvb	誓词	rryn	誓师	rrjg
誓死	rrgq	收藏	nhad	收成	nhmq	收到	nhlk	收发	nhnt
收费	nhxj	收割	nhpd	收购	nhdn	收回	nhlk	收获	nhaq
收货	nhwx	收件	nhwr	收取	nhbe	收买	nhnu	收录	nhvi
收据	nhlk	收缴	nhmq	收容	nhpw	收拾	nhrw	收税	nhtu
收缩	nhxp	收条	nhts	收悉	nhto	收益	nhuw	收音	hnuj
收支	nhfe	手臂	rtnk	手表	rtge	手册	rtmm	手电	rtjn
手段	rtwd	手稿	rtty	手工	rtaa	手脚	rtef	手巾	rtmh
手绢	rtxk	手帕	rtxf	手枪	rtsw	手势	rtrv	手术	rtsy
手套	rtdd	手续	rtxf	手掌	rtip	手指	rtrx	手足	rtkh
守护	pfry	守卫	pfbg	守则	pfmj	首长	utta	首先	utuq
首都	utft	首届	utnm	首脑	utey	首席	utya	首次	uttf
首相	utsh	寿辰	dtdf	寿命	dtwg	寿星	dtjt	受到	epgc
受罚	eply	受害	eppd	受贿	epmd	受奖	epuq	受精	epog
受苦	epad	受累	eplx	受理	epuw	授予	reeb	书本	nnsg
书店	nnyh	书籍	nntd	书记	nnyn	书刊	nnfj	叔叔	hihi
舒畅	wfjh	舒服	wfeb	舒适	wftd	输出	lwbm	输入	lwty
输送	lwud	蔬菜	anae	熟练	ybxa	熟悉	ybto	树立	scuu
树林	scss	树木	scss	数据	ovrn	数量	ovjg	数目	ovhh
数学	ovip	数值	ovwf	数字	ovpb	衰弱	ykxu	衰退	ykve
水产	iiut	水电	iijn	水分	iiwv	水果	iijs	水利	iitj
水泥	iiin	水平	iigu	税收	tunh	税务	tutl	睡觉	htip
睡眠	hthn	顺便	kdwg	顺利	kdtj	顺序	kdyc	说服	yueb
说话	yuyt	说谎	yuya	丝毫	xxyp	司长	ngta	司法	ngif
司机	ngsm	司空	ngpw	司令	ngwy	司马	ngcn	私货	tcwx
私立	tcuu	私利	tctj	私人	tcww	私心	tcny	私营	tcap
私有	tcde	私自	tcth	思潮	lnif	思考	lnft	思路	lnkh
思虑	lnha	思索	lnfp	思惟	lnnw	思维	lnxww	思想	lnsh
斯文	adyy	厮打	dars	厮杀	daqs	撕毁	rava	死亡	gqyn

续表

词组	编码	词组	编码	词组	编码	词组	编码	词组	编码
死者	gqft	四边	lhlp	四处	lhth	四川	lhkt	四方	lhyy
四海	lhit	四化	lhwx	四季	lhtb	四角	lhqe	四面	lhdm
四声	lhfn	四通	lhce	四月	lhee	四则	lhmj	四肢	lhef
四周	lhmf	寺院	ffbp	伺机	wnsm	似乎	wntu	饲料	qnou
饲养	qnud	肆意	dvuj	松柏	swsr	松紧	swjc	松树	swse
松懈	swnq	嵩山	mymm	耸立	wwuu	宋朝	psfj	宋健	pswv
宋平	psgu	宋体	psws	送还	udgi	送货	udwx	送礼	udpy
送信	udwy	颂扬	wcrn	搜捕	rvrg	搜查	rvsj	搜集	rvwy
搜索	rvfp	苏联	albu	苏州	alyt	俗语	wwyg	诉讼	yryw
肃静	vige	肃穆	vitr	肃清	viig	素材	gxsf	素菜	gxae
素养	gxud	素质	gxrf	速成	gkdn	速度	gkya	速决	gkun
速率	gkyx	速效	gkuq	速写	gkpg	宿舍	pwwf	宿营	pwap
塑料	ubou	塑像	ubwq	酸辣	sgug	蒜苗	afal	算法	thif
算了	thbn	算盘	thte	算是	thjg	算术	thsy	算数	thov
虽然	kjqd	虽说	kjyu	随意	bduj	随着	bdud	岁数	mqov
随身	bdtm	随时	bdjf	随便	bdwg	随后	bdrg	随即	bdvc
岁月	mqee	遂意	ueuj	破裂	dygq	隧道	buut	孙子	bibb
损害	rkpd	损耗	rkdi	损坏	rkfg	损失	rkrw	缩短	xpd
缩减	xpud	缩小	xpih	缩写	xppg	缩影	xpjy	所长	rnta
所谓	rnyl	所需	rnfd	索引	fpxh	所有	rnde	所在	rndh
所属	rnnt	索赔	fpmu	所以	rnny	他们	wbwu	他人	wbww
他说	wbyu	它们	pxwu	踏实	khpu	台胞	ckeq	台北	ckux
台币	cktm	台风	ckmq	台阶	ckbw	台湾	ckiy	抬举	rciw
抬头	rcud	太后	dyrg	太空	dypw	太平	dygu	太太	dydy
太阳	dybj	太原	dyrg	态度	dyya	泰斗	dwuf	泰国	dwlg
泰山	dwmm	贪婪	wyss	贪图	wylt	贪污	wyif	贪赃	wymy
摊牌	rcth	摊商	rcum	瘫痪	ucuq	坦荡	fjai	坦克	fjdq
坦率	fjyx	坦然	fjqd	坦诚	fjyd	谈话	yoyt	谈论	yoyw
谈判	youd	坦白	fjrr	毯子	tfbb	叹息	kcth	探测	rpim
探亲	rpus	探索	rpfp	探讨	rpyf	探望	rpyn	探险	rpbw
唐朝	yvfj	堂皇	iprg	搪瓷	ryuq	糖果	oyjs	糖精	oyog
倘若	wiad	滔滔	ieie	韬略	fnlt	逃避	iqnk	逃跑	iqkh
逃走	iqfh	桃花	siaw	桃李	sisb	桃树	sisc	陶瓷	bquq
陶醉	bqsg	淘汰	iqid	讨论	yfyw	讨嫌	yfvu	讨厌	yfdd
讨债	yfwg	特别	trkl	特产	trut	特长	trta	特大	trdd
特地	trfb	特点	trhk	特定	trpg	特号	trkg	特级	trxe
特刊	trfj	特快	trnn	特例	trwg	特区	traq	特级	trxe
特色	trqc	特殊	trgq	特务	trtl	特写	trpg	特邀	trry

续表

词组	编码	词组	编码	词组	编码	词组	编码	词组	编码
特意	truj	特有	trde	特约	trxq	疼痛	utuc	腾飞	eunu
腾空	eupw	腾腾	eueu	梯队	subw	梯田	sull	提案	rjpv
提拔	rjrd	提倡	rjwj	提成	rjdn	提出	rjbm	提法	rjif
提纲	rjxm	提高	rjym	提供	rjwa	提货	rjwx	提价	rjww
提交	rjuq	提款	rjym	提炼	rjoa	提练	rjxa	提前	rjue
提升	rjta	提示	rjfi	提问	rjuk	提醒	rjsg	提要	rjsv
提议	rjyy	提早	rjjh	题材	jgsk	题词	jgyn	题辞	jgtd
体裁	wsfa	体操	wsrk	体会	wswf	体积	wstk	体验	wssw
体力	wslt	体谅	wsyy	体面	wsdm	体魄	wsrr	体坛	wsff
体贴	wsmh	体委	wstv	休温	twij	体系	wstx	体现	wsgm
体形	wsga	体验	wscw	体育	wsyc	体制	wsrm	体质	wsrf
体重	wstg	替代	fwwa	天边	gdlp	天才	gdft	天地	gdfb
天河	gdis	天花	gdaw	天津	gdiv	天空	gdpw	天平	gdgu
天气	gdrn	天桥	gdst	天然	gdqd	天色	gdqc	天山	gdmm
天生	gdtg	天时	gdjf	天数	gdov	天坛	gdff	天堂	gdip
天体	gdws	天天	gdgd	天文	gdyy	天下	gdgh	天线	gdxg
天涯	gdid	天灾	gdpo	天真	gdfh	天资	gduq	添置	iglf
田地	llfd	田间	lluj	田径	lltc	田野	lljf	田园	lllf
甜菜	tdae	甜酒	tdis	甜美	tdug	甜蜜	tdpn	甜酸	tdsg
填补	ffpu	填充	ffyc	填空	ffpw	填写	ffpg	挑拨	rirn
挑衅	ritl	挑选	ritf	挑战	rihk	条件	tswr	条款	tsff
条理	tsgj	条例	tswg	条条	tsts	条纹	tsxy	条约	tsxq
眺望	hiyn	跳动	khfc	跳高	khym	跳舞	khrl	贴近	mhrp
贴切	mhav	铁道	qrut	铁钉	qrqs	铁轨	qrlv	铁匠	qrar
铁矿	qrdy	铁路	qrkh	铁器	qrkk	铁树	qrsc	铁证	qryg
厅长	dsta	听候	krwh	听话	kryt	听见	krmq	听课	kryj
听取	krbc	听任	krwt	听说	kryu	听信	krwy	听众	krww
亭子	ypbb	停产	wyut	停车	wylg	停电	wyjn	停顿	wygb
停薪	wyau	停职	wybk	停止	wyhh	挺拔	rtrd	通报	cerb
通病	ceug	通常	ceip	通称	cetq	通道	ceut	通电	cejn
通牒	ceth	通风	cemq	通告	cetf	通过	cefp	通话	ceyt
通缉	cexk	通栏	cesu	通令	cewy	通盘	cete	通商	ceum
通史	cekq	通顺	cekd	通俗	ceww	通通	cece	通统	cexy
通往	cety	通向	cetm	通信	cewy	通行	cetf	通讯	ceyn
通用	ceet	通知	cetd	同伴	mgwu	同胞	mgeq	同辈	mgdj
同步	mghi	同等	mgtf	同感	mgdg	同化	mgwx	同伙	mgwo
同居	mgnd	同类	mgod	同期	mgad	同仁	mgwf	同时	mgif
同事	mggk	同乡	mgxt	同心	mgny	同性	mgnt	同学	mgip

续表

词组	编码	词组	编码	词组	编码	词组	编码	词组	编码
同样	mgsu	同一	mggg	同意	mguj	同志	mgfn	铜矿	qmdy
铜器	qmkk	铜像	qmwq	童话	ujyt	童年	ujrh	统称	xytq
统筹	xytd	统购	xymq	统管	xytp	统计	xyyf	统建	xyvf
统率	xyyx	统配	xysg	统销	xyqi	统一	xygg	统战	xyhk
统治	xyic	痛恨	ucnv	痛哭	uckk	痛快	ucnn	痛心	ucny
偷盗	wwuq	偷窃	wwpw	头版	udth	头等	udtf	头发	udnt
头号	udkg	头目	udhh	头脑	udey	头痛	uduc	头绪	udxf
投产	rmut	投递	rmux	投放	rmyt	投稿	rmty	投机	rmsm
投降	rmbt	投票	rmsf	投入	rmty	投身	rmtm	投送	rmud
投诉	rmyr	投影	rmjy	投资	rmuq	透彻	teta	透过	tefp
透露	tefk	透明	teje	透视	tepy	突变	pwyo	突出	pwbm
突飞	pwnu	突击	pwfm	突破	pwdh	突起	pwfh	突然	pwqd
突围	pwlf	图案	ltpv	图表	ltge	图画	ltgl	图解	ltqe
图例	ltwg	图片	ltth	图示	ltfi	图书	ltnn	图象	ltqj
图像	ltwq	图形	ltga	图样	ltsu	图章	ltuj	图纸	ltxq
徒工	tfaa	徒劳	tfap	徒刑	tfga	涂改	iwnt	途径	wttc
土产	ffut	土地	fffb	土豆	ffgk	土法	ffif	土改	ffnt
土豪	ffyp	土木	ffss	团部	lfuk	团长	lfta	团费	lfxj
团结	lfxf	团龄	lfhw	团体	lfws	团委	lftv	团校	lfsu
团员	lfkm	团圆	lflk	推测	rwim	推迟	rwny	推崇	rwmp
推出	rwbm	推倒	rwwg	推动	rwfc	推断	rwon	推翻	rwto
推广	rwyy	推荐	rwad	推进	rwfj	推举	rwiw	推论	rwyw
推敲	rwym	推算	rwth	推销	rwqi	推卸	rwrh	推行	rwtf
推选	rwtf	推移	rwtq	颓废	tmyn	退步	vehi	退化	vewx
退还	vegi	退回	velk	退缩	vexp	退伍	vewg	退休	vews
退职	vebk	托福	rtpy	托运	rtfc	拖把	rtrc	拖拉	rtru
拖鞋	rtaf	脱产	euut	脱稿	euty	脱节	euab	脱离	euyb
脱贫	euwv	脱险	eubw	妥当	eviv	妥善	evud	妥协	evfl
椭圆	sblk	拓朴	rdsh	挖掘	rprn	瓦解	gnqe	瓦特	gntr
袜子	pubb	歪风	gimq	歪曲	gima	外币	qhtm	外边	qhlp
外表	qhge	外宾	qhpr	外部	qhuk	外长	qhta	外出	qhbm
外地	qhfb	外电	qhjn	外调	qhym	外观	qhcm	外国	qhlg
外汇	qhia	外籍	qhtd	外交	qhuq	外界	qhlw	外科	qhtu
外来	qhgo	外流	qhiy	外贸	qhqy	外貌	qhee	外面	qhdm
外婆	qhih	外伤	qhwt	外商	qhum	外设	qhym	外事	qhgk
外头	qhud	外围	qhlf	外文	qhyy	外线	qhxg	外销	qhqi
外行	qhtf	外形	qhga	外衣	qhye	外因	qhld	外用	qhet
外语	qhyg	外资	qhuq	弯路	yokh	弯曲	yoma	完备	pftl

续表

词组	编码	词组	编码	词组	编码	词组	编码	词组	编码
完毕	pfxx	完成	pfdn	完蛋	pfnh	完工	pfaa	完好	pfvb
完婚	pfvq	完结	pfxf	完满	pfia	完美	pfug	完全	pfwg
完善	pfud	完税	pftu	完整	pfgk	玩具	gfhw	玩命	gfwg
玩弄	gfga	玩耍	gfdm	玩笑	gftt	顽固	fqld	顽抗	fqry
顽强	fqxk	宛如	pqvk	宛若	pqad	挽回	rqlk	挽救	rqfi
挽联	rqbu	挽留	rqqy	晚安	jqpv	晚报	jqrb	晚辈	jqdj
晚餐	jqhq	晚饭	jqqn	晚会	jqwf	晚婚	jqvq	晚间	jquj
晚年	jqrh	晚期	jqad	晚上	jqhh	晚霞	jqfn	惋惜	npna
碗筷	dptn	万代	dnwa	万分	dnwv	万户	dnyn	万家	dnpe
万籁	dntg	万里	dnjf	万能	dnce	万世	dnan	万事	dngk
万岁	dnmq	万物	dntr	万一	dngg	万元	dnfq	万丈	dndy
汪洋	igiu	亡命	ynwg	王国	gglg	王码	ggdc	王牌	ggth
网络	mqxt	网球	mqgf	往常	tyip	往返	tyrc	往复	tytj
往后	tyrg	往来	tygo	往年	tyrh	往日	tyjj	往事	tygk
往往	tyty	妄图	ynlt	妄想	ynsh	忘本	ynsg	忘掉	ynrh
忘记	ynyn	旺季	jgtb	旺盛	jgdn	望见	ynmq	危害	qdpd
危机	qdsm	危急	qdqv	危险	qdbw	危重	qdtg	威风	dgmq
威力	dglt	威慑	dgnb	威望	dgyn	威武	dgga	威胁	dgel
威信	dgwy	威严	dggo	微波	tmih	微薄	tmai	微风	tmmq
微观	tmcm	微机	tmsm	微粒	tmou	微量	tmjg	微米	tmoy
微妙	tmvi	微弱	tmxu	微小	tmih	微笑	tmtt	微型	tmga
巍峨	mtmt	巍然	mtqd	为此	ylhx	为何	ylws	为了	ylbn
为名	ylqk	为难	ylcw	为止	ylhh	为准	yluw	为着	ylud
围攻	lfat	围观	lfcm	围困	lfls	围拢	lfrd	围棋	lfsa
围绕	lfxa	违背	fnux	违反	fnrc	违犯	fnqt	违法	fnif
违约	fnxq	桅杆	sqsf	唯独	kwqt	唯恐	kwam	唯物	kwtr
唯一	kwgg	帷幄	mhmh	惟独	nwqt	惟恐	nwam	惟有	nwde
维持	xwrf	维护	xwry	维修	xwwh	伟大	wfdd	伪军	wypl
伪劣	wyit	伪装	wyuf	纬度	xfya	委派	tvir	委曲	tvma
委屈	tvnb	委任	tvwt	委托	tvrt	委员	tvkm	萎缩	atxp
卫兵	bgrg	卫生	bgtg	卫星	bgjt	未必	fint	未婚	fivq
未来	figo	未免	fiqk	未能	fice	未曾	fiul	位于	wugf
位置	wulf	味道	kfut	味精	kfog	畏缩	lgxp	胃癌	leuk
胃病	leug	胃口	lekk	胃酸	lesg	胃炎	leoo	谓语	ylyg
蔚蓝	anaj	蔚然	anqd	慰藉	nfad	慰劳	nfap	慰问	nfuk
温差	ijud	温存	ijdh	温带	ijgk	温度	ijya	温和	ijtk
温暖	ijje	温柔	ijcb	温室	ijpg	温习	ijnu	文本	yysg
文笔	yytt	文档	yysi	文风	yymq	文稿	yyty	文革	yyaf

续表

词组	编码	词组	编码	词组	编码	词组	编码	词组	编码
文豪	yyyp	文化	yywx	文集	yywy	文件	yywr	文教	yyft
文具	yyhw	文科	yytu	文联	yybu	文盲	yyyn	文明	yyje
文凭	yywt	文书	yynn	文坛	yyff	文体	yyws	文武	yyga
文物	yytr	文献	yyfm	文选	yytf	文学	yyip	文艺	yyan
文娱	yyvk	文摘	yyru	文章	yyuj	文职	yybk	文字	yypb
闻名	ubqk	蚊蝇	jyjk	稳步	tqhi	稳当	tqiv	稳定	tqpg
稳固	tqld	稳妥	tqev	稳重	tqtg	问答	uktw	问好	ukvb
问号	ukkg	问候	ukwh	问世	ukan	问题	ukjg	问讯	ukyn
窝藏	pwad	窝囊	pwgk	蜗牛	jkrh	我党	trip	我方	tryy
我国	trlg	我军	trpl	我们	trwu	卧铺	ahqg	卧室	ahpg
乌黑	qnlf	乌云	qnfc	污垢	iffr	污秽	iftm	污蔑	ifal
污染	ifiv	污辱	ifdf	呜呼	kqkt	巫婆	awih	屋子	ngbb
诬蔑	yaal	诬陷	yabq	无比	fqxx	无边	fqlp	无不	fqgi
无偿	fqwi	无耻	fqbh	无从	fqww	无法	fqif	无非	fqdj
无辜	fqdu	无故	fqdt	无关	fqud	无机	fqsm	无际	fqbf
无愧	fqnr	无赖	fqgk	无理	fqgj	无力	fqlt	无聊	fqbq
无论	fqyw	无奈	fqdf	无能	fqce	无期	fqad	无穷	fqpw
无视	fqpy	无数	fqov	无私	fqtc	无畏	fqlg	无误	fqyk
无锡	fqqj	无限	fqbv	无效	fquq	无须	fqed	无疑	fqxt
无益	fquw	无意	fquj	无用	fqet	无知	fqtd	吾辈	gkdj
蜈蚣	jkjw	五谷	ggww	五官	ggpn	五金	ggqq	五星	ggjt
五月	ggee	五岳	ggrg	五脏	ggey	五指	ggrx	午餐	tfhq
午饭	tfqn	午休	tfws	午宴	tfpj	武昌	gajj	武断	gaon
武官	gapn	武汉	gaic	武警	gaaq	武力	galt	武器	gakk
武术	gasy	武松	gasw	武艺	gaan	武装	gauf	侮辱	wtdf
舞伴	rlwu	舞弊	rlim	舞场	rlfn	舞蹈	rlkh	舞会	rlwf
舞剧	rlnd	舞女	rlvv	舞曲	rlma	舞台	rlck	舞厅	rlds
舞姿	rluq	务必	tlnt	务农	tlpe	物价	trww	物件	trwr
物理	trgj	物力	trlt	物品	trkk	物体	trws	物质	trrf
物主	tryg	物资	truq	误餐	ykhq	误差	ykud	误会	ykwf
误解	ykqe	误码	ykdc	误时	ykjf	误事	ykgk	误用	yket
夕阳	qtbj	西安	sgpv	西北	sgux	西边	sglp	西餐	sghq
西风	sgmq	西服	sgeb	西贡	sgam	西瓜	sgrc	西汉	sgic
西面	sgdm	西南	sgfm	西宁	sgps	西欧	sgaq	西山	sgmm
西式	sgaa	西文	sgyy	西洋	sgiu	西药	sgax	西医	sgat
西装	sguf	吸毒	kegx	吸取	kebc	吸收	kenh	吸引	kexh
希望	qdyn	牺牲	trtr	悉尼	tonx	惜别	nakl	犀利	nitj
稀薄	tqai	稀饭	tqqn	稀罕	tqpw	稀奇	tqds	稀疏	tqnh

续表

词组	编码	词组	编码	词组	编码	词组	编码	词组	编码
稀土	tqff	习俗	nuww	习题	nujg	席位	yawu	席子	yabb
袭击	dxfm	媳妇	vtvv	洗涤	itit	洗染	itiv	洗手	itrt
洗漱	itig	洗刷	itnm	洗澡	itik	喜爱	fkep	喜好	fkvb
喜欢	fkcq	喜剧	fknd	喜庆	fkyd	喜人	fkww	喜事	fkgk
喜讯	fkyn	喜悦	fknu	戏剧	cand	戏曲	cama	戏院	cabp
系数	txov	系统	txxy	细胞	xleq	细长	xlta	细节	xlab
细菌	xlal	细腻	xlea	细小	xlih	细雨	xlfg	细则	xlmj
细致	xlgc	虾仁	jgwf	峡谷	mgww	狭隘	qtbu	狭义	qtyq
狭窄	qtpw	霞光	fniq	下班	ghgy	下笔	ghtt	下边	ghlp
下场	ghfn	下次	ghuq	下达	ghdp	下地	ghfb	下跌	ghkh
下放	ghyt	夏粮	dhoy	夏日	dhjj	夏天	dhgd	厦门	dduy
仙女	wmvv.	先辈	tfdj	先锋	tfqt	先后	tfrg	先进	tffj
先例	tfwg	先天	tfgd	纤维	xtxw	掀起	rrfh	鲜果	qgjs
鲜红	qgxa	鲜花	qgaw	鲜明	qgje	鲜血	qgtl	鲜艳	qgdh
闲杂	usvs	贤惠	jcgj	贤慧	jcdh	贤能	jcce	显得	jotj
显然	joqd	险情	bwng	县办	eglw	县长	egta	县城	egfd
县份	egww	县委	egtv	现场	gmfn	现钞	gmqi	现成	gmdn
现代	gmwa	线段	xgwd	线路	xgkh	线索	xgfp	线条	xgts
线性	xgnt	限定	bvpg	限度	bvya	限额	bvpt	限量	bvjg
限期	bvad	限于	bvgf	限止	bvhh	限制	bvrm	宪兵	ptrg
宪法	ptif	陷害	bqpd	陷入	bqty	羡慕	ugaj	献策	fmtg
献词	fmyn	献给	fmxw	献花	fmaw	献计	fmyf	献礼	fmpy
献身	fmtm	乡长	xtta	乡村	xtsf	乡亲	xtus	乡土	xtff
乡下	xtgh	相当	shiv	相等	shtf	相对	shcf	相反	shrc
相干	shfg	相交	shuq	相近	shrp	相离	shyb	相连	shlp
相貌	shee	香港	tjia	香蕉	tjaw	香料	tjou	香水	tjii
香烟	tjol	香油	tjim	香皂	tjra	湘江	isia	箱子	tsbb
详解	yiqe	详尽	yuny	详情	yung	详细	yuxl	翔实	udpu
享受	ybep	响彻	ktta	响亮	ktyp	响应	ktyi	想法	shif
想见	shmq	想来	shgo	想念	shwy	想象	shqj	想像	shwq
向导	tmnf	向来	tmgo	向上	tmhh	向往	tmty	向下	tmgh
项链	adql	项目	adhh	象棋	qjsa	象样	qjsu	像章	wquj
消费	iixj	橡胶	sqeu	橡皮	sqhc	削减	ieud	削弱	iexu
消除	iibw	消毒	iigx	消防	iiby	消耗	iidi	消化	iiwx
消灭	iigo	销货	qiwx	销价	qiww	销假	qiwn	销量	qijg
销路	qikh	小孩	ihby	小结	ihxf	小姐	ihve	小路	ihkh
小麦	ihgt	肖像	iewq	效果	uqjs	效力	uqlt	效率	uqyx
效益	uquw	校长	suta	校对	sucf	校风	sumq	校刊	sufj

续表

词组	编码	词组	编码	词组	编码	词组	编码	词组	编码
校庆	suyd	笑话	ttyt	笑容	ttpw	协定	flpg	协和	fltk
协会	flwf	邪说	ahyu	斜面	wtdm	斜线	wtxg	谐调	yxym
谐和	yxtk	鞋帽	afmh	鞋袜	afpy	鞋子	afbb	写出	pgbm
写信	pgwy	谢绝	ytxq	谢谢	ytyt	谢意	ytuj	心爱	nyep
心肠	nyen	辛酸	uysg	欣然	rqqd	欣赏	rqip	欣慰	rqnf
欣悉	rqto	新疆	usxf	新近	usrp	新郎	usyv	新娘	usvy
新生	ustg	薪水	auii	信贷	wywa	信封	wyff	信号	wykg
信笺	wytg	兴盛	iwdn	兴旺	iwjg	兴修	iwwh	兴致	iwgc
星火	jtoo	星期	jtad	刑法	gaif	刑事	gagk	行动	tffc
行军	tfpl	形成	gadn	形码	gadc	形容	gapw	形式	gaaa
形势	garv	姓名	vtqk	姓氏	vtqa	幸而	fudm	幸福	fupy
幸好	fuvb	性格	ntst	性命	ntwg	性能	ntce	性情	ntng
性质	ntrf	凶恶	qbgo	凶狠	qbqt	凶猛	qbqt	凶器	qbkk
凶杀	qbqs	凶手	qbrt	兄长	kqta	兄弟	kqux	匈奴	qqvc
汹涌	iqic	雄伟	dcwf	雄心	dcny	雄性	dcnt	雄壮	dcuf
熊猫	ceqt	休假	wswn	休克	wsdq	休息	wsth	休学	wsip
休养	wsud	修复	whtj	修改	whnt	修建	whvf	修理	whgj
修配	whsg	须知	edtd	虚词	hayn	虚假	hawn	虚拟	harn
虚弱	haxu	需要	fdsv	需用	fdet	许多	ytqq	许久	ytqy
许可	ytsk	序列	ycgq	序言	ycyy	叙述	wtsy	畜牧	yxtr
绪言	xfyy	续编	xfxy	续集	xfwy	续篇	xfty	蓄谋	ayya
蓄意	ayuj	宣布	pgdm	宣称	pgtq	宣传	pgwf	宣读	pgyf
宣告	pgtf	喧哗	kpkw	悬挂	egrf	悬空	egpw	悬殊	eggq
悬崖	egmd	旋律	yttv	旋转	ytlf	选拔	tfrd	选编	tfxy
选购	tfmq	绚丽	xqgm	学报	iprb	学潮	ipif	学费	ipxj
学会	ipwf	雪花	avaw	雪亮	fvyp	雪茄	fval	雪山	fvmm
血管	tltp	血汗	tlif	血泪	tlih	血球	tlgf	血肉	tlmw
血型	tlga	血压	tldf	血液	tliy	勋章	kmuj	寻常	vfip
寻求	vffi	巡视	vppy	驯服	ckeb	驯养	ckud	询问	yquk
训练	ykxa	迅猛	nfqt	迅速	nfgk	逊色	biqc	压倒	dfwg
压力	dflt	压迫	dfrp	压强	dfxk	压缩	dfxp	压抑	dfrq
压制	dfrm	押金	rlqq	押送	rlud	鸦片	ahth	鸭蛋	lqnh
鸭子	lqbb	牙齿	ahhw	牙膏	ahup	牙刷	ahnm	雅量	ahjg
雅兴	ahiw	雅座	ahyw	亚军	gopl	亚洲	goiy	咽喉	klkw
烟草	olaj	烟囱	oltl	烟灰	oldo	烟煤	oloa	烟台	olck
烟雾	olft	延伸	thwj	延续	thxf	严惩	gotg	严辞	gotd
严防	gpby	岩层	mdnf	岩石	mddg	沿海	imit	沿途	imwt
沿线	imxg	研讨	dgyf	研制	darm	盐酸	fhsg	颜色	utqc

续表

词组	编码	词组	编码	词组	编码	词组	编码	词组	编码
掩蔽	rdau	掩盖	rdug	掩护	rdry	掩饰	rdqn	眼光	hviq
眼界	hvlw	眼睛	hvhg	眼镜	hvqu	眼色	hvqc	眼神	hvpy
眼下	hvgh	演变	ipyo	演播	iprt	演唱	ipkj	演出	ipbm
演讲	ipyj	宴请	pjyg	宴席	pjya	验收	cwnh	验算	cwth
央求	mdfi	秧歌	tmsk	秧苗	tmal	扬言	rnyy	羊城	udfd
阳光	bjiq	阳历	bjdl	阳性	bjnt	杨柳	snsq	洋货	iuwx
洋人	iuww	养病	udug	养成	uddn	养分	udwv	养活	udit
养老	udft	样本	susg	氧化	rnwx	样机	susm	样子	subb
邀请	ryyg	摇摆	rerl	摇晃	reji	摇篮	retj	遥控	errp
遥遥	erer	遥远	erfq	药材	axsſ	药店	axyh	药方	axyy
药房	axyn	要好	svvb	要价	svww	要件	svwr	要紧	svjc
要领	svwy	要闻	svub	要员	svkm	爷爷	wqwq	也好	bnvb
也是	bnjg	也许	bnyt	冶金	ucqq	冶炼	ucoa	野餐	jfhq
野地	jffb	野蛮	jfyo	野生	jftg	野兽	jful	野外	jfqh
野心	jfny	叶子	kfbb	页码	dmdc	页数	dcov	夜班	ywgy
夜大	ywdd	液化	iywx	液体	iyws	液压	iydf	一般	ggte
一半	gguf	一边	gglp	一带	gggk	一旦	ggjg	一道	ggut
一点	gghk	一致	gggc	一周	ggmf	衣服	yeeb	衣料	yeou
衣裳	yeip	衣物	yetr	医护	atry	医科	attu	医疗	atub
医生	attg	依据	wyrn	依靠	wytf	信赖	wygk	依然	wyqd
依稀	wytq	移动	tqfc	移交	tquq	移民	tqna	移植	tqsf
遗产	khut	遗体	khws	遗址	khfh	遗嘱	khkn	疑惑	xtak
疑虑	xtha	已经	nnxc	以便	nywg	以后	nyrg	以来	nygo
以免	nyqk	椅子	sdbb	义气	yqrn	义务	yqtl	亿万	wndn
艺术	ansy	议程	yytk	议价	yyww	议论	yyyw	议题	yyjg
议员	yykm	译者	ycft	译制	ycrm	逸事	qkgk	逸闻	qkub
意见	ujmq	毅力	uelt	毅然	ueqd	因此	ldhx	因而	lddm
因故	lddt	阴沉	beip	阴历	bedl	阴谋	beya	阴天	begd
阴险	bebw	姻缘	vlxx	音标	ujsf	音调	ujym	音乐	ujqi
音量	ujjg	吟诗	kwyf	吟咏	kwky	淫秽	ietm	银白	qvrr
银川	qvkt	引出	xhbm	引导	xhnf	引荐	xhad	引进	xhfj
引力	xhlt	饮料	qnou	饮食	qnwy	饮用	qnet	隐蔽	bqau
隐藏	bqad	隐隐	bqbq	隐约	bqxq	印发	qgnt	印鉴	qgjt
印染	qgiv	应酬	yisg	应当	yiiv	应付	yiwf	应该	yiyy
应急	yiqv	英豪	amyp	英杰	amso	英俊	amwc	英名	amqk
英明	amje	婴儿	mmqn	迎宾	qbpr	迎春	qbdw	迎风	qbmq
迎接	qbru	迎面	qbdm	迎新	qbus	迎战	qbhk	盈利	ectj
盈余	ecwt	营私	aptc	营养	apud	营业	apog	赢余	ynwt

续表

词组	编码	词组	编码	词组	编码	词组	编码	词组	编码
影集	jywy	映照	jmjv	硬度	dgya	硬件	dgwr	硬座	dgyw
拥抱	rerq	永磁	yndu	永恒	ynng	永久	ynqy	庸碌	yvdv
庸俗	yvww	勇猛	ceqt	勇气	cern	勇士	cefg	勇于	cegf
涌现	icgm	踊跃	khkh	用场	etfn	用处	etth	用法	etif
用功	etal	优劣	wdit	优美	wdug	优越	wdfh	优质	wdrf
忧愁	ndto	幽雅	xxah	悠久	whqy	悠闲	whus	悠扬	whrn
悠悠	whwh	尤其	dnad	由此	mhhx	由来	mhgo	由于	mhgf
犹如	qtvk	犹豫	qtcb	邮递	mbux	邮电	mbjn	邮费	mbxj
邮购	mbmq	油料	imou	油墨	imlf	油腻	imea	油漆	imis
油田	imll	游人	iyww	游说	iyyu	游玩	iygf	游戏	iyca
游泳	iyiy	友爱	dcep	友好	dcvb	友情	dcng	友人	dcww
友谊	dcyp	有偿	dewi	有关	deud	有害	depd	有机	desm
有理	degj	右侧	dkwm	右面	dkdm	右派	dkir	右倾	dkwx
右顷	dkxd	诱因	ytld	于是	gfjg	予以	cbny	余地	wtfb
余额	wtpt	余款	wtff	鱼虾	qgjg	娱乐	vkqi	渔产	iqut
渔船	iqte	愚昧	jmjf	愚笨	jmts	愚蠢	jmdw	愉快	nwnn
愚民	jmna	舆论	wfyw	与会	gnwf	宇航	pgte	宇宙	pgpm
羽毛	nntf	雨季	fgtb	雨露	fgfk	雨水	fgii	雨衣	fgye
语词	ygyn	玉器	gykk	玉石	gydg	育龄	ychw	育种	yctk
郁闷	deun	预报	cbrb	预备	cbtl	预测	cbim	预订	cbys
预定	cbpg	遇见	jmmq	遇难	jmcw	遇险	jmbw	豫剧	cbnd
冤案	pqpv	冤仇	pqwv	冤屈	pqnd	冤枉	pqsg	鸳鸯	qbmd
渊博	itfg	元旦	fqjg	元件	fqwr	元气	fqrn	元首	fqut
元帅	fqjm	园林	lfss	园艺	lfan	原地	drfb	原封	drff
原稿	drty	圆规	lkfw	圆满	lkia	圆圈	lklu	圆心	lkny
圆形	lkga	缘故	xxdt	远程	fqtk	远处	fqth	远大	fqdd
远东	fqai	院部	bpuk	院长	bpta	院落	bpai	院士	bpfg
院校	bpsu	约束	xqgk	月初	eepu	月底	eeyq	月份	eeww
月光	eeiq	钥匙	qejg	悦耳	nubg	阅读	uuyf	阅历	uudl
跃进	khfj	越境	fhfu	越剧	fhnd	越南	fhfm	云彩	fces
云贵	fckh	云集	fcwy	云南	fcfm	云雾	fcft	允许	cqyt
孕妇	ebvv	运动	fcfc	运费	fcxj	运河	fcis	运气	fcrn
运输	fclw	运载	fcga	晕车	jplg	酝酿	sgsg	蕴藏	axad
蕴含	axwy	杂费	vsxj	杂货	vswx	杂技	vsrf	杂交	vsuq
杂粮	vsoy	杂志	vsfn	杂质	vsrf	砸烂	daou	砸碎	dady
灾害	popd	灾区	poaq	栽培	fafu	栽赃	famy	栽种	fatk
宰相	push	载波	faih	载体	faws	载重	fatg	再版	gmth
再次	gmuq	在先	dhtf	在意	dhuj	在于	dhgf	在职	dhbk

续表

词组	编码	词组	编码	词组	编码	词组	编码	词组	编码
在座	dhyw	咱们	ktwu	暂定	lrpg	暂借	lrwa	暂且	lreg
暂行	lrtf	赞颂	tfwc	赞叹	tfkc	赞同	tfmg	赞扬	tfrn
赞助	tfeg	赃款	myff	赃物	mytr	脏乱	eytd	葬礼	agpy
遭到	gmgc	遭受	gmep	遭遇	gmjm	糟糕	ogou	糟蹋	ogkh
早安	jhpv	早班	jhgy	早餐	jhhq	早操	jhrk	早茶	jhaw
早晨	jhjd	造福	tfpy	造就	tfyi	造句	tfqk	造型	tfga
噪声	kkfn	责备	gmtl	责任	gmwt	怎么	thtc	怎能	thce
曾经	ulxc	增产	fuut	增长	futa	增大	fudd	增多	fuqq
增强	fuxk	增益	fuuw	增值	fuwf	憎恨	nunv	赠送	muud
赠阅	muuu	渣打	isrs	扎实	rnpu	诈骗	ytcy	炸弹	otxu
炸毁	otva	炸药	otax	榨菜	spae	摘编	ruxy	摘抄	ruri
摘录	ruvi	摘要	rusv	债券	wgud	债务	wgtl	债主	wgyg
摘自	ruth	沾染	ihiv	瞻仰	hqwq	展出	nabm	展开	naga
展览	najt	崭新	mlus	占据	hkrn	占领	hkwy	占有	hkde
战报	hkrb	战备	hktl	战场	hkfn	战船	hkte	战斗	hkuf
战果	hkjs	章程	ujtk	章节	ujab	樟脑	suey	涨价	ixww
掌权	ipsc	掌声	ipfn	掌握	iprn	丈夫	dyfw	招工	rvaa
招标	rvsf	招待	rvtf	昭然	jvqd	障碍	budj	沼泽	ivic
昭然	jvqd	召唤	vkkq	召集	vkwy	兆周	iqmf	照办	jvlw
照常	jvip	照抄	jvri	照顾	jvdb	照管	jvtp	折磨	rrys
折算	rrth	折腾	rreu	折旧	rrhj	折扣	rrrk	这边	yplp
这次	ypuq	这点	yphk	这儿	ypqt	这个	ypwh	这下	ypgh
浙江	iria	蔗糖	ayoy	针对	qfcf	侦查	whsj	侦察	whpw
侦探	whrp	珍宝	gwpg	珍藏	gwad	珍贵	gwkh	真是	fhjg
真相	fhsh	真心	fhny	真正	fhgh	真知	fhtd	诊断	ywon
诊费	ywxj	诊治	ywic	枕头	spud	阵地	blfb	阵容	blpw
阵线	blxg	阵营	blap	阵雨	blfg	阵阵	blbl	振动	rdfc
振奋	rddl	振兴	rdiw	振作	rdwt	镇定	qfpg	镇静	qfge
镇压	qfdf	震荡	fdai	争吵	qvki	争端	qvum	征订	tgys
征服	tgeb	征稿	tgty	峥嵘	mqma	蒸发	abnt	蒸气	abrn
整编	gkxy	整顿	gkgb	整风	gkmq	整天	gkgd	正常	ghip
正当	ghiv	正点	ghhk	正东	ghai	正负	ghqm	证明	ygje
证券	ygud	证实	ygpu	证书	ygnn	郑重	udtg	郑州	udyt
政变	ghyo	政策	ghtg	政党	ghip	政法	ghif	政委	ghtv
症状	ugud	之后	pprg	之间	ppuj	之类	ppod	支部	fcuk
支撑	fcri	支持	fcrf	支出	fcbm	支队	fcbw	支付	fcwf
芝麻	apys	枝节	sfab	知识	tdyk	知音	tduj	织布	xkdm
脂肪	exey	蜘蛛	jtjr	执笔	rvtt	执勤	rvak	直到	fhgc

续表

词组	编码	词组	编码	词组	编码	词组	编码	词组	编码
直观	fhcm	直角	fhqe	直接	fhru	直径	fhtc	值班	wfgy
值此	wfhx	值得	wftj	职位	bkwu	职称	bktq	植物	sftrq
植株	sfsr	止境	hhfu	止痛	hhuc	只得	kwtj	只顾	kwdb
只是	kwjg	旨意	xjuj	纸币	xqtm	纸盒	xqwg	指导	rxnf
指点	rxhk	指定	rxpg	至今	gcwy	至少	gcit	志愿	fndr
制版	rmth	制备	rmtl	制表	rmge	制裁	rmga	治标	icsf
治病	icug	治国	iclg	治理	icgj	治本	icsg	治学	icip
质变	rfyo	质量	rfjg	质问	rfuk	质询	rfyq	秩序	tryc
致病	gcug	致词	gcyn	致辞	gctd	致电	gcjn	智商	tdum
智育	tdyc	滞销	igqi	中波	khih	中餐	khhq	忠诚	khyd
忠厚	khdj	忠实	khpu	终端	xtum	终结	xtxf	终止	xthh
衷情	ykng	衷心	ykny	种类	tkod	种植	tksf	种子	tkbb
仲秋	wkto	众多	wwqq	重大	tgdd	重点	tghk	周报	mfrb
周到	mfgc	周刊	mffj	周率	mfyx	周密	mfpn	骤然	cbqd
珠宝	grpg	珠海	grit	珠算	grth	诸位	yfwu	逐步	ephi
逐个	epwh	逐渐	epil	逐年	eprh	主办	yglw	主笔	ygtt
主编	ygxy	主持	ygrf	主次	yguq	主导	ygnf	瞩目	hnhh
住处	wyth	住房	wyyn	住家	wype	住宿	wypw	助理	eggj
助手	egrt	助威	egdg	助兴	egiw	助学	egip	注册	iymm
注解	iyqe	注目	iyhh	注入	iyty	注射	iytm	贮备	mptl
贮藏	mpad	贮存	mpdh	驻地	cyfb	驻防	cyby	驻沪	cyiy
驻华	cywx	驻京	cyyi	驻军	cypl	驻守	cypf	驻足	cykh
柱子	sybb	祝福	pypy	祝贺	pylk	祝酒	pyis	祝寿	pydt
祝愿	pydr	著称	aftq	著名	afqk	抓紧	rrjc	专案	fnpv
专长	fnta	专场	fnfn	专车	fnlg	专程	fntk	专著	fnaf
专座	fnyw	砖瓦	dfgn	转变	lfyo	转播	lfrt	转产	lfut
撰写	rnpg	庄稼	yftp	庄严	yfgo	装备	uftl	装订	ufys
装货	ufwx	装配	ufsg	壮大	ufdd	壮观	ufcm	状态	uddy
追捕	wnrg	追查	wnsj	追悼	wnnh	追赶	wnfh	追加	wnlk
追究	wnpw	追求	wnfi	坠毁	bwva	赘述	gqsy	准备	uwtl
准确	uwdq	准时	uwjf	准许	uwyt	准则	uwmj	卓识	hjyk
卓越	hjfh	卓著	hjaf	拙笨	rbts	拙劣	rbit	捉弄	rkga
桌椅	hjsd	桌子	hjbb	茁壮	abuf	酌情	sgng	着陆	udbf
着手	udrt	着想	udsh	着眼	udhv	着重	udtg	琢磨	geys
仔细	wbxl	兹有	uxde	咨询	uqyq	姿势	uqrv	滋味	iukf
子弹	bbxu	子弟	bbux	子宫	bbpk	子女	bbvv	子孙	bbbi
姊妹	vtvf	紫色	hxqc	字表	pbge	字典	pbma	字符	pbtw
字根	pbsv	字号	pbkg	字节	pbab	字句	pbqk	自称	thtq

续表

词组	编码	词组	编码	词组	编码	词组	编码	词组	编码
自传	thwf	自从	thww	自大	thdd	自动	thfc	自发	thnt
自费	thxj	自给	thxw	自豪	thyp	自己	thnn	自家	thpe
自居	thnd	自觉	thip	自立	thuu	自满	thia	自然	thqd
自杀	thqs	自身	thtm	自卫	tmbg	自我	thtr	自信	thwy
自修	thwh	自选	thtf	自学	thip	自由	thmh	宗旨	pfxj
综合	xpwg	综述	xpsy	踪影	khjy	总编	ukxy	总管	uktp
总和	uktk	总后	ukrg	总会	ukwf	总机	uksm	总计	ukyf
总结	ukxf	总局	uknn	总理	ukgj	总是	ukjg	总数	ukov
总算	ukth	总体	ukws	总统	ukxy	总务	uktl	总则	ukmj
总之	ukpp	总值	ukwf	总装	ukuf	纵队	xwbw	纵横	xwsa
纵情	xwng	纵然	xwqd	纵使	xwwg	走访	fhyy	走路	fhkh
奏乐	dwqi	奏效	dwuq	租界	telw	租金	teqq	租赁	tewt
租用	teet	足够	khqk	足迹	khyo	足球	khgf	阻碍	bedj
阻挡	beri	阻击	befm	阻拦	beru	阻力	belt	阻挠	bera
阻塞	bepf	阻止	behh	组长	xeta	组成	xedn	组稿	xety
组阁	xeut	组合	xewg	组件	xewr	组建	xevf	组织	xexk
组装	xeuf	祖辈	pydj	祖父	pywq	祖国	pylg	祖籍	pytd
祖母	pyxg	祖孙	pybi	祖宗	pypf	钻研	qhdg	最初	jbpu
最大	jbdd	最低	jbwq	最多	jbqq	最高	jbym	最好	jbvb
最后	jbrg	最佳	jbwf	最近	jbrp	最少	jbit	最先	jbtf
最小	jbih	最新	jbus	最终	jbxt	最最	jbjb	罪恶	ldgo
罪犯	ldqt	罪名	ldqk	罪证	ldyg	罪状	ldud	尊称	ustq
尊敬	usaq	尊容	uspw	尊严	usgo	尊重	ustg		

词组	编码	词组	编码	词组	编码	词组	编码
奥运会	tfwf	芭蕾舞	aarl	百分比	dwxx	百分数	dwov
百家姓	dpvt	百叶窗	dkpw	班干部	gfuk	办公楼	lwso
办公室	lwpg	办公厅	lwds	办事处	lgth	半导体	unws
半月谈	ueyo	报告会	rtwf	报告团	rtlf	爆炸性	oont
北冰洋	uuiu	北极星	usjt	北京人	uyww	北京市	uyym
本报讯	sryn	本科生	sttg	本年度	srya	本世纪	saxn
本专业	sfog	笔记本	tysg	必然性	nqnt	必修课	nwyj
毕业生	xotg	闭幕词	uayn	闭幕式	uaaa	编辑部	xluk
编者按	xfrp	变电站	yjuh	变速器	ygkk	变压器	ydkk
辩护人	urww	辩证法	uyif	标准化	suwx	表达式	gdaa
表决权	gusc	表面化	gdwx	兵马俑	rcwc	博物馆	ftqn
博物院	ftbp	不在乎	gdtu	财政部	mguk	财政厅	mgds
采购员	emkm	菜市场	ayfn	参观者	ccft	参加者	clft

续表

词组	编码	词组	编码	词组	编码	词组	编码
参考书	cfnn	操作员	rwkm	产供销	uwqi	长方体	tyws
长时期	tjad	常委会	itwf	超声波	ffih	车旅费	lyxj
成品率	dkyx	成绩单	dxuj	成交额	dupt	成品率	dkyx
呈现出	kgbm	承包商	bqum	程序包	tyqn	持久战	rqhk
筹备会	ttwf	筹备组	ttxe	筹建处	tvth	出版社	btpy
出成果	bdjs	出发点	bnhk	出勤率	bayx	出入境	btfu
出入证	btyg	出生地	btfb	出生率	btyx	传达室	wdpg
传染病	wiug	创造性	wtnt	吹风机	kmsm	炊事班	oggy
炊事员	ogkm	催化剂	wwyj	存储器	dwkk	打电话	rjyt
打火机	rosm	打基础	radb	打交道	ruut	打印机	rqsm
打字机	rpsm	大部分	duwv	大规模	dfsa	大会堂	dwip
大家庭	dpyt	大自然	dtqd	代表团	wglf	代表性	wgnt
代理人	wgww	蛋白质	nrrf	当事人	igww	党代表	iwge
党代会	iwwf	党小组	iixe	党支部	ifuk	党中央	ikmd
档案袋	spwa	档案室	sppg	德智体	ttws	登记处	wyth
等距离	tkyb	迪斯科	matu	地区性	fant	地下室	fgpg
地质学	frip	电报局	jrnn	电冰箱	juts	电磁波	jdih
电动机	jfsm	电风扇	jmyn	电话机	jysm	电热器	jrkk
电视机	jpsm	电视剧	jpnd	电视台	jpck	电影机	jjsm
电影片	jjth	电影院	jjbp	电子表	jbge	电子琴	jbgg
电子学	jbip	钓鱼台	qqck	调节器	yakk	调味品	ykkk
订书机	ynsm	东北风	aumq	董事长	agta	动力学	flip
动脑筋	fete	动手术	frsy	动物园	ftlf	动植物	fstr
洞庭湖	iyid	豆制品	grkk	读后感	yrdg	独创性	qwnt
短训班	tygy	对角线	cqxg	多方面	dydm	多功能	qace
多年来	qrgo	多样化	qswx	多样性	qsnt	峨眉山	mnmm
儿童节	quab	发电机	njsm	发动机	nfsm	发明家	njpe
发明奖	njuq	发起人	nfww	发行量	ntjg	发言人	nyww
发展史	nnkq	翻译片	tyth	反比例	rxwg	反义词	ryyn
反义词	ryyn	方便面	ywdm	方括号	yrkg	方向盘	ytte
防护林	brss	防疫站	buuh	房地产	yfut	仿宋体	wpws
纺织厂	xxdg	纺织品	xxkk	放大镜	ydqu	放射线	ytxg
放映机	yjsm	飞行员	ntkm	菲律宾	atpr	废品率	ykyx
分辨率	wuyx	分阶段	wbwd	分理处	wgth	分数线	woxg
缝纫机	xxsm	服务部	etuk	服务费	etxj	服务业	etog
服务员	etkm	服务站	etuh	服装厂	eudg	辅导员	lnkm
妇女节	vvab	负责人	qgww	负责制	qgrm	附加税	bltu
复印机	tqsm	复印件	tqwr	复杂性	tvnt	副产品	gukk

续表

词组	编码	词组	编码	词组	编码	词组	编码
副教授	gfre	副经理	gxgj	副食店	gwyh	覆盖率	suyx
改革者	naft	高标准	ysuw	高年级	yrxe	高水平	yigu
高消费	yixj	高效能	yuce	歌唱家	skpe	各方面	tydm
各民族	tnyt	各市地	fyfb	根本上	sshh	根据地	srfb
更年期	grad	工程师	atjg	工具书	ahnn	工农兵	aprg
工商户	auyn	工商业	auog	工学院	aibp	工业国	alog
工业化	aowx	工业品	aokk	工艺品	aakk	工作量	awjg
工作台	awck	工作站	awuh	工作者	awft	工作证	awyg
工作组	awxe	公安部	wpuk	公安处	wpth	公安厅	wpds
公检法	wslf	公务员	wtkm	公有制	wdrm	供电站	wjuh
供销科	wqtu	供销社	wqpy	共产党	auip	共和国	atlg
共和制	atrm	共青团	aglf	购买力	mnlt	故事片	dgth
挂号费	rkxj	管理费	tjxj	惯用语	neyg	光洁度	yyia
广东省	yait	广告牌	ytth	广交会	yuwf	广州市	yyym
归功于	jagf	规格化	fswx	规律性	ftnt	贵州省	kyit
国防部	lbuk	国际法	lbif	国际歌	lbsk	国际性	lbnt
国库券	lyud	国内外	lmqh	国庆节	lyab	国务院	ltbp
国有化	ldwx	过去时	ffjf	哈尔滨	kqip	海岸线	imxg
海口市	ikym	海陆空	ibpw	海南岛	ifqy	含水量	wijg
函授生	brtg	寒暑假	pjwn	杭州市	syym	航天部	tguk
好办法	vlif	好莱坞	vafq	耗电量	djjg	合唱团	wklf
合格证	wsyg	合理化	wgwx	合同法	wmif	合同制	wmrm
河北省	iuit	海南省	ifit	核电站	sjuh	核工业	saog
核技术	srsy	贺年片	lrth	黑板报	lsrb	黑龙江	ldia
很容易	tpjq	红领巾	xwmh	红绿灯	xxos	红外线	xqxg
红眼病	xhug	后勤部	rauk	候选人	wtww	花生油	atim
华盛顿	wdgb	化学家	wipe	化学系	witx	化验室	wcpg
化妆品	wukk	划时代	ajwa	环保局	gwnn	幻想曲	xsma
回忆录	lnvi	汇报会	irwf	会计师	wyjg	会计室	wypg
会议厅	wyds	绘图仪	xlwy	汇款单	ifuj	混合物	iwtr
活动家	ifpe	获得者	atft	获奖者	auft	机器人	skww
机械化	sswx	积极性	tsnt	基本法	asif	基本功	asal
基本上	ashh	基础课	adyj	及时性	ejnt	吉祥物	fptr
急刹车	qqlg	急性病	qnug	集体化	wwwx	集体制	wwrm
几何学	mwip	计划性	yant	计算机	ytsm	记分册	ywmm
记录本	yvsg	记录片	yvth	纪录片	xvth	纪律性	xtnt
纪念碑	xwdr	纪念品	xwkk	技术性	rsnt	技术员	rskm
季节性	tant	寄存器	pdkk	加速度	lgya	加油站	liuh

续表

词组	编码	词组	编码	词组	编码	词组	编码
驾驶员	lckm	艰巨性	cant	兼容性	upnt	监察院	jpbp
检查站	ssuh	检察官	sppn	见习期	mnad	建军节	vpab
建设者	vyft	建筑物	vttr	健美操	wurk	鉴定会	jpwf
江苏省	iait	讲卫生	ybtg	奖学金	uiqq	交换机	ursm
交际舞	ubrl	交流会	uiwf	教学法	fiif	教研组	fdxe
教育部	fyuk	教育处	fyth	教育局	fynn	接待室	rtpg
结束语	xgyg	解放军	qypl	介绍信	wxwy	金字塔	qpfa
经济学	xiip	经贸部	xquk	经销部	xquk	晶体管	jwtp
精确度	odya	井冈山	fmmm	警惕性	annt	旧社会	hpwf
局限性	nbnt	具体化	hwwx	俱乐部	wquk	决心书	unnn
绝对化	wcwx	绝对值	xcwf	军事家	pgpe	开场白	gfrr
开幕词	gayn	抗菌素	ragx	科教片	tfth	科学家	tipe
科学院	tibp	可能性	scnt	可行性	stnt	空调机	pysm
扩大化	rdwx	劳动局	afnn	劳动力	aflt	劳动者	afft
老百姓	fdvt	老规矩	fftd	理发师	gnjg	理事长	ggta
历史剧	dknd	历史性	dknt	立足点	ukhk	利润率	tiyx
连续剧	lxnd	联合国	bwlg	联欢会	bcwf	联系人	btww
练习薄	xnai	练习题	xnjg	粮食局	ownn	疗养院	uubp
林业部	souk	临时性	jjnt	灵敏度	vtya	零售价	fwww
领导权	wnsc	领导者	wnft	流行性	itnt	留言簿	qyti
录音机	vusm	旅行社	ytpy	论文集	yywy	麦克风	gdmq
慢性病	nnug	盲目性	yhnt	门诊部	uyuk	秘书长	tnta
明信片	jwth	摩托车	yrlg	免疫力	qult	南京市	fyym
能源部	ciuk	年利润	rtiu	年轻化	rlwx	农产品	pukk
农科院	ptbp	偶然性	wqnt	派出所	ibrn	培训班	fygy
朋友们	edwu	批发价	rnww	片面性	tdnt	聘用制	berm
乒乓球	rrgf	平均奖	gfuq	评论家	yype	葡萄酒	aais
普通话	ucyt	企业家	wope	启示录	yfvi	起作用	fwet
气象台	rqck	洽谈室	iypg	青春期	gdag	青年团	grlf
青少年	girh	轻工业	laog	轻音乐	luqi	清洁工	iiaa
清明节	ijab	全国性	wlnt	全民族	wnyt	全社会	wpwf
热水器	rikk	人民币	wntm	人生观	wtcm	人造棉	wtsr
日记本	jysg	日用品	jekk	荣誉奖	aiuq	乳制品	erkk
散文集	aywy	山西省	msit	商业部	uouk	商业网	uomq
少林寺	isff	设计师	yyjg	设计者	yyft	社会化	pwwx
社会性	pwnt	摄影机	rjsm	摄制组	rrxe	神经病	pxug
生产力	tult	生产率	tuyx	生产线	tuxg	生产者	tuft
生命力	twlt	生物系	tttx	生物学	ttip	生命线	twxg

续表

词组	编码	词组	编码	词组	编码	词组	编码
圣诞节	cyab	圣诞树	xysc	石家庄	dpyf	时间性	yunt
时装店	juyh	实际上	pbhh	实习生	pntg	实验室	pcpg
实业界	polw	实用性	pent	世界杯	alsg	世界观	alcm
示意图	fult	事业心	gony	适用于	tegf	收录机	nvsm
手工业	raog	手术室	rspg	手术台	rsck	手提包	rrqn
售货员	wwkm	售票员	wskm	书法家	nipe	数学课	oiyj
水电部	ijuk	水平面	igdm	说明书	yjnn	司法局	ninn
私有权	tdsc	思想家	lspe	四边形	llga	四合院	lwbp
四环路	lgkh	俗话说	wyyu	塑料袋	uowa	所有权	rdsc
台湾省	ciit	特殊性	tgnt	天安门	gputy	天津市	giym
天然气	gqrn	挑战者	rhft	铁道部	quuk	停车场	wlfn
通讯录	cyvi	通讯社	cypy	通讯员	cykm	通用性	cent
通知书	ctnn	同义词	myyn	统计表	xyge	统计局	统计局
统计图	xylt	统计学	xyip	突破性	pdnt	图书馆	lnqn
土特产	ftut	团市委	lytv	团体赛	lwpf	团支书	lfnn
团组织	lxxk	退休费	vwxj	托儿所	rqrn	拖拉机	rrsm
外交部	quuk	外语系	qytx	万能表	dcge	万年青	drge
王府井	gyfj	望远镜	yfqu	危险品	qbkk	危险性	qbnt
微型机	tgsm	微电脑	tjey	微积分	ttwv	危险性	qbnt
维生素	xtgx	维修组	xwxe	委员会	tkwf	卫生部	btuk
卫生间	btuj	未知数	ftov	慰问信	nuwy	温度计	iyyf
文化部	ywuk	文化馆	ywqn	文化界	ywlw	文学家	yipe
文艺界	yalw	无线电	fxjn	五线谱	gxyu	舞蹈家	rkpe
物价表	twge	物价局	twnn	物理学	tgip	牺牲品	ttkk
习惯于	nngf	系统性	txnt	显微镜	jtqu	现代化	gwwx
现代戏	gwca	现阶段	gbwd	相对论	scyw	相对性	scnt
相结合	sxwg	相适应	styi	象形字	qgpb	消费品	ixkk
消费者	ixft	销售额	qwpt	销售量	qwjg	销售网	qwmq
小轿车	illg	校友会	sdwf	写字台	ppck	心电图	nlft
心理学	ngip	心脏病	neug	新产品	uukk	新风尚	umim
新华社	uwpy	新社会	upwf	新时期	ujad	新天地	ugfb
信息论	wtyw	信用卡	wehh	信用社	wepy	行政区	tgaq
形容词	gpyn	形象化	gqwx	虚荣心	hany	需求量	ffjg
许可证	ysyg	宣传品	pwkk	学生证	ityg	血压计	tdyf
研究会	dpwf	演唱会	ikwf	养路费	ukxj	冶金部	uquk
一等奖	gtuq	医疗费	auxj	颐和园	atlf	艺术家	aspe
艺术品	askk	意见书	umnn	音乐会	uqwf	音乐家	uqpe
饮食业	qwog	印刷品	qnkk	应用于	yegf	英文版	ayth

续表

词组	编码	词组	编码	词组	编码	词组	编码
营养品	aukk	营业额	aopt	营业员	aokm	影剧院	jnbp
永久性	yqnt	优越性	wfnt	邮递员	mukm	邮电所	mjrn
游击战	ifhk	游泳场	iifn	有效期	duad	幼儿园	xqlf
语文课	yyyj	原计划	dyaj	原子核	dbsy	责任心	gwny
责任制	gwrm	增长率	ftyx	展览馆	njqn	展览会	njwf
展销会	nqwf	照相机	jssm	哲学家	ripe	侦察员	wpkm
真实性	fpnt	正方形	gyga	政治家	gipe	知名度	tqya
知识化	tywx	知识性	tynt	直辖市	flym	指导员	rnkm
指南针	rfqf	制造商	rtum	中草药	kaax	中国话	klyt
中南海	kfit	中青年	kgrh	中秋节	ktab	中文版	kyth
中文系	kytx	中学生	kitg	重庆市	tyym	重要性	tsnt
周期性	mant	主动权	yfsc	主旋律	yytv	助记词	eyyn
助听器	ekkk	助学金	eiqq	注意力	iult	贮藏室	mapg
专利权	ftsc	专门化	fuwx	专业化	fowx	专业课	foyj
转折点	lrhk	撰稿人	rtww	贮存器	mdkk	庄稼地	ytfb
庄稼汉	ytic	装甲兵	ulrg	装饰品	uqkk	追悼会	wnwf
准确度	udya	准确性	udnt	着眼点	uhhk	资本家	uspe
紫外线	hqxg	字根表	psge	自动化	tfwx	自来水	tgii
自然界	tqlw	自信心	twny	自行车	ttlg	自由化	tmwx
自由泳	tmiy	自尊心	tuny	总编辑	uxlk	总产量	uujg
总产值	uuwf	总成绩	udxg	总代表	uwge	总路线	ukxg
总投资	uruq	总务科	uttu	总指挥	urrp	纵坐标	xwsf
组织部	xxuk	组织上	xxhh	作用力	welt	作用于	wegf
座右铭	ydqq	左右手	ddrt				

词组	编码	词组	编码	词组	编码	词组	编码
爱国主义	elyy	爱莫能助	eace	爱憎分明	enwj	安家落户	ppay
安居乐业	pnqo	安全检查	pwss	安全系数	pwto	安然无恙	pqfu
按劳取酬	rabs	按时完成	rjpd	按需分配	rfws	暗无天日	fjgj
奥林匹克	tsad	八面玲珑	wdgg	百发百中	dndk	百花齐放	dayy
百货公司	dwwn	百家争鸣	dpqk	百科全书	dtwn	百炼成钢	dodq
百年大计	drdy	百战百胜	dhde	百折不挠	drgr	班门弄斧	gugw
半路出家	ubpl	半途而废	uwdy	包产到户	qugy	保卫祖国	wbpl
报仇雪恨	rwfn	暴风骤雨	jmcf	暴跳如雷	jkvf	背井离乡	ufyx
背信弃义	uwyy	本报记者	sryf	本来面目	sgdh	逼上梁山	ghim
毕恭毕敬	xaxa	闭路电视	ukjp	闭门思过	uulf	鞭长莫及	atae
变本加厉	ysld	遍地开花	yfga	表里如一	gjvg	别出心裁	kbnf
别开生面	kgtd	别有用心	kden	兵荒马乱	ract	波澜壮阔	iiuu

续表

词组	编码	词组	编码	词组	编码	词组	编码
捕风捉影	rmrj	不卑不亢	grgy	不耻下问	gbgu	不甘落后	gaar
不可救药	gsfa	不可思议	gsly	不劳而获	gada	不谋而合	gydw
不屈不挠	gngr	不胜枚举	gesi	不学无术	gifs	不遗余力	gkwl
不翼而飞	dndn	不约而同	gxdm	不择手段	grrw	不折不扣	grgr
不正之风	ggpm	不知所措	gtrr	藏龙卧虎	adah	操作系统	rwtx
草木皆兵	asxr	层出不穷	nbgp	察言观色	pycq	长年累月	trle
畅通无阻	jcfb	超级市场	fxyf	朝气蓬勃	fraf	朝三暮四	fdal
彻头彻尾	turn	成本核算	dsst	承前启后	buyr	乘风破浪	tmdi
惩前毖后	tuxr	程序结构	tyxs	持之以恒	rpnn	出类拔萃	bora
触目惊心	qhnn	川流不息	kigt	吹毛求疵	ktfu	垂手而得	trdt
垂头丧气	tufr	从容不迫	wpgr	粗枝大叶	osdk	错综复杂	qxtv
打草惊蛇	ranj	大刀阔斧	dvuw	大风大浪	dmdi	大公无私	dwft
大快人心	dnwn	大千世界	dtal	大显身手	djtr	大有可为	ddsy
大有作为	ddwy	大张旗鼓	dxyf	得心应手	tnyr	电话号码	jykd
电子技术	jbrs	调查研究	ysdp	东山再起	amgf	读者来信	yfgw
独出心裁	qbnf	独立核算	qust	独立自主	quty	短小精悍	tion
对外开放	cqgy	对外贸易	cqqj	多才多艺	qfqa	多愁善感	qtud
多种多样	qtqs	耳闻目睹	buhh	发扬光大	nfid	发奋图强	ndlx
发人深省	nwii	发扬光大	nrid	法律顾问	itdu	翻天覆地	tgsf
繁荣昌盛	tajd	繁荣富强	tapx	方针政策	yqgt	废寝忘食	ypyw
分秒必争	wtnq	粉身碎骨	otdm	奋不顾身	dgdt	奋发图强	dnlx
风吹草动	mkaf	丰富多彩	dpqe	丰衣足食	dykw	风尘仆仆	miww
风起云涌	mffi	风雨同舟	mfmt	服务态度	etdy	改革开放	nagy
干劲十足	fcfk	肝胆相照	eesj	高等学校	ytis	高深莫测	yiai
高瞻远瞩	yhfh	搞活经济	rixi	歌功颂德	sawt	格格不入	ssgt
各尽所能	tnrc	各式各样	tats	各持己见	trnm	各行各业	ttto
各种各样	ttts	根深蒂固	sial	更新换代	gurw	工商银行	auqt
工作人员	awwk	工作总结	awux	公费医疗	wxau	公共场所	wafr
公共汽车	wail	供不应求	wgyf	共产党员	auik	共产主义	auyy
孤陋寡闻	bbpu	孤注一掷	bigr	顾名思义	dqly	顾全大局	dwdn
刮目相看	thsr	管理体制	tgwr	贯彻执行	xtrt	光彩夺目	iedh
光明磊落	ijda	光明日报	ijjr	光明正大	ijgd	广播电台	yrjc
归根到底	jsgy	规章制度	fury	国计民生	lynt	海市蜃楼	iyds
骇人听闻	cwku	汗马功劳	icaa	毫无疑问	yfxu	好事多磨	vgqy
好逸恶劳	vqga	浩如烟海	ivoi	合资企业	wuwo	和平共处	tgat
横向联合	stbw	横行霸道	stfu	后顾之忧	rdpn	狐假虎威	qwhk
花言巧语	ayay	华而不实	wdgp	画龙点睛	gdhh	画蛇添足	gjik
欢欣鼓舞	crfr	环境保护	gfwr	环境污染	gfii	患难与共	kcga

续表

词组	编码	词组	编码	词组	编码	词组	编码
患难之交	kcpu	恍然大悟	nqdn	绘声绘色	xfxq	机构改革	ssna
积极因素	tslg	基本国策	aslt	基本路线	askx	基本原则	asdm
集成电路	wdjk	集体利益	wwtu	计算中心	ytkn	记忆犹新	ynqu
技术革新	rsau	技术咨询	rsuy	继往开来	xtgg	加强团结	lxlx
家喻户晓	pkyj	假公济私	wwit	坚定不移	jpgt	家喻户晓	pkyj
坚定不移	jpgt	坚强不屈	jxgn	艰苦奋斗	cadu	艰难险阻	ccbb
简单扼要	turs	见义勇为	mycy	见异思迁	mnlt	健康状况	xyuu
交通规则	ucfm	脚踏实地	ekpf	节衣缩食	ayxw	结合实际	xwpb
截长补短	ftpt	戒骄戒躁	acak	斤斤计较	rryl	金融市场	qgyf
津津有味	iidk	襟怀坦白	pnrr	襟怀坦白	pnfr	锦上添花	qhia
经济管理	xitg	经济基础	xiad	惊天动地	ngff	兢兢业业	ddoo
精打细算	orxt	精雕细刻	omxy	精疲力竭	oulu	精神文明	opyj
精益求精	oufo	井井有条	ffdt	九霄云外	vffq	救死扶伤	fgrw
鞠躬尽瘁	atnu	举世闻名	iauq	举一反三	igrd	聚精会神	bowp
绝大部分	xduw	开发利用	gnte	开天辟地	ggnf	开展工作	gnaw
科技人员	trwk	科学分析	tiws	科学管理	titg	科学研究	tidp
科研成果	tddj	克服困难	delc	克己奉公	dndw	刻不容缓	ygpx
客观存在	pcdd	脍炙人口	eqwk	劳动保护	afwr	劳动模范	afsa
老当益壮	fiuu	乐极生悲	qstd	冷嘲热讽	ukry	理所当然	griq
理所当然	gfru	历史意义	dkuy	立竿见影	utmj	连锁反应	lqry
联系群众	btvw	联系实际	btpb	廉洁奉公	yidw	两全其美	gwau
了解情况	bqnu	临危不惧	jqgn	灵丹妙药	vmva	领导干部	wnfu
另一方面	kgyd	流通渠道	iciu	流言蜚语	iydy	柳暗花明	sjaj
隆重开幕	btga	屡见不鲜	nmgq	乱七八糟	tawo	落花流水	aaii
马到成功	cgda	埋头苦干	fuaf	满城风雨	ifmf	满怀信心	inwn
满腔热忱	iern	漫无边际	iflb	眉飞色舞	nnqr	面目一新	dhgu
民族团结	nylx	名副其实	qgap	名列前茅	qguq	名胜古迹	qedy
明辨是非	jujd	莫名其妙	aqav	漠不关心	igun	目瞪口呆	hhkk
目中无人	hkfw	内部矛盾	mrcr	年老体弱	rfwx	农副产品	pguk
农贸市场	pqyf	农业生产	potu	弄虚作假	ghww	呕心沥血	knit
庞然大物	yqdt	抛头露面	rufd	培训中心	fykn	平等互利	gtgt
平易近人	gjrw	萍水相逢	aist	迫不及待	rget	迫在眉睫	rdnh
破釜沉舟	dwit	齐心协力	ynfl	其实不然	apgq	气势磅礴	rrdd
气象万千	rqdt	千方百计	tydy	千钧一发	tqgn	千锤百炼	tqdo
千载难逢	tfct	谦虚谨慎	yhyn	前仆后继	uwrx	千头万绪	tudx
枪林弹雨	ssxf	切实可行	apst	勤工俭学	aawi	勤勤恳恳	aavv
轻而易举	ldji	轻描淡写	lryp	倾家荡产	wpau	秋高气爽	tyrd
取长补短	btpt	全党全国	wiwl	全心全意	wnwu	群策群力	vltl

续表

词组	编码	词组	编码	词组	编码	词组	编码
全力以赴	wlnf	人民日报	wnjr	人寿保险	wdwb	忍气吞声	vrgf
忍无可忍	vfsv	任劳任怨	wawq	任人唯贤	wwkj	日积月累	jtel
容光焕发	pion	融会贯通	gwxc	如虎添翼	vhin	如饥似渴	vqwi
如愿以偿	vdnw	若无其事	afag	三长两短	dtgt	三番五次	dtgu
山穷水尽	mpin	商品经济	ukxi	赏心悦目	innh	上层建筑	hnvt
少年儿童	irqu	少先队员	itbk	舍己救人	wnfw	社会公德	pwwt
社会关系	pwut	社会实践	pwpk	社会主义	pwyy	身心健康	tnwy
深化改革	iwna	深情厚谊	indy	深思熟虑	ilyh	生产方式	tuya
生动活泼	tfii	生活方式	tiya	十全十美	fwwu	实际情况	pbnu
实心实意	pnpu	世界纪录	alxv	事倍功半	gwau	事在人为	gdwy
手足无措	rkfr	熟能生巧	ycta	水落石出	iadb	水泄不通	iigc
思想方法	lsyi	思想内容	lsmp	四面八方	ldwy	四舍五入	lwgt
四通八达	lcwd	似是而非	wjdd	随机应变	bsyy	所作所为	rwry
踏踏实实	kkpp	贪得无厌	wtfd	贪天之功	wgpa	贪污受贿	wiem
谈笑风生	ytmt	糖衣炮弹	oyox	提高警惕	ryan	提心吊胆	rnke
体力劳动	wlaf	体制改革	wrna	天翻地覆	gtfs	天方夜谭	gyyy
天气预报	grcr	天涯海角	giiq	甜酸苦辣	tsau	甜言蜜语	typy
挺身而出	rtdb	通货膨胀	cwee	通俗读物	cwyt	通信地址	cwff
同甘共苦	maaa	同心同德	mamt	同心协力	mnfl	同舟共济	mtai
统筹兼顾	xtud	推广应用	ryye	脱颖而出	exdb	外部设备	quyt
完璧归赵	pnjf	完整无缺	pgfr	万事大吉	dgdf	万水千山	ditm
微不足道	tgku	违法乱纪	fitx	唯利是图	tkjl	文化教育	ywfy
文明礼貌	yjpe	无边无际	flfb	无济于事	figg	无可非议	fsdy
无论如何	fyvw	无穷无尽	fpfn	无所作为	frwy	无微不至	ftgg
无足轻重	fklt	五笔字型	gtpg	五彩缤纷	gexx	五光十色	gifq
五湖四海	gili	物质财富	trmp	物质奖励	trud	喜出望外	fbyq
系统工程	txat	喜笑颜开	ftug	先进事迹	tfgy	显而易见	jdjm
相互信任	sgww	相依为命	swyw	想方设法	syyi	消极因素	islg
小巧玲珑	iagg	笑逐颜开	teug	心甘情愿	nand	心领神会	nwpw
欣欣向荣	rrta	新陈代谢	ubwy	新华书店	uwny	新闻记者	uuyf
信息处理	wttg	兴高采烈	iyeg	胸有成竹	eddt	栩栩如生	ssvt
眼花缭乱	haxt	扬眉吐气	rnkr	夜以继日	ynxj	一发千钧	gntq
一帆风顺	gmmk	一国两制	glgr	一举两得	gigt	一往无前	gtfu
衣食住行	ywwt	医疗卫生	aubt	以貌取人	nebw	以身作则	ntwm
义不容辞	ygpt	以逸待劳	nqta	引进技术	xfrs	引进技术	xfrs
应用技术	yers	应有尽有	ydnd	邮政编码	mgxd	友好往来	dvtg
有声有色	dfdq	语重心长	ytnt	再接再厉	grgd	斩钉截铁	lqfq
沾沾自喜	iitf	针锋相对	qqsc	争分夺秒	qwdt	正大光明	gdij

续表

词组	编码	词组	编码	词组	编码	词组	编码
知识分子	tywb	政治面目	gidh	直截了当	ffbi	指导思想	rnls
指法训练	riyx	治理整顿	iggg	智力开发	tlgn	置之度外	lpyq
中国青年	klgr	中国人民	klwn	中心任务	knwt	中央领导	kmwn
中文电脑	kyje	中华民族	kwny	忠心耿耿	knbb	众目睽睽	whhh
众所周知	wrmt	周而复始	mdtv	主要问题	ysuj	专心致志	fngf
专业人员	fowk	专用设备	feyt	装腔作势	uewr	茁壮成长	audt
孜孜不倦	bbgw	孜孜不倦	bbgw	自吹自擂	tktr	自动控制	tfrr
自负盈亏	tqef	自力更生	tlgt	自然资源	tqui	自相矛盾	tscr
综合利用	xwte	走投无路	frfk	祖国统一	plxg	尊重知识	utty

词组	编码	词组	编码
百闻不如一见	dugm	本报特约记者	srtf
辩证唯物主义	uyky	常务委员会	ittw
打破沙锅问到底	rdiy	发展中国家	nnkp
风马牛不相及	mcre	更上一层楼	ghgs
汉字输入技术	ipls	坚持改革开放	jrny
科学技术委员会	tirw	可望而不可及	syde
快刀斩乱麻	nvly	理论联系实际	gybb
历史唯物主义	dkky	民主集中制	nywr
评论员文章	yyku	全国各族人民	wltn
全民所有制	wnrr	王码电脑公司	gdjn
为人民服务	ywnt	五笔字型电脑	gtpe
现代化建设	gwwy	新华社记者	uwcp
新闻发布会	uunw	一切从实际出发	gawn
有志者事竟成	dffd	政治协商会议	gify
中国人民解放军	klwp	中央电视台	kmjc